최신 KDS 기준 적용

제4판

철근 콘크리트 구조설계

고만영 저

도서출판 구미서관

PREFACE

제4판을 내면서

철근콘크리트구조 건물은 1972년 건설부 후원으로 철근콘크리트계산규준이 제정되어 1980년대까지 허용응력도설계법에 의하여 설계되었으며, 1988년부터는 대한건축학회에 의하여 극한강도설계법에 의한 설계규준이 제정된 이후 극한강도설계법으로, 1999년부터는 건축, 토목, 한국콘크리트학회의 공동협력하에 통합 제정된 콘크리트구조설계기준이 제정되어 통합설계법에 의한 기준을 바탕으로 집필하였다. 제2판에서는 국토해양부에서 개정된 KBC 2009 규준에 의하여 개정된 내용을 반영하였다. 제3판에서는 2012년에 다시 콘크리트구조기준이 개정되었으며, 이 책의 전체적인 내용과 설계방법은 KBC 2009 규준에 의한 콘크리트구조설계기준을 중심으로 2012년에 개정된 콘크리트구조기준을 반영하였다. 제4판에서는 KDS 41에 개정된 콘크리트구조기준을 반영하였다.

이 책은 대학에서의 교육경험과 실무경험을 바탕으로 대학에서 건축을 공부하는 학생들과 실무에서 일반 건축기사들이 꼭 알아두어야 할 기본적인 철근콘크리트 구조물의 구조거동, 설계방법, 철근 배근방법 등을 쉽게 이해하고 적용할 수 있도록 하는데 의도를 두었다.

이 책의 내용은 전반적으로 다음과 같이 구성되었다.

제1장에서는 철근콘크리트구조의 역사적 배경 및 장단점 등을 다루었으며, 제2장에서는 철근콘크리트를 이루는 주요재료인 콘크리트와 철근의 재료 및 역학적 특성을 설명하였다. 제3장에서는 건축설계와 구조설계의 관계 및 설계방법, 피복두께 등의 구조설계에 관한 일반사항들을 다루었다. 제4장에서부터 제7장까지는 보의 휨, 전단, 부착(철근의 정착 및 이음), 사용성(처짐과 균열)에 대한 구조거동, 설계방법 및 배근방법 등을 기술하였다. 제8장에서부터 제12장까지는 기둥, 슬래브, 기초, 벽체, 옹벽의 종류와 특성, 설계방법 및 배근방법 등을 기재하였다. 또한 제13장에는 지진하중 및 내진설계를 다루었다.

참고문헌에서는 이 책을 쓰는데 참고한 문헌들을 정리하였고, 부록에는 설계에 필요한 설계하중 및 도표들을 수록하였다.

철근콘크리트구조의 기본적인 이론과 실무를 보다 알기 쉽게 씀으로써 전문대학에서 건축을 전공하는 학생들과 건축기사들에게 도움을 주려고 노력하였으나, 여러 제약으로 인하여 처음에 생각한 것처럼 되지 않았음을 밝히며 미약한 부분에 대해서는 점차 보완하여 빠른 시일 내에 개정판을 출판하도록 하겠다.

이 책을 쓰는데 도움을 준 학생들과 이 책이 발간되도록 출판에 협조하여 준 구미서관 관계자 여러분께 깊은 감사를 드린다.

2024년 1월

저자

CONTENTS

목 차

제 4 장 보의 해석 및 설계

제 5 장 전 단

제 6 장 철근의 정착과 이음

부 록

제 1 장 철근콘크리트구조의 일반사항

제 1 장

철근콘크리트구조의 일반사항

1.1 철근콘크리트구조의 역사적 배경

인류역사에서 최초로 사용한 시멘트는 고대 이집트인, 그리스인, 로마인이 화산재나 암석의 풍화물에 소석회를 섞어 물로 반죽하여 경화시켜서 사용한 것이었다. 1824년 영국의 조셉 아스프딘(Joseph Aspdin)이 포틀랜드시멘트를 특허 받은 이후 이러한 시멘트의 사용이 보다 근대적으로 발전할 수 있었다. 이를 계기로 시멘트의 공업생산이 현실화되었고 철근콘크리트구조는 현저한 발전과 함께 보편화되었다.

프랑스의 Lambot는 1854년의 파리 박람회에 철망을 넣은 콘그리트 선박을 출품하여 1855년 특허를 받았는데, 그의 작품에서는 철근콘크리트 보와 4개의 원형철근으로 보강된 기둥이 최초로 사용되었다.

영국의 W.B. Wilkinson은 1854년 철근콘크리트 슬래브를 개발하였다. Joseph Monier는 시멘트 화분을 철망으로 보강하는 방법을 개발하여 1861년 이 공법을 수조에 응용하는데 성공하였으며, 1867년 Monier식 공법의 특허를 받았다. 그 후, 그는 1868년에는 파이프와 탱크, 1869년에는 플랫 플레이트, 1873년에는 교량, 1875년에는 계단에 대한 특허를 받았다.

독일의 G.A. Wayss는 J. Bauschinger 및 M. Koenen과 함께 연구하여 1887년 철근콘크리트 보의 이론적 해석방법을 발표하였으며, 이것은 철근콘크리트 보의 응력계산의 기초가 되었다.

미국의 Thaddeus Hyatt는 1850년대에 철근콘크리트 보의 철근보강방법에 대한 실험을 하였는데 그는 실험에서 인장측에 보강철근을 배근하고 이것을 지지점에서 구부려서 압축측에 정착시켰으며, 지지점 부근에서는 늑근으로 횡보강을 하였다.

미국에서는 1890년 Ransome이 샌프란시스코에 The Leland Stanford Jr. Museum(철근

콘크리트조 2층)을 건설하는 것을 시작으로 철근콘크리트의 빠른 발전이 이루어졌다. 그러나 유럽에서는 1891~1894년 사이에 많은 이론과 실험결과가 출판된 반면, 실제 사용은 미국에서와 같이 활발하지 못하였다. 20세기 초에 들어와 철근콘크리트 구조는 급속도로 발전되어 보의 거동, 콘크리트의 압축강도, 탄성계수 등 철근콘크리트 구조의 많은 특성이 규명되었다. 그 후 세계 각국에서 철근콘크리트 구조의 새로운 분야에 대한 연구가 거듭되어 프리스트레스트 콘크리트, 프리캐스트 콘크리트 등과 같은 철근콘크리트 구조의 응용물이 개발되었다.

최근 들어 현대문명의 급속한 발전과 함께 인구 과밀화와 시설물 집중현상이 나타나고 있으며, 사용자의 고급화 경향에 의하여 구조물의 건설은 고층화, 대형화 그리고 특수화 추세에 있다. 이러한 구조물의 건설을 위하여 가장 많이 사용되고 있는 콘크리트는 중량에 비하여 단면의 확대가 불가피하며 비교적 낮은 내구성 및 주위 환경에 따라 시공성과 품질관리가 저하되는 구조재료로써 많은 개선점을 내포하고 있다.

또한 국내 건설환경은 노동력과 숙련기능공의 부족, 3D 기피현상, 인건비 급등 등의 문제에 직면해 있다. 이러한 문제를 해결하고 콘크리트의 성능을 개선하기 위하여 단면 축소 및 장스팬을 가능하게 하는 콘크리트의 고강도, 콘크리트의 타설노력을 최소로 하는 고유동성 및 기계적 성질이 우수하고 내구적인 콘크리트가 개발되어 사용되고 있다.

1.2 철근콘크리트구조의 장점 및 단점

(1) 장점

① 재료공급이 용이하고 철골구조에 비하여 높은 경제성을 가지고 있다.
② 내구성 및 내화성이 높고 유지관리가 쉽다.
③ 부재의 크기와 형상을 다양하게 제작할 수 있다.
④ 차음성능과 내진성능이 크다.

(2) 단점

① 콘크리트의 인장강도가 낮으며 취성적인 파괴를 일으킨다.
② 거푸집과 지주의 사용이다.
③ 부재의 단면과 중량이 크다.
④ 건조수축과 크리프에 의한 변형과 균열이 일어난다.
⑤ 재료의 재사용 및 철거작업이 어렵다.

1.3 단위

최근에 구조분야에서 커다란 변화가 일어났는데, 그것은 2003년에 콘크리트학회에서 콘크리트구조설계기준을 개정하면서 모든 단위를 SI UNIT(The International System of Units)로 고친 것이다. 따라서 앞으로는 모든 구조설계가 SI 단위로 설계 되어져야 한다.

구조설계를 SI 단위로 한다는 것은 여러분의 중요한 경험적 요소를 혼돈 시키는 것이 될 것이다. 예를 들어 1ton이라고 하면 대략 어느 정도의 무게를 가진 물체인지를 예상할 수 있지만, 1kn이라고 하면 이러한 단위를 사용하지 않았던 사람들은 혼돈이 있게 될 수밖에 없다.

SI 단위에 대해 정리하면 다음과 같다.

(1) SI는 원래 프랑스의 Systeme International de Unites의 앞 글자를 따서 SI units로 사용되어 왔으며 세계적으로 통용되고 있다.

(2) SI 단위는 길이의 양(quantities of length), 시간(time), 질량(mass)에 의존하므로 구조설계자들은 당연히 길이와 시간, 질량, 그리도 중력 가속도 등을 고려해야 한다.

(3) 질량은 물질의 양으로써 kg으로 표시한다. 질량은 어디에서나 같으나, 중량(weight)은 중력가속도 때문에 해발에 따라 다르다.

(4) 구조에서의 중량은 힘 또는 하중(force)이며, 이것은 질량(mass)과 중력가속도의 곱으로 다음과 같다.

$$\text{weight} = \text{mass} \times g(9.8\text{m/s}^2)$$

(5) 구조설계에서는 힘 또는 하중(force) 단위로 Newton(N) 사용해야 한다.

$$1\text{N} = 1\text{kg}(\text{mass}) \times \text{m/s}^2, \text{ 즉 } F = ma \text{이다.}$$

(6) 구조에서 많이 쓰이는 난위

① 하중

- 집중하중 : Newton(N) 또는 kN
- 등분포하중 : kN/m^2 또는 kN/m

② 강도(strength), 응력(stress) : Pa, KPa, MPa

$1\text{MPa-}1\text{N/mm}^2$

③ 콘크리트 강도와 철근 강도는 MPa로 표시한다.

④ 길이는 mm 또는 m로 표시한다.

구조설계에서의 길이는 경간이나 층고 등은 m를 많이 사용하며 단면성능, 도면 치수, 단면적 등은 mm를 많이 사용한다.

⑤ 모멘트(moment)는 kN·m를 사용한다.

⑥ 구조에서 많이 쓰이는 단위를 정리하면 표 1.1과 같다

표 1.1 기존 단위와 SI 단위 비교

구분		기존 단위	SI 단위
하중	집중하중	1kgf	9.8N ≒ 10N
		1tf	9.8kN ≒ 10kN
	등분포하중	1kgf/m	9.8N/m ≒ 10N/m
		1tf/m	9.8N/m ≒ 10kN/m
	면적당하중	1kgf/m^2	9.8N/m ≒ 10N/m^2
		1tf/m^2	9.8N/m ≒ 10kN/m^2
모멘트		1kgf · m	9.8N · m ≒ 10N · m
		1tf · m	9.8kN · m ≒ 10kN · m
강도, 응력		1kgf/cm^2	98KPa ≒ 100KPa
		1tf/cm^2	98MPa ≒ 100MPa

이제 학교에서도 사회에서도 SI 단위를 써야 하는 것은 피할 수 없게 되었다. 그렇다면 능숙하도록 자주 써볼 수밖에 다른 도리가 없는 것 같다.

제 2 장 재 료

제 2 장

REINFORCED CONCRETE STRUCTURES

재 료

2.1 개요

철근콘크리트구조의 주요 재료는 콘크리트와 철근이다. 이 중에서 콘크리트는 압축에 강하나 인장에는 약하며 반면에 철근은 인장에 강하므로, 인장영역에 철근을 보강하면 경제적이고 구조성능이 높은 철근콘크리트가 된다. 그리고 이러한 철근콘크리트구조가 가능한 이유는

(1) 철근과 콘크리트와의 부착강도가 크므로 일체로 작용한다.
(2) 철근과 콘크리트의 온도에 대한 선팽창계수가 거의 같다.
(3) 콘크리트가 철근이 부식되는 것을 보호하므로 내구성이 좋기 때문이다.

안전하고 경제적이며 사용성이 좋은 철근콘크리트구조를 설계하기 위해서는 철근콘크리트를 이루는 각 재료의 특성을 이해하여야 한다.

2.2 콘크리트의 구성재료

콘크리트는 시멘트, 물, 골재를 적당한 비율로 혼합한 재료이다. 이러한 기본성분에 강도, 유동성, 응결속도 또는 동결융해 저항성능 등을 개선시키기 위하여 혼화재료가 사용되기도 한다. 이러한 콘크리트의 재료들이 혼합되면 시멘트와 물이 수화반응을 하여 시멘트 겔을 형성하고 이 시멘트 겔은 골재와 강한 접착력을 나타내어 견고한 콘크리트를 만든다.

2.2.1 시멘트

시멘트는 수화작용에 의하여 고착력을 발휘하는 미세한 분말재료로 포틀랜드 시멘트가 대표적이며, 포틀랜드 시멘트의 종류, 특성 및 용도는 표 2.1에 나타내었다.

시멘트와 물을 혼합하면 수화반응이 일어나서 시멘트 페이스트는 모래와 자갈을 강한 접착력으로 묶어서 견고한 콘크리트를 만든다. 수화반응에 의해 생성된 수산화칼슘 성분에 의하여 시멘트 페이스트는 강알칼리성(pH 12.5)을 나타내며, 이러한 알칼리성 시멘트 페이스트는 철을 부식으로부터 보호해 주는 역할을 한다.

수화반응에 필요한 물은 시멘트 중량의 약 25%이면 충분하나, 콘크리트 배합 및 타설시 필요한 시공연도를 얻기 위하여 시멘트 중량의 약 40~60%의 물이 필요하다.

표 2.1 포틀랜드시멘트의 종류, 특성 및 용도

종류	특성	용도
보통포틀랜드시멘트	일반적인 시멘트	일반 콘크리트 공사
조강포틀랜드시멘트	보통시멘트의 7일 강도를 3일에 발현, 저온에서도 강도 발현	긴급공사 콘크리트 2차 제품 동기 공사
중용열포틀랜드시멘트 저발열포틀랜드시멘트	수화열이 낮음 건조수축이 적음	매스콘크리트 수밀콘크리트 차폐용콘크리트
초조강포틀랜드시멘트	조강시멘트의 3일 강도를 1일에 발현 저온에서도 강도 발현	긴급공사, 그라우트 콘크리트 2차 제품 동기 공사
내황산염포틀랜드시멘트	유산염이 함유된 해수, 토양, 지하수, 하수 등에 대해 저항성이 큼	유산염의 침식을 받는 콘크리트

2.2.2 골재

골재가 콘크리트에서 차지하는 비율은 체적의 65~80%이다. 따라서 골재의 품질은 콘크리트의 강도, 유동성, 내구성, 수밀성, 경제성에 큰 영향을 미친다.

(1) 골재의 종류

1) 입자의 크기에 의한 분류

잔골재 : 5mm 표준망체를 중량비로 85% 이상 통과하는 골재

굵은골재 : 5mm 표준망체를 중량비로 85% 이상 남는 골재

2) 중량에 의한 분류

경량골재 : 절건비중 2.0 이하

보통골재 : 절건비중 2.4~2.6 정도

중량골재 : 절건비중 2.7 이상

(2) 골재의 성질

1) 비중, 흡수율

모암이 풍화한 골재를 사용하면 골재의 비중 저하와 흡수율의 증대를 초래하여 콘크리트는 강도와 탄성계수가 저하하고 건조수축이 증대하고 중성화와 동결융해에 대해 내구성이 저하된다. 따라서 골재는 소요의 비중과 흡수율을 가진 것을 사용하여야 한다.

2) 입도, 입형

골재 중의 크고 작은 입자들의 혼합된 정도를 입도라 하며, 입도는 워커빌리티, 단위수량, 시멘트량, 콘크리트의 강도, 내구성 등에 영향을 미친다. 따라서 입도는 표준입도곡선에 맞는 것을 사용하여야 한다. 입도 분석은 골재의 체가름 시험방법에 의해 행해지며, 입도는 다음의 조립률, 골재의 최대치수 등으로 표시한다.

① 조립률

골재의 입도를 수치적으로 나타낸 지표로서 다음과 같이 구한다.

조립률(FM) = 각 체의 누가잔류율(100−통과율)의 합 / 100

사용체 : 0.15, 0.3, 0.6, 1.2, 2.5, 5, 10, 20, 40mm체

② 골재의 최대치수

골재 입자크기 한도를 최대 골재치수로 호칭하는 것으로 전체의 입도분포를 나타낼 수는 없지만 대체적인 크기에 대한 지침을 나타낸다.

골재의 최대치수가 크면 물, 시멘트, 골재의 양이 감소하므로 강도, 내구성, 경제성이 유리하나, 골재의 최대치수가 너무 크면 콘크리트의 비빔, 부어넣기, 다짐 등에 지장을 준다. 따라서 사용장소에 따른 굵은 골재의 최대치수는 대체적으로 표 2.2와 같이 제한하고 있고, 또한 골재의 최대치수는 철근간격의 3/4 이하, 거푸집 양 내측면 사이의 최소거리의 1/5 이하, 슬래브 두께의 1/3 이하로 한다.

골재의 형상을 입형이라 하며, 골재의 입형이 모가 나거나, 가늘고 길거나, 편평하면 유동성이 떨어지므로 강도, 내구성에 나쁜 영향을 미치기 쉽다. 그리고 표면이 거칠면 부착력이 커져서 강도가 증가한다.

표 2.2 사용장소에 따른 굵은 골재의 최대치수

사용장소	굵은 골재의 최대치수(mm)		
	강자갈	쇄석, 고로슬래그 골재	경량골재
기둥, 보, 바닥슬래브, 지붕슬래브, 벽	20, 25	20	15, 20
기초	20, 25, 40	20, 25, 40	15, 20

③ 불순물

골재에 포함된 불순물로는 유기불순물, 염분(잔골재의 염분 허용한도 : 0.02% 이하), 이분, 점토덩어리 등이 있으며, 이러한 불순물은 콘크리트의 강도, 내구성, 부착력 등을 감소시킬 뿐만 아니라 풍화현상이나 철근부식을 일으킬 수 있다.

2.2.3 혼화재료

혼화재료란 시멘트, 물, 골재 이외의 재료로서 몰탈, 콘크리트에 특별한 품질을 부여하거나 성질을 개선하기 위하여 첨가되는 재료이다. 이러한 혼화재료의 종류는 다음과 같이 두 가지로 분류할 수 있다.

(1) 혼화제

기포작용, 분산작용, 습윤작용에 의한 계면(표면)활성제로서 콘크리트의 성질, 워커빌리티, 블리딩, 응결시간, 압축강도, 중성화, 동결융해작용, 수화열 억제 등의 개선을 위하여 사용한다. 혼화제의 종류는 다음과 같다.

① 작업성능이나 동결융해저항성능의 향상 : AE제
② 단위수량, 단위시멘트량의 감소 : 감수제, AE감수제
③ 강력한 감수효과와 강도의 대폭적인 증가 : 고성능감수제
④ 강력한 감수효과를 이용한 유동성의 대폭적인 개선 : 유동화제
⑤ 응결, 경화시간의 조절 : 촉진제, 지연제, 초지연제
⑥ 염화물에 의한 강재의 부식억제 : 방청제
⑦ 기포를 발생시켜 충진성, 경량화 등에 이용 : 기포제, 발포제
⑧ 점성, 응집작용 등을 향상시켜 재료분리를 억제 : 증점제, 수중콘크리트용 혼화제

(2) 혼화재

혼화재는 초미립자로 단위수량감소 및 워커빌리티, 압축강도 등의 개선을 위하여 사용한다. 혼화재의 종류는 플라이애쉬, 실리카흄, 팽창재, 수축저감재 등이 있다.

2.3 굳지 않은 콘크리트

2.3.1 굳지 않은 콘크리트에 요구되는 성질

(1) 운반, 충진, 및 마무리가 용이할 것
(2) 재료분리가 적을 것
(3) 블리딩이 적고 균열 등이 발생하지 않을 것

2.3.2 컨시스턴시(Consistency) : 반죽질기

(1) 정의

컨시스턴시는 주로 수량의 다소에 따른 유동성의 정도(묽기 정도)이며, 콘크리트의 워커빌리티를 나타내는 지표로써 슬럼프 값으로 표시한다.

(2) 컨시스턴시에 영향을 미치는 요인

1) 단위수량

수량이 많을수록 컨시스턴시는 커지나 강도는 떨어진다.

2) 콘크리트의 온도

온도가 높을수록 수분이 증발하므로 컨시스턴시는 작아진다.

3) 잔골재율

잔골재율이 높을수록 된비빔이 되므로 컨시스턴시는 작아진다.

4) 공기연행량

공기연행량을 높이면 컨시스턴시는 커지나 강도는 낮아진다.

2.3.3 워커빌리티(Workability) : 시공연도

(1) 정의

워커빌리티는 유동성의 정도(묽기 정도) 및 재료분리에 저항하는 정도 등 복합적 의미에서의 시공의 난이 정도를 말한다.

(2) 워커빌리티에 영향을 주는 요인

1) 시멘트의 양

부배합의 경우가 빈배합의 경우보다 시공연도가 향상된다. 시멘트 양이 많을수록 시공연도는 좋아지고, 시멘트 양이 적을수록 시공연도는 나빠진다.

2) 단위수량

재료분리가 생기지 않는 범위 내에서 수량이 많을수록 시공연도가 향상된다.

3) 시멘트의 품질

시멘트의 품질은 분말도, 시멘트의 종류, 풍화정도에 영향을 받는다.

시멘트의 비표면적이 2800cm2/g 이하이면 시공연도는 떨어진다. 혼합시멘트를 사용하면 보통포틀랜드시멘트를 사용하였을 때보다 시공연도가 좋아지며, 풍화시멘트를 사용하면 시공연도가 나빠진다.

4) 골재의 입도 및 입형

연속 입도분포를 가지며 입형이 둥근 골재가 시공연도가 좋다.

5) 혼화재료

AE제 및 플라이애쉬 : 볼베어링 작용을 하는 공기량과 미세립 분자가 많아지므로 시공연도가 향상된다.

6) 배합

시멘트 양, 단위수량, 잔골재율, 혼화재료의 배합이 적절하면 시공연도가 좋아진다.

7) 비빔

비빔을 충분히 할수록 시공연도가 좋아진다.

2.3.4 시공연도의 측정

(1) 슬럼프 시험

슬럼프콘(20×10×30cm)에 콘크리트를 1/3씩 3층으로 나누어 넣고 다짐봉으로 각각 25회 다진 다음 슬럼프콘을 들어 올렸을 때 콘크리트가 가라앉은 높이를 슬럼프 값이라 한다.

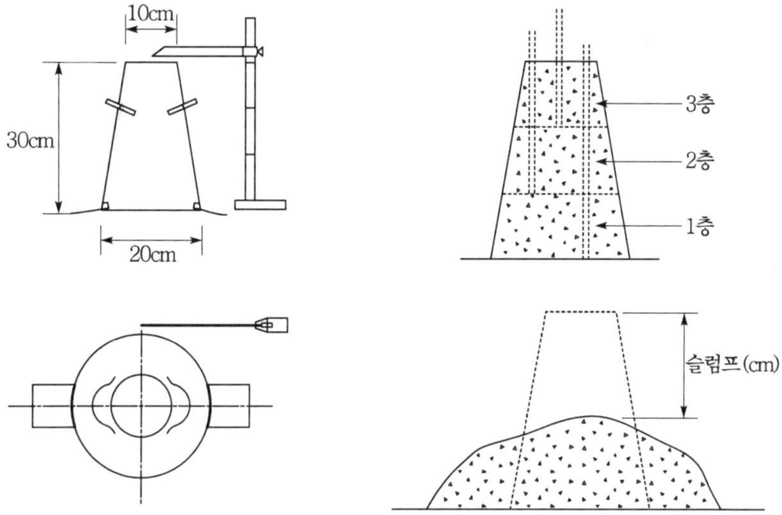

그림 2.1 슬럼프 시험

(2) 슬럼프플로우 시험

슬럼프플로우는 슬럼프 실험 후 넓게 퍼진 콘크리트의 최대 지름과 이와 직교하는 지름을 측정하여 그 두 값의 평균으로 평가한다.

그림 2.2 슬럼프플로우 시험

2.3.5 재료분리

(1) 작업 중에 생기는 재료분리

작업 중에 생기는 재료분리의 원인과 대책은 다음과 같다.

1) 원인

① 굵은 골재의 최대치수가 지나치게 큰 경우
② 입자가 거친 잔골재를 사용한 경우
③ 단위골재량이 너무 많은 경우
④ 단위수량이 너무 많은 경우
⑤ 배합이 적절하지 않은 경우

2) 대책

① 콘크리트의 플라스티시티를 증가시킨다.
② 잔골재율을 크게 한다.
③ 물시멘트비를 작게 한다.
④ 잔골재중의 0.15~0.3mm 정도의 세립분을 많게 한다.
⑤ AE제, 플라이애쉬 등을 사용한다.

(2) 콘크리트 타설 후의 재료분리

아직 굳지 않은 시멘트페이스트 및 콘크리트에 있어서 물이 윗면으로 스며오르는 현상을 블리딩(bleeding)이라 하며, 블리딩 현상이 일어나면 상부콘크리트가 다공질이 됨으로서 수밀성 및 내구성이 저하되고 시멘트페이스트와의 부착이 떨어진다. 블리딩에 의하여 콘크리트 표면에 떠올라와 침전한 백색의 미세한 물질을 레이턴스(laitance)라 하며, 이러한 레이턴스에 의하여 콘크리트 이음부의 밀착성 및 수밀성이 저하된다.

2.3.6 균열

(1) 침하수축균열

콘크리트 타설 후 진동 및 마감된 플라스틱 상태의 콘크리트는 침하하면서 응결하려는 성향을 보이나 철근과 거푸집 등에 의하여 국부적으로 구속을 받아 그림 2.3과 같은 침하수축균열과 함께 취약한 부분을 남기게 된다.

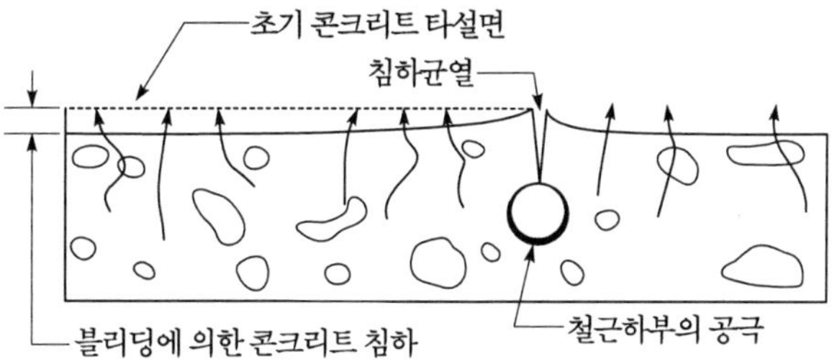

그림 2.3 침하에 의한 균열

(2) 소성수축균열

바닥 슬래브 등 표면적이 넓은 부재에 타설된 콘크리트에 건조한 외기나 바람, 고온 등으로 수분의 블리딩율보다 수분 증발이 빠르게 일어나는 경우 표면의 콘크리트는 유동성이 작으면서 인장강도가 없기 때문에 그림 2.4와 같은 소성수축균열을 일으킨다.

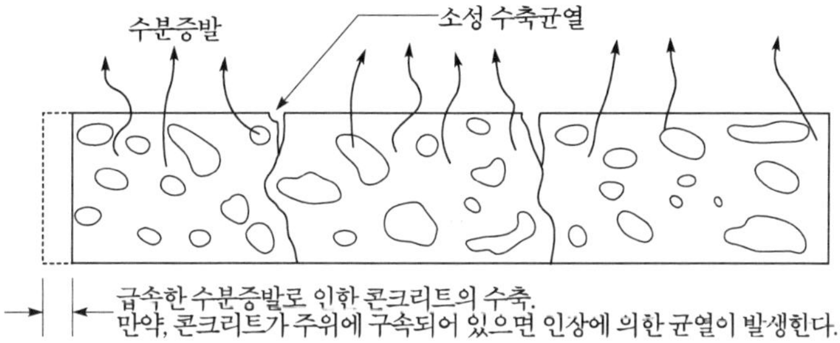

그림 2.4 굳지 않은 콘크리트에 생긴 소성 수축균열

2.4 경화콘크리트

2.4.1 압축강도

콘크리트의 압축강도에 영향을 주는 요인은 다음과 같다.

(1) 사용재료의 품질

1) 시멘트

시멘트 강도가 높을수록 콘크리트 강도가 높아진다.

2) 골재

보통콘크리트는 골재의 크기가 강도에 끼치는 영향이 거의 없으나, 고강도 콘크리트는 골재가 클수록 강도는 작아진다.

3) 혼합수

유해한 불순물(기름, 산, 염류, 유기물 등)이 포함되지 않아야 한다.

(2) 배합

1) 물-시멘트비

물-시멘트비가 높을수록 콘크리트 강도는 낮아진다.

2) 공기량

공기량이 1% 증가하면 콘크리트 강도는 4~6% 감소한다.

(3) 시공방법

1) 비빔방법

기계비빔의 경우가 손비빔의 경우보다 10~20% 증가한다.

2) 진동다짐

진동다짐을 하면 된반죽의 경우 충진성이 향상되므로 강도가 높아지나, 묽은 반죽의 경우에는 효과가 거의 없다.

(4) 양생방법

1) 양생

양생은 콘크리트에 충분한 습도와 적당한 온도를 제공하여 유해한 응력이 발생하지 않도록 하는 것이다.

2) 양생방법

① 습윤양생 : 습윤상태를 유지하여 콘크리트 중의 수분이 급격히 증발하지 않도록 하는 방법

② 보온양생 : 시멘트의 수화반응을 촉진하기 위하여 증기, 온수 및 전열 등으로 양생하는 방법

(5) 재령의 영향

재령이 지날수록 콘크리트 강도는 증가하며, 시간이 경과할수록 증가율은 떨어진다.

(6) 시험방법의 영향

1) 공시체의 모양과 크기

공시체의 폭에 대한 높이의 비가 높을수록 콘크리트 강도는 감소하며, 실린더 강도가 큐브강도보다 작다.

2) 공시체 표면의 영향

표면을 캡핑 또는 그라인딩 하면 강도는 높아진다.

3) 재하속도와 온도

재하속도가 빠를수록 강도는 높게 나타난다(규준의 재하속도 : 20~30N/cm2/sec). 온도가 높을수록 강도는 낮게 나타난다.

2.4.2 인장강도

콘크리트의 인장강도는 압축강도의 약 1/10~1/15이다. 콘크리트의 인장강도 시험법에는 다음과 같은 종류가 있다.

(1) 직접인장강도시험법(Direct tension)

직접인장강도시험법은 그림 2.5에 나타낸 바와 같다.

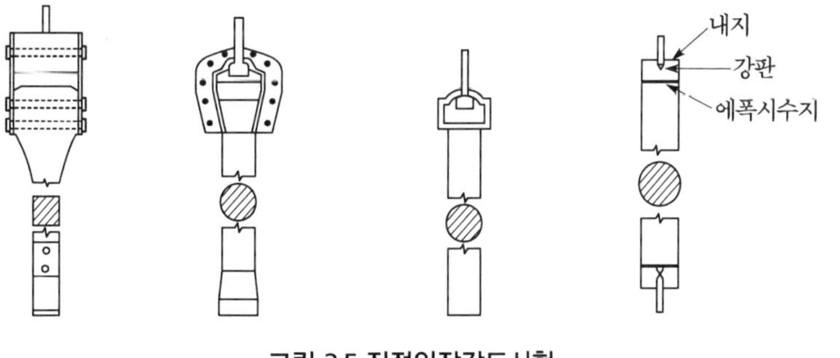

그림 2.5 직접인장강도시험

(2) 쪼갬인장강도시험법(Split test)

쪼갬인장강도시험법은 그림 2.6에 나타낸 바와 같고, 쪼갬인장강도는 다음 식으로 산정한다.

$$f_t = \frac{2p}{\pi d l} \tag{2.6}$$

여기서, f_t : 쪼갬인장강도

p : 최대하중

d : 원주공시체의 직경

l : 원주공시체의 길이

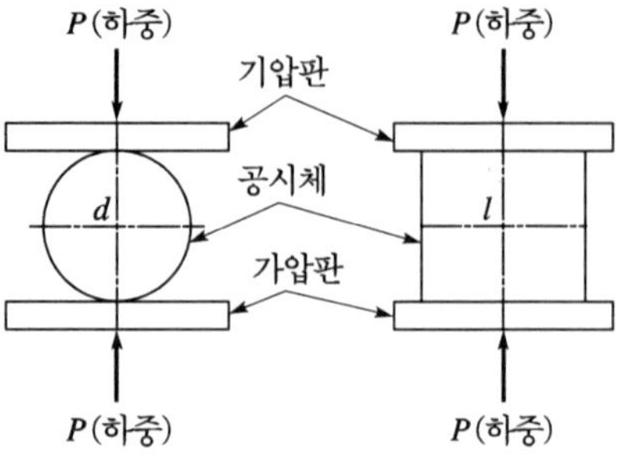

그림 2.6 쪼갬인장강도시험

(3) 휨파괴강도시험법(Modulus of rupture)

휨파괴강도시험법은 그림 2.7에 나타낸 바와 같고, 휨 파괴강도는 다음 식으로 산정한다.

$$f_r = \frac{M}{Z}(\text{규준} : f_r = 0.63\sqrt{f_{ck}}) \tag{2.7}$$

여기서, f_r : 휨파괴강도

M : 휨모멘트

Z : 단면계수

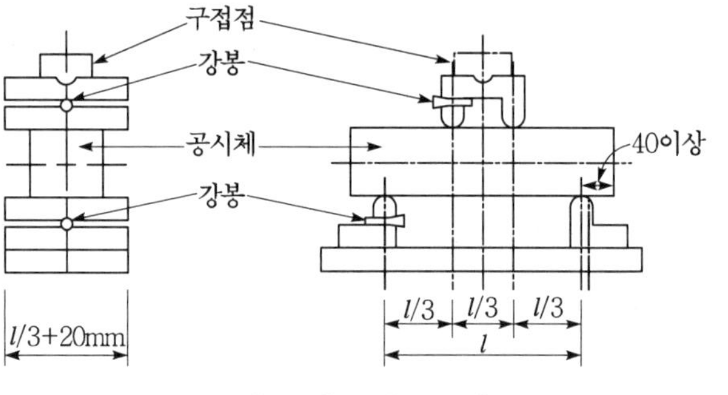

그림 2.7 휨파괴강도시험

2.4.3 탄성계수(Elastic modulus)

(1) 종류

정탄성계수(할선탄성계수, 초기접선탄성계수), 동탄성계수

(2) 할선탄성계수

할선탄성계수는 다음과 같이 구한다.

$$E_c = \frac{\sigma_p}{\varepsilon_p} \tag{2.8}$$

여기서, σ_p : 응력-변형률 곡선에서 최대응력의 40%에서 응력

ε_p : σ_p 에서의 변형률

(3) 콘크리트구조설계규준

콘크리트구조설계규준에서는 탄성계수를 다음 식과 같이 규정하고 있다.

$$E_c = 0.077 m_c^{1.5} \sqrt[3]{f_{cm}} \, (\mathrm{MPa}) \tag{2.9(a)}$$

여기서, m_c : 굳은 콘크리트의 단위중량($\mathrm{kgf/m^3}$)

f_{ck} : 콘크리트의 설계기준강도(MPa)

보통 골재를 사용한 콘크리트 중량이 $m_c = 2{,}300\mathrm{kgf/m^3}$인 경우 탄성계수는 다음 식과 같다.

$$E_c = 8{,}500 \sqrt[3]{f_{cm}} \, (\mathrm{MPa}) \tag{2.9(b)}$$

여기서, $f_{cm} = f_{ck} + \Delta f$

$f_{ck} \leq 40\mathrm{MPa}$일 때 $\Delta f = 4\mathrm{MPa}$

$f_{ck} \geq 60\mathrm{MPa}$일 때 $\Delta f = 6\mathrm{MPa}$이며, 그 사이는 직선보간으로 구한다.

(4) 동탄성계수

동탄성계수는 콘크리트 공시체의 고유진동수 또는 콘크리트 중에 전파되는 음파속도를 구하여 구한 탄성계수로, 다음 식으로 구한다.

$$2fl = \sqrt{E_d / \rho_o} \tag{2.10}$$

여기서, f : 진동수(Hz)

l : 공시체 길이

E_d : 동탄성계수

ρ_o : 공시체의 밀도

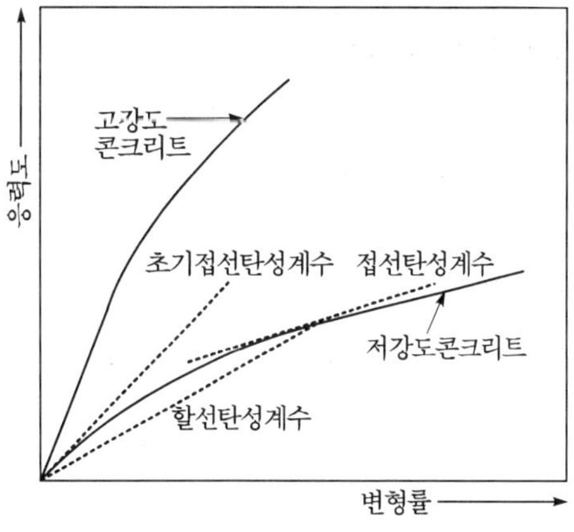

그림 2.8 탄성계수

2.4.4 건조수축(Drying Shringkage)

콘크리트의 건조수축은 수화된 시멘트에 흡착되었던 수분이 증발하여 생기는 콘크리트의 체적 변형(수축)이다.

분말도가 낮은 시멘트일수록, 흡수량이 많은 시멘트일수록, 온도가 높을수록, 습도가 낮을수록, 단면치수가 클수록 건조수축은 크다.

2.4.5 크리프(Creep)

콘크리트에 일정한 하중이 계속 작용하면 하중의 증가 없이도 시간의 경과와 함께 변형이 증가하는 현상을 크리프라 한다.

하중이 클수록, 시멘트량과 단위수량이 많을수록, 단면이 작을수록, 부재의 건조정도가 높을수록 크리프는 크다.

2.4.6 내구성(Durability)

기상작용, 화학적작용, 침식작용, 생물작용, 해수 및 전류 등의 작용에 대한 저항성능을 내구성이라 한다. 콘크리트 열화요인은 다음과 같다.

(1) 중성화(Carbonation), 탄산화

중성화는 대기중의 탄산가스의 작용을 받아 콘크리트 중의 수산화칼슘이 서서히 탄산칼슘으로 변화하면서 알칼리성을 상실하는 현상이다.

(2) 알칼리 골재 반응

알칼리 골재 반응은 포틀랜드 시멘트중의 알칼리 성분과 골재 등의 실리카 광물이 화학반응을 일으켜 팽창을 유발하는 반응이다.

(3) 염해

염해는 콘크리트 중에 염화물이 존재하여 강재가 부식함으로서 콘크리트 구조물에 손상을 끼치는 현상이다.

(4) 동해

동해는 콘크리트 중의 수분이 동결팽창하고 이것이 반복됨에 따라 콘크리트 조직이 파괴되어 균열, 표면층의 박리, 팝아웃 등이 생기는 현상이다.

2.5 철근

2.5.1 철근의 종류

콘크리트 보강재로 사용되는 철근은 다음과 같다.

(1) 원형철근

원형철근은 단면이 원형인 봉강으로 가공성은 좋으나 콘크리트와의 부착성능이 낮기 때문에 구조용으로는 거의 쓰이지 않는다.

(2) 이형철근

이형철근은 콘크리트의 부착성능을 높이기 위하여 그림 2.9와 같이 원형단면의 둘레에 돌기가 있도록 제조된 철근이다. 이형철근을 표시할 때에는 D자 뒤에 지름의 근사 값을 mm 단위로 나타낸다.

(3) 용접철망

용접철망은 철선을 양방향으로 직교시켜 그 교차점을 용접 접합한 격자형의 철망이다. 용접철망을 슬래브나 벽의 주근 또는 다른 부재의 보조 철근으로 사용하면 철근을 조립하는 수고가 줄어들어 경제적이다.

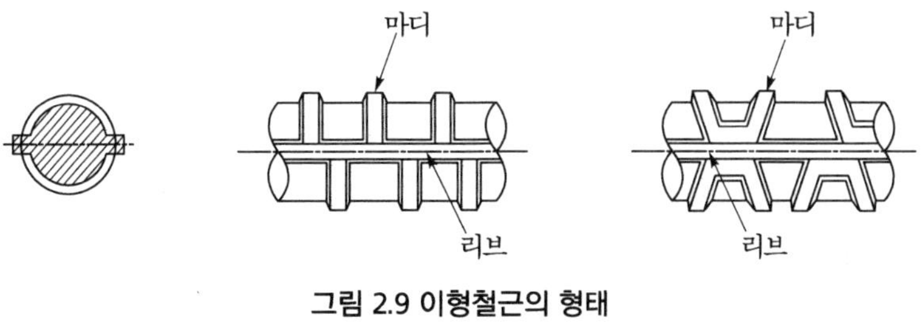

그림 2.9 이형철근의 형태

2.5.2 역학적 성질

철근의 역학적 성질은 철근 인장시험결과의 응력-변형률 곡선으로부터 얻을 수 있다(그림 2.10 참조).

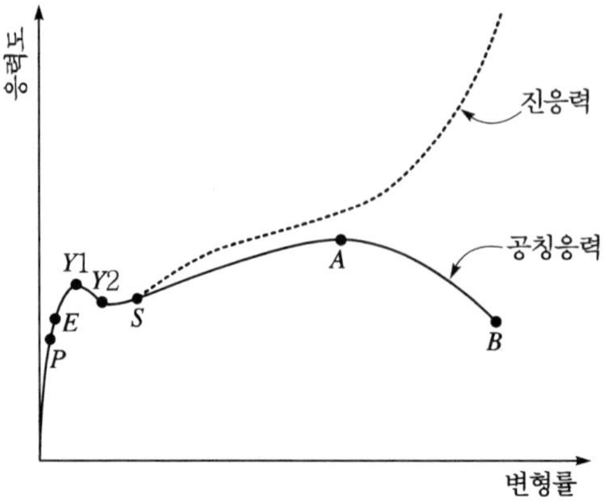

그림 2.10 응력-변형률 곡선

(1) 탄성

탄성은 재료에 외력이 작용하면 변형이 생기며, 이 외력을 제거하면 재료가 원래의 모양이나 크기로 되돌아가는 현상이다.

(2) 소성

소성은 재료에 외력이 작용하면 변형이 생기며, 이 외력을 제거하여도 재료가 원래의 모양이나 크기로 되돌아가지 않는 현상이다.

(3) 비례한도(proportional limit)

비례한도는 응력과 변형률이 비례하여 선형관계가 유지되는 최대응력 한도로, 이 범위에서 후크의 법칙이 성립한다.

(4) 탄성한계(elastic limit)

탄성한계는 탄성관계가 유지되는 한계로, 영구변형이 생기지 않고 힘을 제거하면 원래의 위치로 되돌아간다.

(5) 항복점(항복강도 : yield strength)

항복점은 응력의 증가 없이도 변형률이 크게 증가하기 시작하는 지점의 응력이다. 강재에 따라서는 상위항복점과 하위항복점을 나타내며, 이때 항복점은 하위항복점이다.
고강도강재와 같이 항복점이 명확하지 않은 경우에 항복점은 비례한도에서 곡선의 기울기와 평행하게 응력이 영(零)인 상태로 내렸을 때 0.2%의 영구변형을 가지게 되는 지점의 응력 또는 0.5%의 변형률에 해당하는 응력으로 한다.

(6) 소성흐름(plastic flow)

소성흐름이란 응력의 증가 없이 변형이 진행되는 구간이며, 이 구간에서는 하중을 제거하여도 변형률은 영(零)으로 되돌아가지 않고 영구변형을 남긴다. 이와 같은 성질을 소성이라 한다.

(7) 변형률 경화계수(strain-hardening modulus)

변형률 경화계수는 인장에 대한 저항이 회복되는 시점에서의 접선기울기를 말한다.

(8) 인장강도(tensile strength)

인장강도는 응력-변형률 곡선에서 최대응력, 즉 인장시험에서 최대하중을 원래 단면적으로 나눈 값이다.

(9) 넷킹(necking) 범위

넷킹 범위란 최대응력을 지나면서 단면이 현저히 수축하고 축방향의 늘어남이 커져서 파괴되는 구간이다.

(10) 탄성계수(modulus of elasticity)

탄성계수는 비례한도 안에서 변형률에 대한 응력의 비이며, 강재의 탄성계수는 $E_s =$ 200,000MPa이다.

(11) 포아슨 비(Poisson's ratio)

포아슨 비는 축하중을 받는 부재에서 하중작용방향의 변형률에 대한 가로방향 변형률의 절대값이다(강재의 경우 : 0.3, 콘크리트의 경우 : 1/6).

(12) 연성(ductility)

연성은 재료가 하중을 받아서 항복 후 파괴에 이르기까지 큰 소성변형을 할 수 있는 능력으로 인장시험에서 시험편의 신장률과 단면적이 줄어드는 것으로 측정한다.

철근의 재질은 항복강도를 기준으로 하여 원형철근 2종류, 이형철근 5종류로 나누고 있다(표 2.3).

표 2.3 철근의 종류 및 성질

철근형태	종류기호	항복강도 (MPa)	인장강도 (MPa)	연신율(%)	
				D25 미만	D25 이상
원형철근	SR24	240 이상	390~530	20 이상	24 이상
	SR30	300 이상	450~610	18 이상	20 이상
이형철근	SD30A	300 이상	450~610	16 이상	18 이상
	SD30B	300~400	450 이상	16 이상	18 이상
	SD35	350~450	500 이상	18 이상	20 이상
	SD40	400~520	570 이상	16 이상	18 이상
	SD50	500~640	630 이상	12 이상	14 이상

제 3 장 구조설계의 일반사항

제 3 장

구조설계의 일반사항

3.1 건축설계와 구조설계

건축물이 완성되려면 먼저, 건축주가 의도하는 건축기획이 있으며, 이것에 인간의 생활이나 행동을 의식하여 건축을 생각하는 건축계획이 잇따른다. 그리고 동시에 건축가는 구조설계자와 협의하여 그러한 건축계획에 가장 적합한 건물의 구조형식이나 구조재료가 경제성의 범위 내에서 선택되고 그 건물이 지어질 대지의 상황에 따라 기초구조가 선택되는 등 구조계획에 의하여 건물의 전체의 모양이 창작된다.

이 단계까지 틀이 잡히면 이것에 작용하는 외력이나 하중의 크기가 계산되고 구조체의 응력이 구해지면 보강방법 및 부재단면이 산정된다. 이러한 구조계산을 끝내고, 시공상 필요한 구조도면이 그려져서 시공으로 옮겨진다. 이들의 구조계획이나 구조계산은 그 과정에서 끊임없이 건축계획이나 설비계획으로 환원되며, 그럴 때마다 재검토가 되풀이되면서 소요의 조건에 대해서 최적의 건축설계가 완성된다. 그리고 이때 구조설계는 안전성 및 경제성, 시공성 등이 고려되어야 한다.

3.2 구조설계의 순서

구조설계의 순서는 일반적으로 다음과 같다.

(1) 구조형태의 선정

(2) 설계하중의 산정

(3) 부재응력의 계산
(4) 부재단면과 보강방법의 선정
(5) 설계조건에서 구조성능의 검토
(6) 최종검토

3.2.1 구조형태의 선정

구조물의 용도 및 기능, 경제성, 미적 요구조건 등을 고려하여 안전성과 경제성에서 효율적인 구조형태를 선정한다.

(1) 강성골조구조

강성골조는 일반적으로 수평의 보와 수직의 기둥이 강접합된 장방형 격자로 구성된다. 골조의 강도는 각 보와 기둥의 크기에 비례하고 기둥간격과 층고에는 반비례한다.
강성골조는 횡력에 대하여 강성이 적으므로 수평력에 대하여 과다한 변위가 발생한다. 따라서 철근콘크리트 구조물일 때에는 주로 풍하중의 영향이 적은 20층 정도의 건물에 사용되고 있다. 철골구조인 경우는 30층 정도에 유리한 시스템이다.

(2) 전단벽 구조

전단벽은 수직하중에 의한 축력을 기초에 전달하는 역할을 한다. 그리고 바람이나 지진과 같은 수평하중이 전단벽 구조에 작용하면, 슬래브가 춤이 큰 보와 같이 작용하여 수평하중을 전단벽으로 전달하고 이 전단벽은 하중을 기초로 전달하는 단부가 고정된 캔틸레버처럼 거동한다.

바닥과 벽이 일체식으로 되어 있어 입체적으로 상호작용하는 전단벽구조는 힌지로 접합된 조적조나 조립식 건물보다 강하므로 20~30층 정도의 건물에 유리하다.

(3) 골조-전단벽구조

30층 이상인 건물에서는 강성골조만으로는 실용적이지 못하다. 그러므로 골조내에 전단벽을 사용하여 전단벽이 수평하중에 저항하게 한다. 전단벽은 콘크리트나 철골트러스로 만들 수 있고, 코어로 사용되거나 건물내부의 평행인 벽일 수도 있다.

1) **힌지골조-전단벽구조**

골조는 수직하중만을 지지하고, 전단벽은 수평하중을 지지하는 구조이다.

2) **강성골조-전단벽구조**

골조와 전단벽이 각각 수직하중과 수평하중을 지지하는 구조이다. 이 구조방식은 40~50층 정도까지 경제성이 있는 것으로 판단되고 있으며, 경제성 여부에 따라 70~80층 정도까지도 이용되고 있다.

3.2.2 설계하중의 산정

구조설계에서 고려하여야 할 하중은 고정하중, 활하중, 지진하중, 풍하중 등이며, 이들 하중 산정방법은 부록 A.1에 나타내었다.

3.2.3 부재단면과 보강방법의 선정

부재단면과 보강방법의 선정은 소요강도가 설계강도 이하가 되도록 결정한다.

3.2.4 설계조건에서 구조성능의 검토

구조재의 처짐, 균열, 진동, 피로, 내화, 내구성, 온도응력, 부동침하 등에 대한 구조거동의 적합성을 검토한다.

3.2.5 최종검토

① 가정한 하중과 최종하중이 일치하는시 검토
② 부재응력 검토
③ 응력과 변형 이외에 설계제한에 대하여 선정된 부재의 적합성을 검토
④ 구조해석시 단순화, 모델화 작업이 최종설계에서 만족하는지 검토
⑤ 적합치 않거나 불합리한 점이 발견되면 그 단계로 피이드백(feedback)하여 수정, 보완하여 합리적인 구조설계를 하도록 한다.

3.3 강도설계법

(1) 정의

부재의 파괴를 일으키는 극한강도를 기준으로 철근콘크리트 부재가 항복한 후에도 부재의 연성에 의하여 구조물의 붕괴가 일어나기 전까지 하중지지능력을 최대한 반영한 설계법이다. 각 부재의 소요강도를 계산하고 이 값이 설계강도보다 작게 설계하는 방법이다.

$$소요강도 \leq 설계강도$$

$$M_u \leqq \phi M_n$$

$$V_u \leqq \phi V_n$$

$$N_u \leqq \phi N_n$$

(2) 소요강도

주어진 계수하중(사용하중×하중계수) 조건에서 탄성해석에 의하여 계산한다. 이 때 설계하중은 예상되는 계수하중을 여러 경우별로 적용시켜보고 가장 불리한 응력상태가 되는 하중조합을 선택한다.

1) **하중조합**

$$U = 1.4(D+F)$$

$$U = 1.2(D+F+T) + 1.6(L + \alpha_H H_v + H_h) + 0.5(L_r \text{ or } S \text{ or } R)$$

$$U = 1.2D + 1.6(L_r \text{ or } S \text{ or } R) + (1.0L \text{ or } 0.65W)$$

$$U = 1.2D + 1.3W + 1.0L + 0.5(L_r \text{ or } S \text{ or } R)$$

$$U = 1.2(D + H_v) + 1.0E + 1.0L + 0.2S + (1.0H_h \text{ or } 0.5H_h)$$

$$U = 1.2(D+F+T) + 1.6(L + \alpha_H H_v) + 0.8H_h + 0.5(L_r \text{ or } S \text{ or } R)$$

$$U = 0.9(D + H_v) + 1.3W + (1.6H_h \text{ or } 0.8H_h)$$

$$U = 0.9(D + H_v) + 1.0E + (1.0H_h \text{ or } 0.5H_h)$$

2) 차고, 공공집회 장소 및 L이 5.0kN/m^2 이상인 모든 장소 이외에는 활하중 L에 대한 하중계수를 0.5로 감소시킬 수 있다.

3) α_H는 연직방향하중 H_v에 대한 보정계수로서, $h \leq 2m$에 대해서 $\alpha_H = 1.0$이며, $h > 2m$에 대해서 $\alpha_H = 1.05 - 0.025h \geq 0.875$이다.

4) 구조물에 충격의 영향이 있는 경우 활하중(L)을 충격효과(I)가 포함된 $(L+I)$로 대체

하여 상기 식들을 적용하여야 한다.

(3) 설계강도

부재의 최대강도(공칭강도)×강도감소계수(ϕ)로 결정한다.

- **강도감소계수**

순수 휨 : $\phi = 0.85$
축인장 : $\phi = 0.85$
축압축 : $\phi = 0.70$ (나선철근), $\phi = 0.65$ (띠철근)
전단, 비틀림 : $\phi = 0.75$
콘크리트의 지압 : $\phi = 0.65$
무근콘크리트의 휨, 압축, 전단, 지압 : $\phi = 0.55$

(4) 안전성 확보 방안

1) 강도감소계수 사용

다음과 같은 이유로 재료 및 부재의 강도는 예상된 값보다 작을 수 있기 때문이다.

① 재료강도의 가변성, 시험 재하속도의 영향, 현장강도와 공시체 강도의 차이, 건조수축의 영향에 따른 설계시 예상했던 값과의 차이

② 철근의 위치, 부재치수의 오차 등과 같이 제작시 오차에 따른 예상된 부재와 실제 부재의 차이

③ 직사각형 응력블록과 최대 변형률을 0.003으로 간주한 것과 같은 가정 및 식을 단순화함에 따른 오차

④ 크기가 다른 철근을 연결하여 사용하는데 따른 부재 실제강도의 차이 때문이다.

2) 하중계수 사용

다음과 같은 이유로 과재하가 일어날 수 있기 때문이다.

① 하중의 크기가 가정된 것과 다를 수 있다. 왜냐하면, 부재크기의 변화, 재료밀도의 변화, 구조 및 비구조재의 변경에 의해 고정하중이 달라질 수 있기 때문이다. 또한 활하중도 시간 및 건물의 용도에 따라 상당히 달라질 수 있다.

② 하중의 영향을 계산함에 있어서 강성 및 경간길이 등의 가정, 구조해석을 위해 3차원 구조물을 모델링할 때 발생하는 부정확성 등과 같은 불확실성이 존재한다.

(5) 부재선정

소요강도가 설계강도 이하가 되도록 부재를 선정한다.

(6) 특징

① 부재단면의 극한강도는 실제의 응력-변형률 곡선에 의한 재료의 비선형 성질을 고려한다.
② 하중계수에 의하여 하중특성을 설계에 반영한다.
③ 파괴에 대한 안전도의 확보가 확실하다.
④ 사용성의 확보를 위해서는 별도의 검토가 필요하다.
⑤ 단면설계는 강도설계법을, 골조해석은 탄성계산을 하게 되므로 콘크리트의 탄소성 거동을 반영하지 못한다.

3.4 철근의 피복두께

3.4.1 현장치기 콘크리트

현장치기 콘크리트의 최소 피복두께는 표 3.1에 따른다.

표 3.1 현장치기 콘크리트의 최소피복두께

표면조건	부재	철근	피복두께
수중에 타설 하는 경우	모든 부재	모든 철근	100mm
흙에 묻혀 있는 경우	모든 부재	모든 철근	75mm
흙에 접하거나 옥외에 노출되는 경우	모든 부재	D19 이상	50mm
		D16 이하 철근, 지름 16mm 이하의 철선	40mm
옥외 또는 흙에 접하지 않는 경우	슬래브, 벽체, 장선	D35 초과	40mm
		D35 이하	20mm
	보, 기둥	모든 철근	40mm
	쉘, 절판	모든 철근	20mm

* 옥외의 공기나 흙에 직접 접하지 않는 콘크리트는 보, 기둥의 경우 콘크리트의 설계기준강도가 40MPa 이상이면 규정된 값에서 최소피복두께를 10mm 감소시킬 수 있다.

3.4.2 부식환경에 노출되는 콘크리트 및 철근

콘크리트가 심한 침식 또는 염해를 받는 해안환경에 노출되거나 심한 화학작용을 받는 경우에 최소 피복두께는 표 3.2에 따른다.

3.4.3 내화구조물

(1) 내화를 필요로 하는 구조물의 피복두께

내화를 필요로 하는 구조물의 피복두께는 화열의 온도, 지속시간, 사용골재의 성질 등을 고려하여 슬래브의 경우 30mm 이상, 기둥 및 보의 경우에 50mm 이상을 철근의 피복두께로 고려하여야 한다. 만약, 용접철망을 배치하는 경우는 피복두께가 30mm 이상이어야 한다.

표 3.2 부식환경에 노출된 콘크리트의 최소피복두께

	부재		최소 피복두께
현장치기 콘크리트	D16 이하의 철근을 사용한 벽체, 슬래브		50 mm
	기타 부재	노출 등급 ES_1, ES_2	60 mm
		노출 등급 ES_3	70 mm
		노출 등급 ES_4	80 mm
프리캐스트 콘크리트	벽체, 슬래브		40 mm
	기타 부재		50 mm

* 구조물을 장차 증축할 목적으로 표면에 노출시키는 강재의 경우 부식으로부터 보호되어야 한다.

(2) 장시간 고열을 받는 경우

장시간 고열을 받는 굴뚝 내면과 같은 경우 특수한 보호공사나 최소피복두께보다 더 큰 피복두께를 필요로 한다.

제 4 장 보의 해석 및 설계

제 4 장

REINFORCED CONCRETE STRUCTURES

보의 해석 및 설계

4.1 개요

보는 부재의 축방향에 직각으로 작용하는 하중이나 휨모멘트를 지지하는 부재로 휨재에 속한다. 보에 작용하는 휨모멘트에 의하여 중립축 위쪽에는 압축응력이 아래쪽에는 인장응력이 생기며, 전단력에 의하여 보의 하중작용방향으로 전단응력이 발생한다. 이러한 응력 중 콘크리트는 전단과 인장에 약하기 때문에 인장응력 및 전단응력에 대하여 철근으로 보강하여야 하며, 철근과 콘크리트의 부착 및 처짐과 균열 등에 의한 사용성이 검토되어야 한다.

4.2 휨 해석의 기본사항

4.2.1 해석을 위한 가정

(1) 변형 전에 부재축에 수직한 평면은 변형 후에도 부재축에 수직하다. 이 가정은 보의 변형률은 중립축으로부터의 거리에 비례함을 의미하며, 일반 보나 슬래브에는 무리 없이 적용되나 벽이나 깊은 보에는 아치작용이 휨작용보다 커지므로 적용이 불가능하다.

(2) 철근의 변형률은 같은 위치에서의 콘크리트의 변형률과 같다. 이 가정은 철근과 콘크리트가 완전히 부착되어 있어 상대적인 미끄러짐이 생기지 않는 경우 가능하며, 하중을 지지하는데 철근과 콘크리트가 일체로 거동함을 뜻한다.

(3) 철근과 콘크리트의 응력은 철근과 콘크리트의 응력-변형률로부터 구할 수 있다.

4.2.2 설계를 위한 가정

(1) 콘크리트는 인장응력을 지지할 수 없다.

① 콘크리트의 인장강도는 압축강도의 1/10 정도이므로 휨재 설계시에는 이를 무시하고 단순히 보강철근이 인장응력을 지지하도록 한다.

② 이러한 가정은 휨응력 계산을 단순하게 하면서 안전성을 높인 것이며, 전단, 부착, 처짐 등에서는 콘크리트의 인장강도를 고려한다.

(2) 콘크리트의 극한 변형률은 콘크리트의 설계기준 압축강도가 40MPa 이하인 경우에는 0.0033으로 가정하며, 40MPa을 초과할 경우에는 매 10MPa의 강도 증가에 대하여 0.0001씩 감소시킨다. 90MPa을 초과하는 경우에는 실험을 통하여 극한변형률을 선정하고 근거를 명시하여야 한다.

(3) 콘크리트의 압축응력도-변형률 관계는 시험결과에 따라 직사각형, 사다리꼴 또는 포물선 등으로 가정할 수 있다.

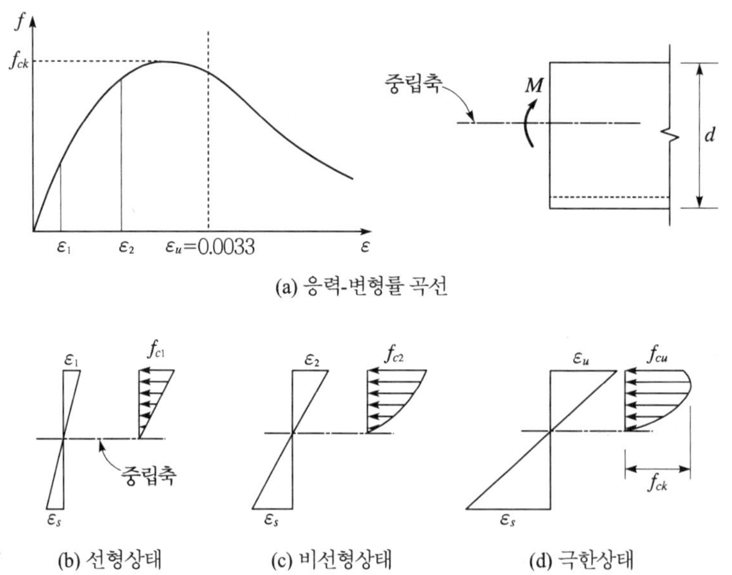

그림 4.1 콘크리트의 응력과 변형률

4.2.3 보의 거동

(1) 비균열 단면, 선형 상태

작은 하중이 작용해서 콘크리트에 생기는 인장응력도가 휨파괴강도 이하일 때, 콘크리트는 보의 압축과 인장측의 응력에 모두 작용하고 인장측의 철근은 인접한 콘크리트와 함께 변형된다. 이 단계에서 보의 응력은 변형과 비례한다(그림 4.2(c)).

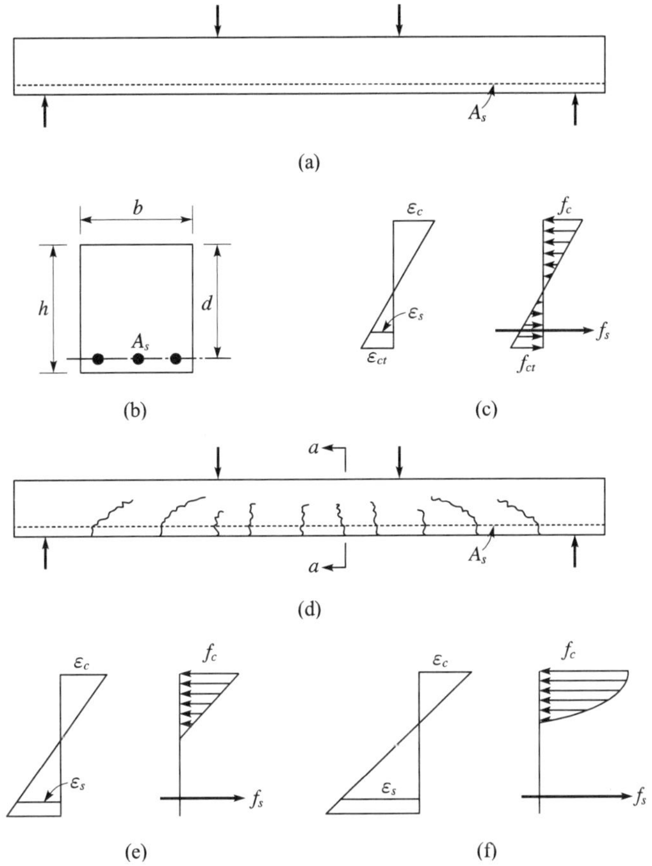

그림 4.2 하중증가에 따른 철근콘크리트 보의 거동

(2) 균열 단면, 선형 상태

하중이 더욱 증가해서 콘크리트의 인장측이 휨파괴강도를 넘으면 인장균열이 발생한다. 이 인장균열은 중립축까지 급속히 진전되며 그림 4.2(d)와 같은 분포상태가 된다. 균열의 폭은 매우 작아서 이것 때문에 철근이 부식하지는 않는다. 그러나 이 균열은 보의 거동에 많은 영향을 미친다. 즉, 균열단면에서 콘크리트는 인장응력에 저항하지 못하고 인장철근이 전체 인장응력에 저항한다. 콘크리트의 압축응력도가 $1/2f_{ck}$ 이하까지는 응력도와 변형률은 거의 비례하며, 분포상태는 그림 4.2(e)와 같다.

(3) 휨강도, 비선형 상태

하중이 더욱 증가하면 응력도와 변형률은 더 이상 비례하지 않고 비선형 분포가 되며 분포 상태는 그림 4.2(f)와 같이 나타난다. 보가 파괴될 때 콘크리트의 최대 압축응력도는 f_{ck}에 도달하고 동시에 인장철근의 응력은 항복응력에 도달한다. 응력의 분포는 비선형이지만 변형의 분포는 선형 변화를 하고 있다. 보가 파괴될 때 콘크리트의 변형률은 0.0033이고 철근의 변형률은 f_y/E_s이다.

4.2.4 파괴 형식

(1) 연성파괴

비교적 적은 양의 철근을 배근하면 철근이 먼저 항복응력에 도달한다. 이 응력에서 철근은 계속 항복상태에 있고 급격히 늘어나서 콘크리트의 인장균열은 눈으로 볼 수 있을 정도로 커져서 위로 진행되며, 동시에 어느 정도의 심한 처짐도 생긴다. 이러한 현상이 생길 때 콘크리트의 압축측 변형은 콘크리트가 파괴할 정도로 증가한다. 이때의 파괴는 점진적이고 보의 처짐에 의하여 균열의 폭과 깊이가 상당히 커져서 예측할 수 있는 연성(ductility)파괴가 된다.

(2) 취성파괴

과소 철근의 경우와 반대로 철근이 너무 많으면 철근이 항복하기 전에 콘크리트가 그 내력의 한계에 도달하여 압축파괴하게 된다. 이와 같은 파괴는 사전예고 없이 폭발적으로 생긴다. 즉, 취성(brittleness)파괴한다.

4.2.5 철근비

(1) 최소철근비(minimum reinforcement)

철근비를 너무 작게 하여 설계된 보에서는 균열단면의 휨강도(저항 모멘트)가 보에 균열을 일으키는 모멘트보다 작을 수 있으며, 이러한 경우 보는 균열이 생기면 예고없이 즉시 파괴된다. 이러한 형태의 파괴를 방지하기 위하여 균열모멘트 $M_{cr} = f_r\, Z_t$ 이상의 휨강도를 가지도록 철근을 보강할 필요가 있다.

최소 철근비 규준 : 다음의 ①, ② 중 작은 값으로 한다.

① $\rho_{\min} = 1.4/f_y$, $\dfrac{0.25\sqrt{f_{ck}}}{f_y}$ 중 큰 값

② $\rho_{\min} = \dfrac{4}{3}\rho_{req'd}$

여기서, $\rho_{req'd}$는 해석에 의해 필요한 철근양 임.

(2) 최대철근비(maximum reinforcement)

과대철근의 단면에서는 파괴가 갑자기 일어나므로 이에 대처할 수 있는 시간적 여유가 없다. 따라서 부득이한 조건으로 보에 파괴가 생긴다면, 콘크리트의 압축파괴보다 철근의 인장파괴가 안전성의 관점에서 바람직하다. 이러한 점을 고려하여 규준에서는 보나 슬래브 등 휨재의 철근비가 균형철근비 ρ_b의 0.75배를 초과하지 않도록 규정하고 있다($\rho_{\max} = 0.75\rho_b$).

(3) 균형철근비

압축측 콘크리트의 변형률이 파괴시 변형률인 0.0033의 값에 이르는 것과 인장철근의 응력이 항복상태에 도달하는 것이 동시에 일어나는 경우를 균형변형률 상태라 하며, 이때의 철근비를 균형철근비라 한다.

4.3 단근 직사각형 보의 해석 및 설계

4.3.1 등가 직사각형 응력블록

보의 저항 모멘트는 다음과 같이 나타낼 수 있다(그림 4.3).

$$M = T\,jd \tag{4.1}$$

$$M = C\,jd \tag{4.2}$$

여기서, 인장응력의 합력 T는 콘크리트의 인장응력은 무시되므로 인장철근의 응력 f_y와 단면적 A_s의 곱으로 $T = f_y A_s$가 된다. 그러나, 압축측의 콘크리트 응력 분포는 극한상태에서 그림 4.3(b)와 같은 형태가 되어 압축응력의 합력을 구하는 일이 쉽지 않기 때문에 직사각형이나 사다리꼴 또는 포물선 등의 등가응력블록으로 바꾸는 것이 계산상 편리하다. 규준에서는 그림 4.3(b)와 같은 콘크리트의 응력분포를 그림 4.3(c)와 같은 등가직사각형 응력블록

으로 바꾸도록 규정되어 있다. 이와 같이 압축응력 분포를 등가직사각형 응력블록으로 대치하는 데에는 다음의 두 가지 조건이 만족되어야 한다.

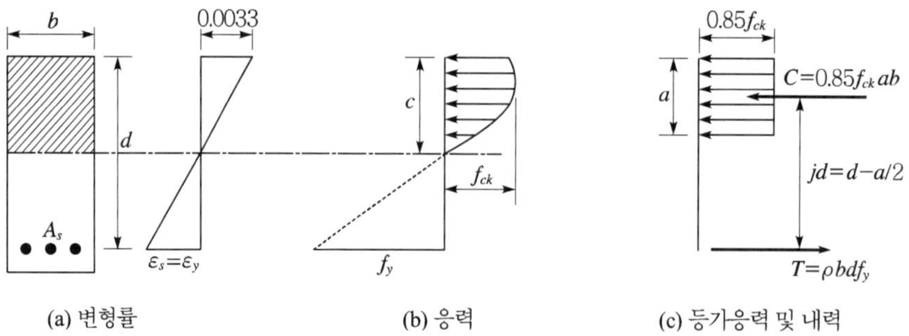

그림 4.3 보의 변형률과 응력

(1) 압축응력 분포 면적과 등가직사각형 응력블록의 면적은 같아야 한다.
(2) 압축응력의 도심과 등가직사각형 응력블록의 중심은 같은 위치에 있어야 한다.

등가직사각형 응력블록은 응력의 크기를 $\eta(0.85f_{ck})$로 고정하고 압축연단으로부터의 거리 a를

$$a = \beta_1 c \tag{4.3}$$

으로 하고 있다. 이 식에서 c는 실제 압축응력의 분포에서 압축연단으로부터 중립축까지의 거리이며, 계수 η, β_1은 콘크리트 강도에 따라서 표 4.1과 같이 하고 있다.

표 4.1 등가직사각형 응력블록 변수값

f_{ck}(MPa)	≤40	50	60	70	80	90
ε_{cu}	0.0033	0.0032	0.0031	0.003	0.0029	0.0028
η	1.00	0.97	0.95	0.91	0.87	0.84
β_1	0.80	0.80	0.76	0.74	0.72	0.70

4.3.2 균형철근비

균형철근비일 때, $\varepsilon_c = 0.0033$이고 $\varepsilon_s = f_y/E_s$가 되며 변형률 분포는 선형 비례관계를 이루므로

$$c_b = \frac{0.0033}{0.0033 + f_y/E_s} d \tag{4.4}$$

가 되고, 평형 조건에 의하여 균형철근비는 다음과 같이 된다.

$$0.85 f_{ck} a_b b = A_s f_y = \rho_b b d f_y$$

$$\rho_b = \frac{0.85 f_{ck} a_b}{f_y d} = \frac{0.85 f_{ck} \beta_1 c_b}{f_y d} = \frac{0.85 f_{ck} \beta_1 660}{f_y (660 + f_y)}$$

$$\rho_b = 0.85 \beta_1 \frac{f_{ck}}{f_y} \frac{660}{660 + f_y} \tag{4.5}$$

4.3.3 단근 직사각형 보의 설계모멘트 강도

연성파괴를 유도하기 위하여 철근비는 최대 철근비와 최소 철근비의 범위에서 설계되어야 한다.

$$\rho_{\min} < \rho \leqq \rho_{\max}$$

이러한 제한을 만족시키는 보에서 인장철근의 변형률과 응력은 $\varepsilon_s > f_y/E_s$, $f_s = f_y$가 되며, 콘크리트의 최대 압축변형률과 응력은 그림 4.3에 표시한 바와 같다.
힘의 평형조건으로부터

$$0.85 f_{ck} ab = A_s f_y$$

$$a = \frac{A_s f_y}{0.85 f_{ck} b} \tag{4.6}$$

이 되고, 공칭 모멘트 강도는 다음과 같이 된다.

$$\begin{aligned} M_n &= A_s f_y \left(d - \frac{a}{2}\right) \\ &= A_s f_y \left(d - 0.5 \frac{\rho f_y d}{0.85 f_{ck}}\right) \\ &= \rho f_y b d^2 \left(1 - 0.59 \rho \frac{f_y}{f_{ck}}\right) \end{aligned} \tag{4.7}$$

공칭 모멘트 강도를 bd^2으로 나눈 값을 공칭강도 저항계수라 하며, 다음과 같다.

$$R_n = \frac{M_n}{bd^2} = \rho f_y \left(1 - 0.5 \frac{\rho f_y}{0.85 f_{ck}}\right) \tag{4.8a}$$

$$M_u = \phi M_n \rightarrow R_n = \frac{M_u}{\phi b d^2} \tag{4.8b}$$

위의 식으로부터 인장철근비 ρ는 다음과 같이 된다.

$$\rho = \frac{0.85 f_{ck}}{f_y}\left[1 - \sqrt{1 - \frac{2R_n}{0.85 f_{ck}}}\right] \tag{4.9}$$

보의 설계모멘트 강도는 다음과 같다.

$$\phi M_n = \phi \rho b d^2 f_y \left(1 - 0.59 \frac{\rho f_y}{f_{ck}}\right) \tag{4.10}$$

예제 4.1

그림과 같은 보의 설계모멘트 강도를 산정하라.
(단, $f_{ck} = 24\text{MPa}$, $f_y = 400\text{MPa}$)

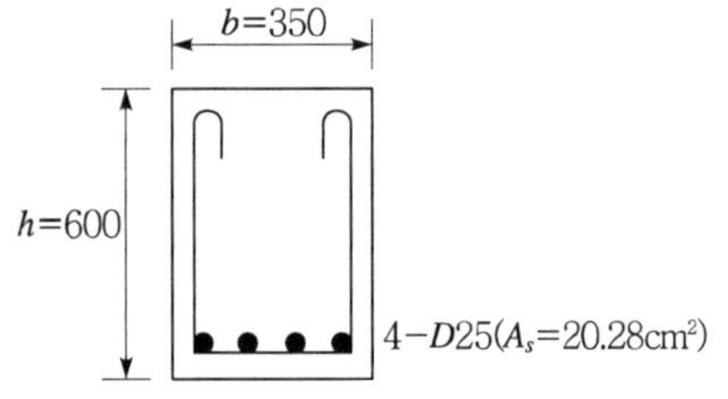

풀이

1. 보의 유효 깊이(d)의 산정 :

$d = h -$ (피복두께) $-$ (스터럽직경) $-$ ($1/2\times$ 주근직경)

$= 600 - 40 - 10 - 25/2$

$= 537.5\text{mm}$

2. 등가직사각형 응력 블록 깊이(a)의 산정 :

공칭모멘트강도(M_n)에 도달할 때 인장철근은 이미 항복했다고 가정하면

즉, $\varepsilon_s > \varepsilon_y$, $f_s = f_y$이다.

힘의 평형조건($C = T$)으로부터

$0.85 f_{ck}\, ab = A_s f_y$

$$a = \frac{A_s f_y}{0.85 f_{ck} b} = \frac{2028 \times 400}{0.85 \times 24 \times 350} = 113.6\text{mm}$$

3. 중립축의 위치(c) 산정 :

$c = a/\beta_1 = 113.6/0.8 = 142\,\text{mm}$

4. 인장철근의 변형률 검토 :

변형률의 비례식에서

$$\varepsilon_s = \frac{d-c}{c}(0.0033) = \frac{537.5-142}{142}(0.0033) = 0.0092$$

$$\varepsilon_y = \frac{f_y}{E_s} = \frac{400}{200{,}000} = 0.002 < \varepsilon_s = 0.0092$$

따라서, 인장철근은 항복한다.

5. 공칭모멘트 강도(M_n) 및 설계모멘트 강도(ϕM_n)의 산정 :

① 식 (4.7)에 의한 방법 :

$$M_n = C(d-a/2) \text{ 또는 } T(d-a/2)$$
$$= 811.2(537.5-113.6/2)\times 10^{-3}$$
$$= 389.9\,\text{kN}\cdot\text{m}$$
$$\phi M_n = 0.85\times 389.9 = 331.4\,\text{kN}\cdot\text{m}$$

② 식 (4.10)에 의한 방법 :

$$M_n = \rho b d^2 f_y\left(1-0.59\frac{\rho f_y}{f_{ck}}\right)$$
$$= 0.0108\times 350\times 537.5^2\times 400\left(1-0.59\frac{0.0108\times 400}{24}\right)$$
$$= 390.4\,\text{kN}\cdot\text{m}$$
$$\phi M_n = 0.85\times 390.4 = 331.8\,\text{kN}\cdot\text{m}$$

4.3.4 단근 직사각형 보의 설계순서

(1) 적절한 인장철근비 ρ를 가정한다.

$f_{ck} < 31\,\text{MPa}$인 경우 : $1.4/f_y < \rho \leq 0.75\rho_b$

$f_{ck} \geq 31\,\text{MPa}$인 경우 : $\dfrac{0.25\sqrt{f_{ck}}}{f_y} < \rho \leq 0.75\rho_b$

(2) $bd^2 = \dfrac{M_n}{R_n} = \dfrac{M_u}{\phi R_n}$을 구한다.

(3) 위에서 구한 bd^2값에 가깝게 b와 d를 적절히 정한다.

(4) 다음의 방법을 사용하여 ρ값을 수정한다.

$$\rho = (\text{원래의 } \rho) \times \frac{\text{수정된 } R_n}{\text{원래의 } R_n}$$

(5) 필요 철근량 A_s 를 산정한다.

$$A_s = (\text{수정된 } \rho) \times (bd)$$

예제 4.2

고정하중에 의한 모멘트 $M_d = 100\text{kN} \cdot \text{m}$ 그리고 활하중에 의한 모멘트 $M_l = 80\text{kN} \cdot \text{m}$가 경간 6m의 단순보에 작용하고 있을 때 이 보의 단면을 설계하라(단, $f_{ck} = 24\text{MPa}$ $f_y = 400\text{MPa}$이고, 골재의 크기는 20mm 이하로 가정하며 이 보는 옥내에 설치된다).

풀이

1. 인장철근비 ρ 가정 :

$$\rho_{\min} = \frac{1.4}{f_y} = \frac{1.4}{400} = 0.0035$$

$$\rho_b = 0.85\beta_1 \frac{f_{ck}}{f_y} \times \frac{660}{660 + f_y}$$

$$= 0.85 \times 0.80 \times \frac{24}{400} \times \frac{660}{660 + 400}$$

$$= 0.0254$$

$$\rho_{\max} = 0.75\rho_b = 0.75(0.0254) = 0.0191$$

$\therefore \rho = 0.8\,\rho_{\max} = 0.8 \times 0.0191 = 0.0153$로 가정한다.

2. bd^2 산정 :

$$M_u = 1.2(100) + 1.6(80)$$

$$= 248\text{kN} \cdot \text{m}$$

$$R_n = \rho f_y \left[1 - 0.5\frac{\rho f_y}{0.85 f_{ck}}\right]$$

$$= 0.0153 \times 400 \left[1 - 0.5\,\frac{0.0153 \times 400}{0.85 \times 24}\right]$$

$$= 5.202\text{MPa}$$

$$\therefore bd^2 = \frac{M_u}{\phi R_n} = \frac{248 \times 10^6}{0.85 \times 5.202} = 56{,}087{,}025\text{mm}^3$$

3. b와 d의 산정 :

$b = 300\text{mm}$라 하면

$bd^2 = 56{,}087{,}025\text{mm}^3$

$$d = \sqrt{\frac{56{,}087{,}025}{300}} = 432.4\text{mm} \fallingdotseq 435\text{mm}$$

따라서, 보의 높이 $h = d + 60 = 495\text{mm}$

이 보의 높이는 과다처짐 방지를 위한 최소높이 $l/16 = 600/16 = 37.5\text{cm}$ (표 7.2)보다 크므로 별도로 처짐량 계산은 하지 않아도 좋다.

4. ρ값의 수정 :

$R_n = M_u/\phi bd^2$

$= 248 \times 10^6/0.85 \times 300 \times 435^2 = 5.14\text{MPa}$

$\rho =$ (원래의 ρ) $\times$ (수정된 R_n)/(원래의 R_n)

$= 0.0153 \times 5.14/5.202 \fallingdotseq 0.0151$

5. A_s 계산 :

$A_s =$ (수정된 ρ) $\times$ (bd)

$= 0.0151 \times 30 \times 43.5 = 19.71\text{cm}^2$

따라서, $6 - HD22\,(A_s = 23.22\text{cm}^2)$를 사용한다.

6. 보폭 검토

필요 최소폭 = (2× 피복두께) + (2× 스터럽직경) + (3× 최소주근간격) + 주근직경의합

$b = 2 \times 4 + 2 \times 1 + 3 \times 2.7 + 4 \times 2.2$

$= 26.9\text{cm} < 30\text{cm}$

따라서, 보폭 30cm는 만족한다.

7. 균열폭 제한 검토:

보를 설계할 때는 하중에 저항할 수 있도록 보의 크기와 철근량을 산정함과 동시에 보의 처짐과 균열에 대한 사용성도 만족하여야 한다. 이 부분에 대한 내용은 아직 공부하지 않았으므로 나중에 예제 7.2에서 다루기로 하겠다.

4.4 복근 직사각형 보의 해석 및 설계

4.4.1 복근 배근의 필요성

(1) 설계강도 증가　　(2) 장기처짐 감소

(3) 연성의 증진　　(4) 철근 조립의 편리

4.4.2 복근 직사각형 보의 설계강도

(1) 압축철근이 항복하였을 경우($f_s = f_s' = f_y$)

평형조건으로부터

$$0.85 f_{ck} ab + A_s' f_y = A_s f_y$$

$$a = \frac{(A_s - A_s') f_y}{0.85 f_{ck} b} \tag{4.11}$$

이 되고, 공칭 모멘트 강도 M_n은 다음과 같다(그림 4.4).

$$M_n = 0.85 f_{ck} ab \left(d - \frac{a}{2}\right) + A_s' f_y (d - d') \tag{4.12}$$

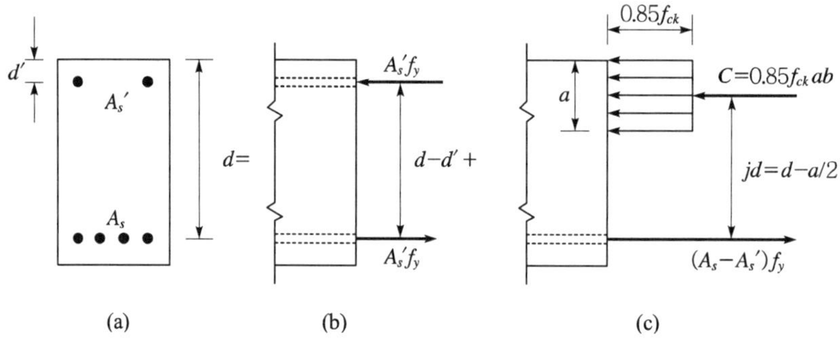

그림 4.4 복근보의 내력

(2) 압축철근이 항복하지 않았을 경우($f_s = f_y$, $f_s' \neq f_y$)

평형조건으로부터

$$0.85 f_{ck} ab + A_s' f_s' = A_s f_y$$

$$\varepsilon_s' = \left(\frac{c - d'}{c}\right) 0.0033, \quad c = a/\beta_1, \quad f_s' = E_s \varepsilon_s'$$

$$(0.85 f_{ck} b) a^2 + (0.0033 E_s A_s' - A_s f_y) a - (0.0033 E_s A_s' \beta_1 d') = 0$$

으로 a에 대한 2차 방정식이 유도되어 a를 구할 수 있다. 따라서 공칭 모멘트 강도 M_n은 다음과 같다.

$$M_n = 0.85 f_{ck} ab \left(d - \frac{a}{2}\right) + A_s' f_s' (d - d') \tag{4.13}$$

4.4.3 복근 직사각형 보의 균형철근비 및 최대철근비

복근 직사각형 보의 균형철근비 및 최대철근비는 다음과 같다.

$$\rho_b = \overline{\rho_b} + \rho' \frac{f_{sb}'}{f_y} \tag{4.14}$$

$$\rho_{\max} = 0.75\,\overline{\rho_b} + \rho' \frac{f_{sb}'}{f_y} \tag{4.15}$$

여기서, $\overline{\rho_b}$: 단근 직사각형 보의 균형철근비

f_{sb}' = 균형변형률 상태에서의 압축철근의 응력

$$= 660 - \frac{d'}{d}(660 + f_y) \leq f_y \tag{4.16}$$

예제 4.3

다음과 같은 복근보의 설계강도를 구하시오(단, $f_{ck} = 24\text{MPa}$, $f_y = 400\text{MPa}$이고, 골재의 크기는 20mm 이하로 가정한다.).

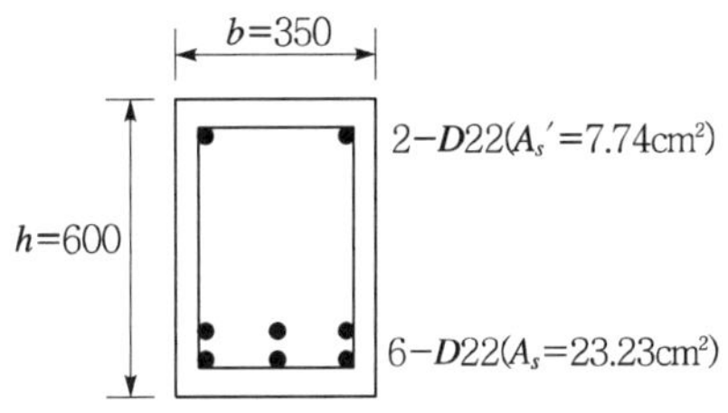

풀이

1. 보의 유효 깊이 산정 :

$d = 600 - 40 - 10 - 22 - 25/2 = 515.5\text{mm}$

$d' = 40 + 10 + 22/2 = 61\text{mm}$

2. 등가직사각형 응력블록 깊이(a) 산정 :

압축철근이 항복하였다고 가정하면, 즉 $f_s' = f_y$라고 하면

힘의 평형조건($C = T$)으로부터

$0.85 f_{ck}\, ab + A_s' f_y = A_s f_y$

$$a = \frac{(A_s - A_s')f_y}{0.85 f_{ck} b} = \frac{(2322 - 774) \times 400}{0.85 \times 24 \times 350} = 86.7\text{mm}$$

3. 중립축 위치(c) 산정 :

$c = a/\beta_1 = 86.7/0.8 = 108.4\text{mm}$

4. 압축철근의 항복여부 검토 :

변형률의 비례식에서

$c : 0.0033 = (c-d') : \varepsilon_s'$

$\varepsilon_s' = \dfrac{(108.4-61)\times 0.0033}{108.4} = 0.00144$

$\varepsilon_y = \dfrac{f_y}{E_s} = \dfrac{400}{200{,}000} = 0.002 > \varepsilon_s' = 0.00144$

따라서, 압축철근은 항복하지 않는다.

5. f_s' 및 a 재산정 :

힘의 평형조건으로부터

$0.85 f_{ck} ab + A_s' f_s' = A_s f_y$

$0.85 f_{ck}(\beta_1 \cdot c) b + A_s'(E_s \epsilon_s') = A_s f_y$

$0.85 f_{ck} \beta_1 cb + A_s' E_s 0.0033(c-d')/c = A_s f_y$

$(0.85\times 24\times 0.8\times 350)c + 774\times 200{,}000\times 0.0033(c-61)/c - 2322\times 400 = 0$

$5{,}712c^2 - 510{,}040c - 31{,}161{,}240 = 0$

$c = \dfrac{510{,}840 \pm \sqrt{510{,}840^2 + 4\times 5{,}712\times 31{,}161{,}240}}{2\times 5{,}712} = 131.1\text{mm}$

$a = \beta_1 c = 0.80\times 131.1 = 104.9\text{mm}$

$f_s' = E_s \varepsilon_s' = (2.0\times 10^5)\times \dfrac{0.0033(131.1-61)}{131.1} = 352.9\text{MPa}$

6. 설계강도(ϕM_n) 산정 :

$$\phi M_n = \phi\left[0.85 f_{ck} ab\left(d-\frac{a}{2}\right) + A_s' f_s'(d-d')\right]$$
$$= 0.85[0.85\times 24\times 104.9\times 350(515.5-104.9/2) + 774\times 352.9(515.5-61)]\times 10^{-6}$$
$$= 400.3\text{kN}\cdot\text{m}$$

4.4.4 복근 직사각형 보의 설계순서

(1) 주어진 모멘트에 대해 압축철근의 필요성 여부를 검토한다.

$\rho > \rho_{max} = 0.75\rho_b$이면, 압축철근을 사용한다.

(2) 최대 인장철근량(ρ_{max})에 의한 모멘트 $\phi(M_n)_{max}$를 산정한다.

(3) 계수하중 모멘트(M_u)와 위의 모멘트($\phi(M_n)_{max}$)의 차 즉, 압축철근에 의해 저항되어야 할 추가모멘트를 다음과 같이 구한다.

$$M_u' = M_u - \phi(M_n)_{max}$$
$$= \phi A_s' f_s'(d-d') \tag{4.17}$$

(4) 모멘트 $M_u{}'$에 대한 압축철근비 및 추가 인장철근비를 구한다.

$$\rho' = \frac{M_u{}'}{\phi f_s{}'(d-d')bd} \tag{4.18}$$

단, 압축철근이 항복하면 위의 식에서 $f_s{}' = f_y$이다.

(5) 전체 인장철근비 : $\rho = \rho_{\max} + \rho'$

(6) 필요 인장철근량 : $A_s = \rho(bd)$

필요 압축철근량 : $A_s{}' = \rho'(bd)$

예제 4.4 보의 단면이 폭 40cm, 높이 60cm, 계수하중 모멘트 $M_u = 580\text{kN}\cdot\text{m}$를 받을 때 필요 철근량을 계산하시오. (단, $f_{ck} = 21\text{MPa}$, $f_y = 400\text{MPa}$, $d = 51.55\text{cm}$, $d' = 6.1\text{cm}$이고 옥외에 설치된다.)

풀이

1. 압축 철근의 필요성 여부 검토 :

$$R_n = \frac{M_u}{\phi bd^2} = \frac{580\times10^6}{0.85\times40\times515.5^2}$$

$$= 6.419\text{MPa}$$

$$\rho = \frac{0.85f_{ck}}{f_y}\left[1-\sqrt{1-\frac{2R_n}{0.85f_{ck}}}\right]$$

$$= 0.021$$

$$\rho_b = 0.85\beta_1\frac{f_{ck}}{f_y}\frac{660}{660+f_y}$$

$$= 0.85\times0.8\times\frac{21}{400}\frac{660}{660+400} = 0.02223$$

$$\rho_{\max} = 0.75\rho_b = 0.75\times0.02223 = 0.0167$$

$\rho = 0.021 > \rho_{\max} = 0.0167$이므로 압축철근이 필요하다.

2. 최대 인장철근량에 의한 모멘트 $\phi(M_n)_{\max}$ 산정 :

$$\phi(M_n)_{\max} = \phi\rho bd^2 f_y\left[1-0.5\frac{\rho f_y}{0.85f_{ck}}\right]$$

$$= 0.85\times0.0167\times400\times515.5^2\times400\left[1-0.5\frac{0.0167\times400}{0.85\times21}\right]\times10^{-6}$$

$$= 490.6\text{kN}\cdot\text{m}$$

3. 계수하중모멘트(M_u)와 $\phi(M_n)_{max}$의 차를 계산 :

$$M_u' = M_u - \phi(M_n)_{max}$$
$$= 580 - 490.6 = 89.4\text{kN}\cdot\text{m}$$

4. 모멘트 M_u'에 대한 압축철근비 및 추가 인장 철근비 산정 :

$$M_u' = \phi A_s' f_s'(d-d')$$

압축철근이 항복했다고 가정하면 $f_s' = f_y$ 이다.

$$\rho' = \frac{M_u'}{\phi b d f_y(d-d')}$$
$$= \frac{89.4 \times 10^6}{0.85 \times 400 \times 515.5 \times 400(515.5-61)} = 0.0028$$

5. 필요 철근량 산정 :

전체 인장 철근비 : $\rho = \rho_{max} + \rho' = 0.0167 + 0.0028 = 0.0195$

필요 인장 철근량 : $A_s = \rho(bd) = 0.0195 \times 400 \times 515.5 = 4{,}021\text{mm}^2$(11-D22)

필요 압축 철근량 : $A_s' = \rho'(bd) = 0.0028 \times 400 \times 515.5 = 577.4\text{mm}^2$(3-D16)

6. 압축 철근의 항복여부 검토

$$a = \frac{(A_s - A_s')f_y}{0.85 f_{ck} b} = \frac{(4{,}021 - 577.4) \times 400}{0.85 \times 21 \times 400} = 192.9\text{mm}$$

$$c = a/\beta_1 = 192.9/0.80 = 241.1\text{mm}$$

$$\varepsilon_s' = \frac{0.0033(c-d')}{c} = \frac{0.0033(241.1-61)}{241.1} = 0.0025$$

$$\varepsilon_y = \frac{f_y}{E_s} = \frac{400}{2.0 \times 10^5} = 0.002 < \varepsilon_s' = 0.0025$$

따라서, 압축철근은 항복한다.

7. 보폭 검토 :

필요 최소폭= 2×피복두께+주근직경의 합 +2× 스터럽 직경+철근간격의 합

$$b = 2 \times 40 + 6 \times 22 + 2 \times 10 + 5 \times 25$$
$$= 357\text{mm} < 400\text{mm} \quad \therefore \text{ 만족한다.}$$

8. 균열폭 제한 검토

제7장에서 예제 7.2와 같은 방법으로 검토한다.

4.5 T 형보의 해석 및 설계

4.5.1 T 형보의 개념

철근콘크리트 슬래브는 일반적으로 보와 일체식으로 구성되어서 그림 4.5에 나타낸 바와 같이 보의 플랜지를 이루어 보의 강성을 높이고 압축응력을 지지하는 면적을 넓혀준다. 이러한 형태의 보를 T 형보라고 한다. T 형보는 보의 전 부분에 다 적용되는 것은 아니고 휨에 의하여 슬래브가 압축측이 되는 보의 중앙부분에만 적용이 가능하며, 슬래브가 인장측이 되는 보의 단부에서는 직사각형 보로 설계되어야 한다. 그 이유는 콘크리트는 인장응력을 지지하지 못하기 때문이다.

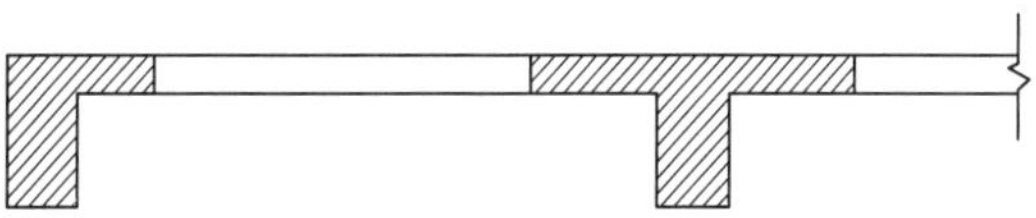

그림 4.5 보 - 슬래브 구조에서 T 형보 부분

4.5.2 T 형보의 유효폭

휨모멘트에 의하여 압축응력을 받는 T 형보 플랜지는 그림 4.6에 개략적으로 나타낸 바와 같이 보에 인접한 부분에서는 압축응력을 많이 받으나, 보에서 멀리 떨어질수록 시시하는 입축응력의 크기는 감소한다. 이러한 압축응력의 분포를 최대 압축응력($f_{c,\max}$)이 일정하게 작용하는 것으로 바꿔놓았을 때 그 폭을 유효폭이라 한다.

T 형보의 유효폭은 다음과 같이 하고, 이 중에서 최소값을 택한다.

(1) 보의 양측에 슬래브가 있는 경우

① 보 경간 길이의 1/4

② (양쪽으로 각각 내민 플랜지 두께의 8배씩) + 보의 웨브 폭

③ 양쪽 슬래브의 중심거리

(2) 보의 한쪽에만 슬래브가 있는 경우

① 보 경간 길이의 1/12 + 보의 웨브 폭

② (한쪽으로 내민 플랜지 두께의 6배) + 보의 웨브 폭

③ (인접 보와의 내측 거리의 1/2) + 보의 웨브 폭

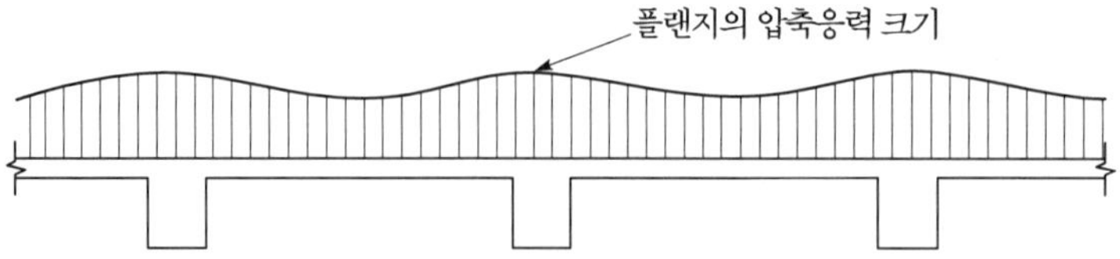

(a) 최대 휨압축응력의 분포

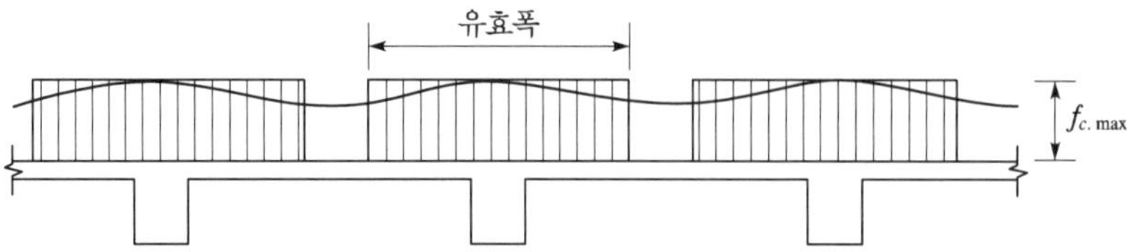

(b) 설계에서 가정하는 휨압축응력

그림 4.6 T 형보의 유효폭

4.5.3 T 형보의 설계 강도

(1) 중립축이 플랜지에 위치하는 경우

중립축의 위치가 플랜지 내에 있는 경우에는 T 형보의 공칭 저항모멘트의 해석은 유효폭 b에 유효깊이 d를 가지는 단근 직사각형 보의 해석 방법으로 한다.

(2) 중립축이 웨브에 위치하는 경우

등가직사각형 응력블록은 원래 직사각형 보의 실험결과를 토대로 고안된 것이어서 T 형보에 적용하는 데에는 의문점이 있으나, 연구결과에 의하면 큰 오차 없이 도입 가능한 것으로 밝혀지고 있다. T 형보는 해석의 편의를 위하여 그림 4.7에서와 같이 플랜지 부분과 웨브 부분으로 나눈다.

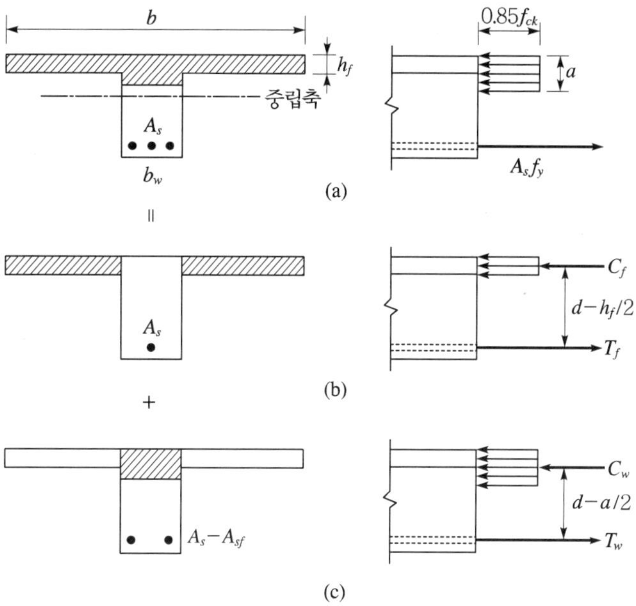

그림 4.7 중립축이 웨브에 있는 T 형보

평형조건으로부터

$$0.85f_{ck}[ab_w + h_f(b - b_w)] = A_s f_y$$

$$a = \frac{A_s f_y - 0.85 f_{ck} h_f (b - b_w)}{0.85 f_{ck} b_w} \tag{4.19}$$

이 되고, T 형보의 공칭 모멘트 강도는 다음과 같다(그림 4.7).

$$M_n = 0.85 f_{ck}\, a b_w \left(d - \frac{a}{2}\right) + 0.85 f_{ck} (b - b_w)\, h_f \left(d - \frac{h_f}{2}\right) \tag{4.20a}$$

$$M_n = (A_s - A_{sf}) f_y \left(d - \frac{a}{2}\right) + A_{sf} f_y \left(d - \frac{h_f}{2}\right) \tag{4.20b}$$

4.5.4 T 형보의 균형철근비 및 최대철근비

T 형보의 균형철근비 ρ_b 는 다음과 같다.

$$\rho_b = \frac{b_w}{b}(\overline{\rho_b} + \rho_f) \tag{4.21}$$

여기서, $\overline{\rho_b}$: 단근 직사각형 보의 균형철근비

ρ_f : 플랜지 부분$(b - b_w)$의 철근비

T 형보의 최대철근비는 다음과 같다.

$$\rho_{\max} = 0.75\left[\frac{b_w}{b}(\overline{\rho_b} + \rho_f)\right] \tag{4.22}$$

예제 4.5

다음 그림과 같은 T형보의 설계모멘트 강도를 구하시오.
(단, $f_{ck} = 24\text{MPa}$, $f_y = 400\text{MPa}$이다.)

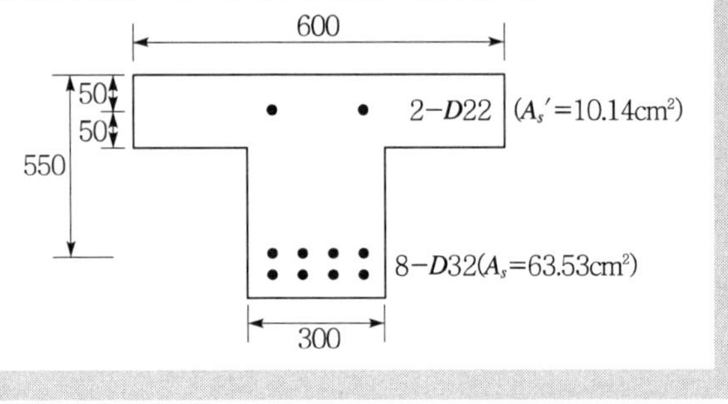

풀이

1. T형보의 등가직사각형 응력 블록 깊이(a) 산정 :

   압축철근이 항복했다고 가정하면, $\varepsilon_s' = \varepsilon_y$, $f_s' = f_y$ 이다.

   힘의 평형조건$(C = T)$으로부터

   $0.85f_{ck}[ab_w + h_f(b - b_w)] + A_s' f_y = A_s f_y$

   $$a = \frac{(A_s - A_s')f_y - 0.85f_{ck}h_f(b - b_w)}{0.85f_{ck}b_w}$$

   $$= \frac{(6{,}352 - 1{,}014)\times 400 - 0.85\times 24\times 100(600 - 300)}{0.85\times 24\times 300} = 248.9\text{mm}$$

2. 중립축 위치(c) 산정 :

   $c = a/\beta_1 = 248.9/0.8 = 311.1\text{mm}$

3. 압축철근의 항복여부 검토 :

   변형률의 비례식에서

   $$\varepsilon_s' = \frac{0.0033(c - d')}{c} = \frac{0.0033(311.1 - 50)}{311.1} = 0.0028$$

$$\varepsilon_y = \frac{f_y}{E_s} = 0.002 < \varepsilon_s'$$

따라서, 압축철근은 항복한다.

4. T형보의 공칭모멘트 강도(M_n) 및 설계모멘트 강도(ϕM_n) 산정 :

$$M_n = 0.85 f_{ck}\left[ab_w\left(d-\frac{a}{2}\right)+(b-b_w)h_f\left(d-\frac{h_f}{2}\right)\right]+A_s' f_y(d-d')$$

$$= 0.85\times 24\left[248.9\times 300\left(550-\frac{248.9}{2}\right)+(600-300)\times 100\times\left(550-\frac{100}{2}\right)\right]$$

$$+ 1{,}014\times 400(550-50)$$

$$= 1{,}157{,}026{,}697\text{N}\cdot\text{mm} = 1{,}157\text{kN}\cdot\text{m}$$

$$\phi M_u = 0.85\times 1{,}157 = 983.45\text{kN}\cdot\text{m}$$

4.6 보의 설계

4.6.1 보 계획시 고려사항

철근콘크리트 보는 건축계획의 주어진 조건을 만족하면서 유해처짐을 일으키지 않고 소정의 강도와 강성을 확보하여야 하며, 설비 배관 시설물의 처리 등을 감안하여야 한다. 바닥판을 효율적으로 만들 수 있도록 적절한 보 배치가 구조계획시 최우선 고려되어야 하며, 동시에 보의 높이도 함께 고려되어야 한다. 따라서 보의 높이는 구조계획시 대략적으로 가정하여 타 분야와 연관되는 문제점을 사전에 제거시킬 필요가 있다. 규준에서는 처짐을 검토하지 않아도 될 최소 높이를 7.2.3절의 표 7.2와 같이 규정하고 있다.

보의 높이는 층고가 허용하는 한 크게 하는 것이 구조적, 경제적인 측면에서 유리하다. 그러나 건축계획상 층고가 문제가 되는 경우에는 보의 간격을 조절하거나 와이드 빔(wide beam) 등의 처리방법이 있을 수 있다.

4.6.2 보의 단면 형태

(1) 보의 유효깊이를 크게 하면 응력중심거리 jd와 단면모멘트가 증대하기 때문에 저항 모멘트가 커지고 처짐을 줄이는데 유리하나 층고가 높아지는 단점이 있다.

(2) 보의 폭은 공칭 저항모멘트 계산에 의하여 산정되는 것보다 철근 배근시 적절한 철근

간격과 피복 두께를 유지할 수 있도록 산정되어야 한다.

(3) 보의 폭이 좁고 깊이가 너무 클 때에는 횡좌굴에 의해 안정성이 감소되는 점을 고려하여야 한다.

(4) 유효깊이는 보폭의 2~3배 범위에서 하는 것이 경제적이나, 실제에서는 1.5~2.5배 범위에서 많이 설계되고 있다.

4.6.3 철근의 피복

보에서 피복 두께는 40mm 이상 유지하여야 한다. 이는 철근을 화재로부터 보호, 부식 방지, 부착증진 및 철근의 장부작용에 의한 전단저항성능 증진을 위해서이다.

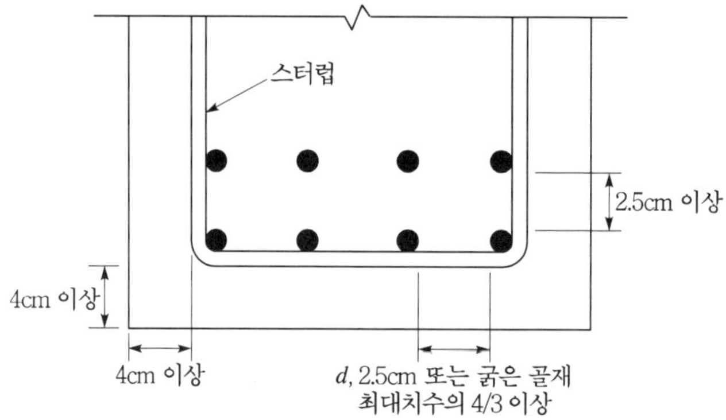

그림 4.8 보의 피복두께 및 철근간격

4.6.4 철근의 크기와 간격

(1) 철근의 크기

보의 주근은 지름 12mm 이상, D13 이상의 철근을 사용한다.

(2) 철근간격

1) 순간격 : 25mm

철근의 공칭직경

최대 골재 직경의 4/3 중 큰 값으로 한다.

2) 2단 배근시 단 사이의 순간격 : 25mm로 한다.

4.6.5 철근배근

보의 철근배근은 그림 4.9와 4.10에 나타낸 바와 같이 한다.

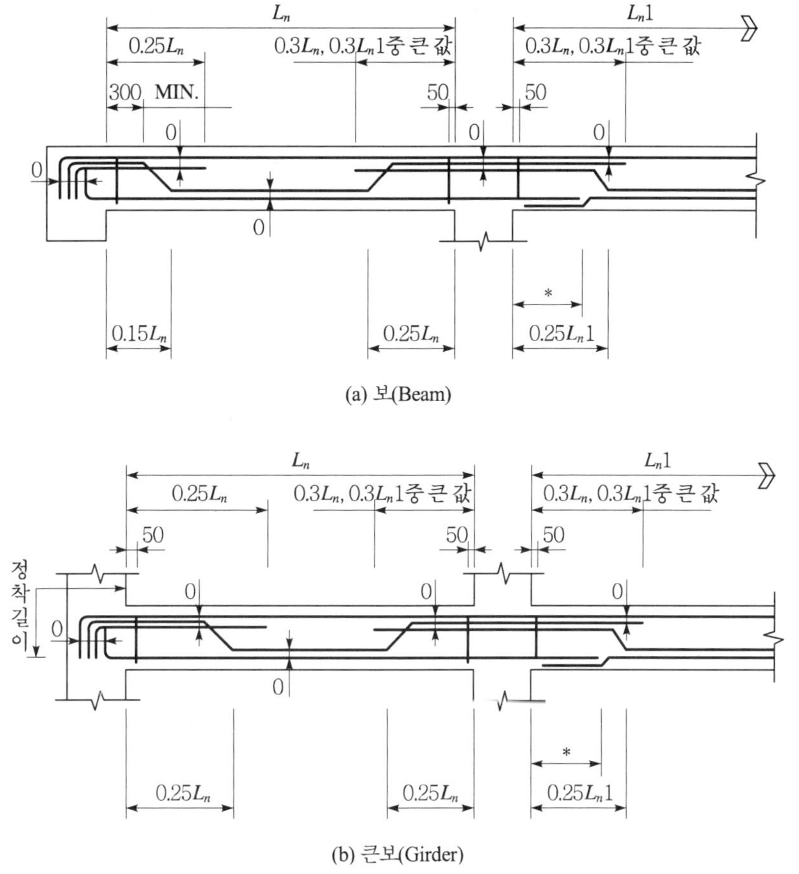

주기 : * 표기의 치수는 6. 철근의 정착 및 이음에서 이음길이 및 정착길이를 적용한다.

그림 4.9 보의 철근배근도(굽힘철근 형식, Bent type)

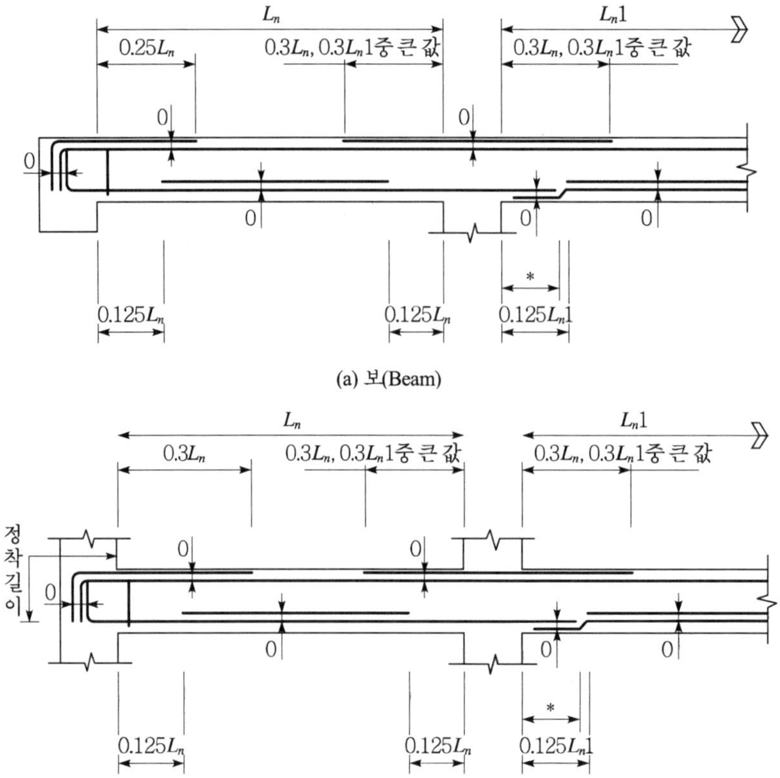

(a) 보(Beam)

(b) 큰보(Girder)

주기 : * 표기의 치수는 6. 철근의 정착 및 이음에서 이음길이 및 정착길이를 적용한다.

그림 4.10 보의 철근배근도(자른철근 형식, Cut type)

연습문제

4.1 $b = 300\text{mm}$, $d = 500\text{ mm}$인 직사각형보가 $SD\,40\,(f_y = 400\text{MPa})$의 3-D22 인장철근으로 보강되어 있을 때, 이 보의 균형철근비와 설계모멘트강도 ϕM_n을 계산하라. $f_{ck} = 24\text{MPa}$로 한다.

4.2 경간 6m 단순받침보에 $w_D = 15\text{kN/m}$, $w_L = 9\text{kN/m}$의 등분포하중이 작용할 때 단면과 인장철근량을 산출하라. $f_y = 400\text{MPa}$, $f_{ck} = 24\text{MPa}$로 한다.

4.3 $b = 300\text{mm}$, $d = 510\text{ mm}$, $d' = 60\text{mm}$인 보가 인장철근 8-D25($A_s = 4{,}053.6\text{mm}^2$), 압축철근 2-D25($A_s{}' = 1{,}013.4\text{mm}^2$)으로 보강되어 있을 때 철근과 콘크리트의 강도에 대하여 설계모멘트강도 ϕM_n을 계산하라. 단, $f_{ck} = 21\text{MPa}$, $f_y = 400\text{MPa}$이다.

4.4 소요강도 $M_u = 420\text{kN}\cdot\text{m}$를 지지할 수 있는 직사각형 복근보를 설계하라. 단, $f_{ck} = 21\text{MPa}$, $f_y = 400\text{MPa}$이다.

4.5 경간 6m, 슬래브 두께 150mm, 보 중심간 거리 4.0m, $b_w = 300\text{mm}$, $d = 540\text{mm}$인 T형보에서 인장측이 3-D25($A_s = 1{,}520.1\text{mm}^2$) 철근으로 보강되어 있을 때 설계모멘트강도 ϕM_n을 계산하라. $f_y = 400\text{MPa}$, $f_{ck} = 21\text{MPa}$로 한다.

4.6 그림은 강도설계법에서 단근 장방형 보의 응력도를 표시한 것이다. 압축력 C값을 구하라. 단, $f_{ck} = 21\text{MPa}$, $f_y = 400\text{MPa}$, $b = 300\text{mm}$ 이다.

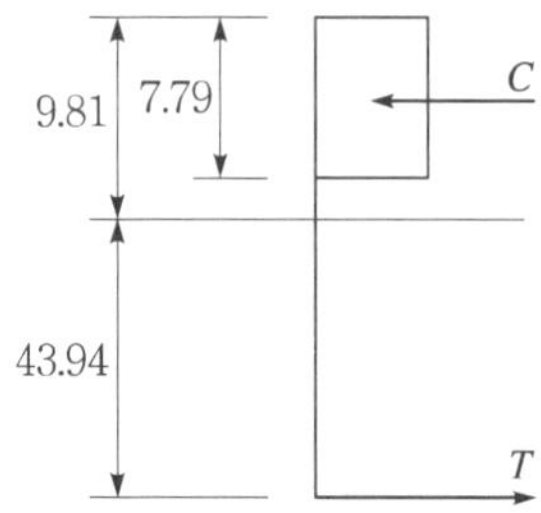

4.7 강도설계법에 의한 철근콘크리트 보의 설계에서 그림과 같은 보의 균형 변형률에서 중립축 위치 C_b 값을 구하라. 단, $f_{ck} = 21\text{MPa}$, $f_y = 400\text{MPa}$ 이다.

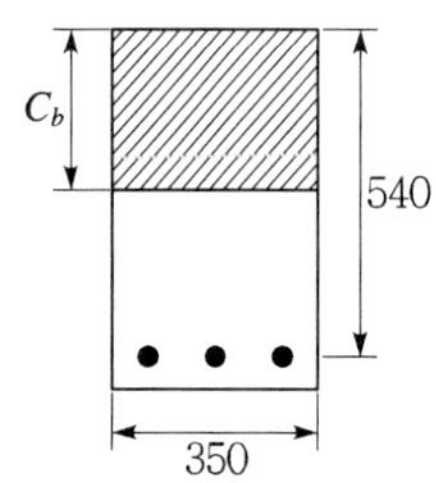

제 5 장 전 단

제 5 장

전 단

5.1 개요

전단은 축력 및 휨과 더불어 가장 기본적인 힘의 형태이나 철근콘크리트 부재에서 순수전단만 작용하는 경우는 드물고 대개는 휨과 함께 작용한다. 전단과 휨이 복합작용에 의한 전단 파괴는 수십 년간에 걸친 실험과 아주 복잡한 해석법을 사용함에도 불구하고 아직 까지 정확하게 예측하기 어렵다. 게다가 전단철근이 없는 보는 아무런 경고도 없이 갑자기 전단파괴가 일어난다. 이러한 전단파괴는 파괴형태를 예측하기 어렵고 파괴시 큰 피해를 주기 때문에 휨파괴보다 더 위험해질 수 있다. 따라서 선난 보강을 하여 부재가 과히중을 받을 때 휨파괴 전에 전단파괴가 일어나지 않도록 한다.

5.2 전단응력 및 주응력

수직하중을 지지하는 보에는 휨모멘트와 전단력이 생기며 임의의 점에서 휨모멘트를 M, 전단력을 V 라고 하면, 균열이 생기기 전에 철근콘크리트 보는 탄성거동을 하므로 휨모멘트에 의한 휨응력 f와 전단력에 의한 전단응력 v는 보 이론으로부터 각각 다음과 같이 주어지며, 그 분포는 그림 5.1과 같다.

$$f = \frac{M}{I}y \tag{5.1}$$

$$v = \frac{VS}{Ib} \tag{5.2}$$

여기서, I : 중립축에 대한 단면2차모멘트

y : 중립축으로부터 휨응력 계산 지점까지의 거리

S : 중립축에 대한 전단응력이 계산되는 위치에서 바깥부분의 단면1차모멘트

b : 전단응력이 계산되는 지점의 단면폭

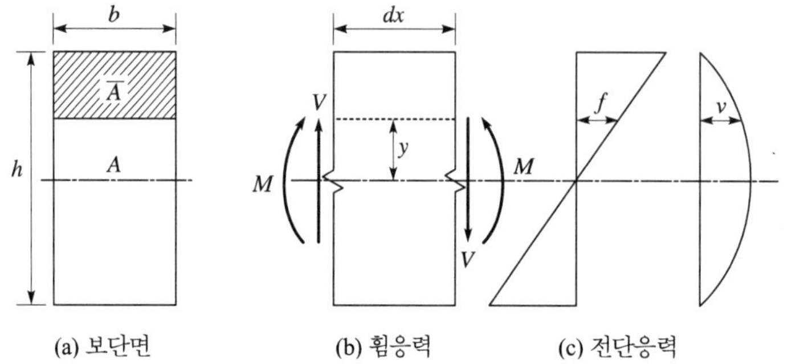

그림 5.1 보 단면의 휨응력과 전단응력

중립축에서는 휨응력은 없고 전단응력만이 그림 5.2(b)와 같이 좌우측에서 상·하로 작용하고 있다. 그러나 이것만으로는 수직방향의 평형은 이루어지지만 회전하는 것을 막을 수는 없다. 그래서 회전에 대한 평형상태를 이루기 위해 상하측에서 좌우로 전단응력이 작용해야 하며, 그 크기는 수직방향의 전단응력의 크기와 같다. 그림 5.2(b)와 같은 전단력을 받는 중립축에서는 45° 경사진 면의 방향에 인장응력과 압축응력만이 작용한다. 중립축에서 다소 떨어진 위치에서는 수직·수평방향의 전단응력과 수평방향의 휨응력이 작용한다. 이 6개의 응력도도 그림 5.2(e)와 같이 어떤 경사진 면에서는 전단력이 없는 한쌍의 인장력과 한쌍의 압축력만으로 조합된다. 이들 최대 및 최소응력의 크기는 주응력으로 나타내며, 다음 식으로 계산된다.

$$f_1 = \frac{1}{2}f + \sqrt{\frac{f^2}{4} + v^2} \tag{5.3a}$$

$$f_2 = \frac{1}{2}f - \sqrt{\frac{f^2}{4} + v^2} \tag{5.3b}$$

최대 주응력의 방향은 수평축에 대하여 다음의 경사를 가진다.

$$\tan 2\theta = \frac{2v}{f} \tag{5.4}$$

휨응력도 f 는 보의 위치에 따라 달라지니까 주응력의 크기와 방향도 보의 위치에 따라 달라진다. 그림 5.2(f)는 등분포하중을 받는 단순보의 각 위치에서의 주응력 방향을 그린 것이다. 즉, 이 그림의 실선방향은 인장응력만이 작용하는 방향이며, 점선은 압축응력만이 작용하는 방향이다. 실선과 점선은 어느 곳에서든지 직교하며 중립축에서는 45°의 경사를 이루며, 중앙부에서는 주응력 방향이 수평으로 되는 것을 알 수 있다. 보의 재료가 인장에 약한 콘크리트로 되어 있다면, 보의 균열은 그림 5.2(f)로 보아서 중앙하부에서는 실선에 직각 방향인 수직 방향으로 생길 것이며, 양단에서는 실선에 직각 방향인 약 45°경사 방향으로 생길 것이다.

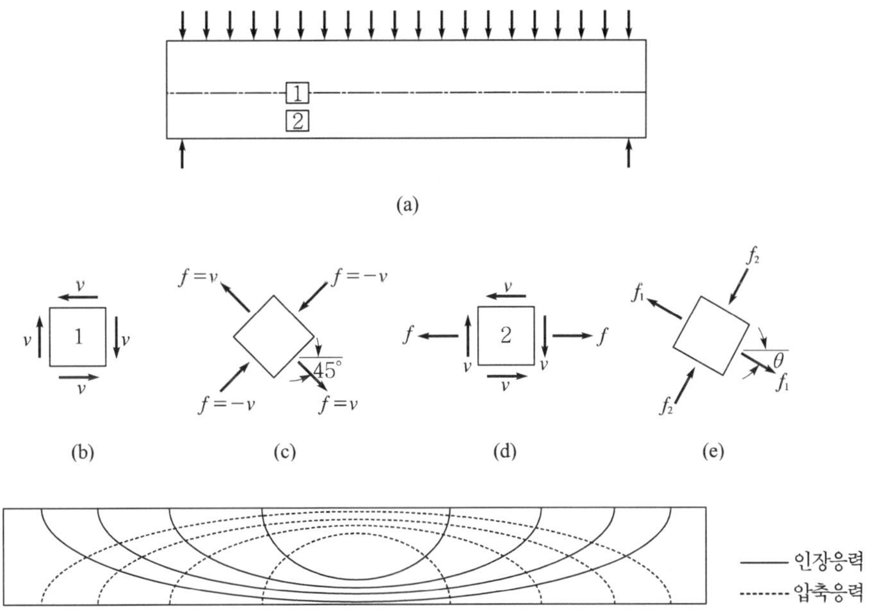

그림 5.2 단순보의 주응력과 주응력선도

5.3 전단에 의한 보의 거동

5.3.1 전단보강 되지 않은 철근콘크리트 보

(1) 사인장 균열 발생의 기준

전단보강 되지 않은 철근콘크리트 보에 작용하는 인장응력의 분포는 앞 절에서 설명한 균질 보의 경우와 같다. 그림 5.3에서 보는 바와 같이 등분포하중을 받는 단순지지보에서 보의 중앙 부분은 전단력이 작고 휨모멘트가 크기 때문에 보의 중앙부 균열은 보의 길이 방향으로 작용하는 휨인장응력에 의하여 수직방향으로 발생한다. 이 때 보의 중앙하부에 인장철근이 배근되어 있지 않으면 보는 중앙부분에서 완전히 절단되어 파괴될 것이다. 인장철근이 배근되어 있으면, 보의 중앙하부에 인장균열이 생겨도 이 부분의 전 인장력을 배근된 인장철근이 담당해서 매우 높은 하중까지 안전하게 지탱할 수 있게 된다. 하중이 계속 증가하면 전단력도 비례해서 증가해지므로 전단력이 큰 양단 부분에서는 전단력의 영향이 휨모멘트보다 상대적으로 커지기 때문에 전단력에 의한 사인장 응력의 작용에 의하여 보의 축 방향에 45° 가까운 경사 방향으로 사인장 균열이 생긴다. 그림 5.3에서와 같이 지지 조건과 하중 분포상태에 따라 보의 어떤 자리에는 다음 3개의 경우 중에 어느 한가지가 존재하게 된다.

① 큰 모멘트와 큰 전단력
② 큰 모멘트와 작은 전단력
③ 작은 모멘트와 큰 전단력

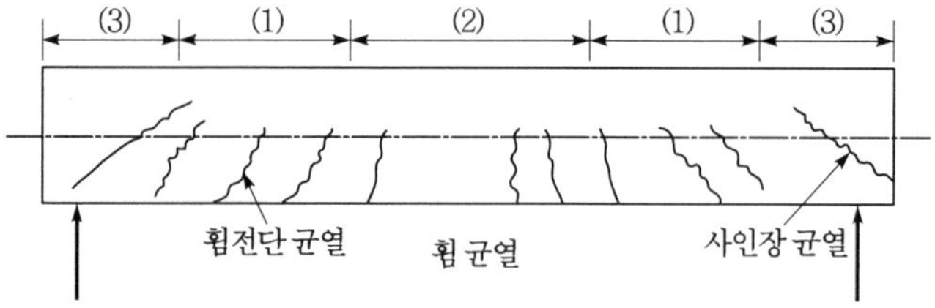

그림 5.3 균열의 형태

모멘트와 전단력의 상대적인 크기가 사인장 응력의 크기와 방향을 결정하게 되며, 사인장 응력이 콘크리트의 인장강도를 넘으면 그림 5.3에 나타낸 바와 같은 균열이 발생한다. 여기서 사인장 응력은 대체로 $v = V/b_w d$ 정도이고 수없이 많은 보의 실험을 통하여 콘크리트의 인장강도는 $0.29\sqrt{f_{ck}} \sim 0.41\sqrt{f_{ck}}$ 에 존재함이 밝혀졌다.

① 전단력이 크고 모멘트가 작은 부위에서 사인장 균열이 발생되는데, 이때의 콘크리트 공칭 전단강도는 다음과 같다.

$$V_c = 0.29\lambda\sqrt{f_{ck}}\,b_w d \tag{5.5}$$

② 전단력과 휨모멘트가 큰 부위에서는 휨전단 균열이 발생되는데, 이때의 콘크리트 공칭 전단강도는 다음과 같다.

$$V_c = (0.16\lambda\sqrt{f_{ck}} + 17.6\rho_w \frac{V_u}{M_u} d)\,b_w d < 0.29\lambda\sqrt{f_{ck}}\,b_w d \tag{5.6a}$$

공칭 전단강도의 약산식은 다음과 같다.

$$V_c = \frac{1}{6}\lambda\sqrt{f_{ck}}\,b_w d \tag{5.6b}$$

여기서, λ : 경량콘크리트 계수(6.4.1(3) 참조)

(2) 전단경간과 파괴형태

주응력을 근거로 한 사인장 균열 하중의 계산은 건조수축에 의한 균열발생과 인장철근에 의한 응력의 재분배에 의하여 실제 전단균열을 일으키는 하중과는 차이가 생기며, 많은 실험결과 전단력에 의한 균열발생과 파괴형태는 전단경간의 영향을 받는 것으로 판명되었다. 단순보에서의 전단경간은 그림 5.4(a)에서 a와 같이 경간 길이에 걸쳐 전단력이 일정한 것을 말하며, 전단보강 되지 않은 보에 하중이 작용할 때 보의 거동은 전단경간 a와 보의 유효 깊이 d에 따라 달라진다는 것이 실험을 통하여 밝혀졌다. 그림 5.4(b)는 그림 5.4(a)와 같은 단순보의 전단경간비 a/d에 따른 직사각형 단면의 전단강도의 변화를 나타낸 것이다.

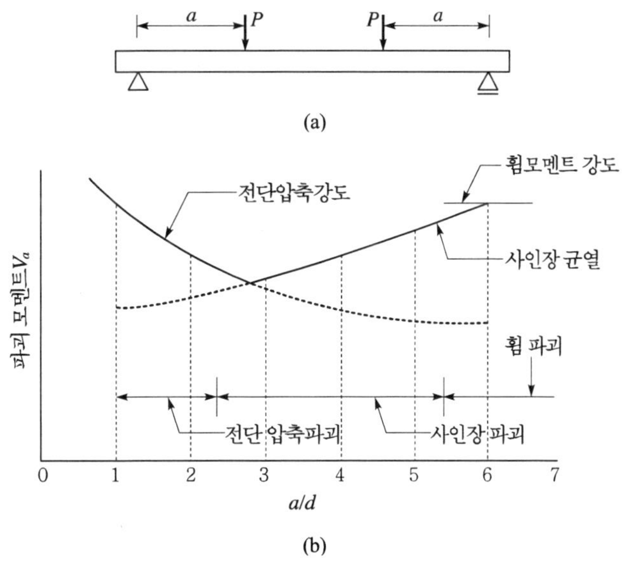

그림 5.4 a/d 에 따른 직사각형 단면의 전단강도의 변화

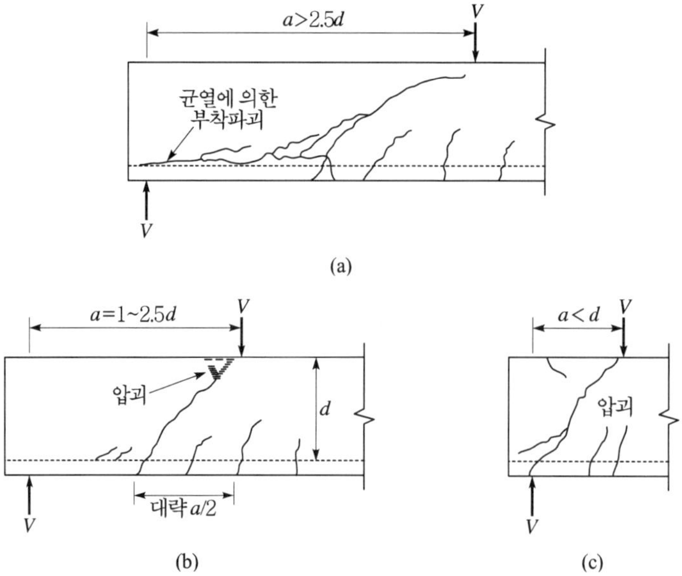

그림 5.5 전단경간에 따른 파괴 형태

1) $a/d = 1 \sim 2.5$(또는 $l_n/d = 1 \sim 5$)인 깊이가 큰 보

전단강도가 사인장 균열강도보다 크기 때문에 그림 5.5(b)에서 보는 바와 같이 전단압축 파괴가 일어난다.

2) $a/d = 2.5 \sim 5.5$(또는 $l_n/d = 11 \sim 16$)인 중간길이의 보

처음에는 수직 휨균열이 형성되고 그 다음에 사인장 균열로 발전한다. 따라서 전단파괴는 그림 5.5(a)에서 보는 바와 같은 사인장 파괴가 된다.

3) $a/d > 5.5$(또는 $l_n/d > 16$)인 긴 보

전단강도보다 휨강도가 지배적이므로 휨파괴가 일어난다.

4) $a/d < 1$ 인 보

전단력이 그림 5.5(c)에서 보는 바와 같이 하중점과 지지점 사이에서 형성되는 압축대에 의하여 직접 전달되므로 사인장 균열 발생의 가능성이 배제되며, 전단강도는 그림 5.4(b)에서 보는 바와 같이 매우 높게 나타난다. 이러한 상태에서의 파괴형태는 단부 콘크리트의 마찰 저항이 작은 경우에는 쪼갬 파괴가 되고 그렇지 않은 경우에는 압축대의 압축파괴가 된다.

(3) 전단균열 후의 보의 거동

전단보강 되지 않은 보에서 휨-전단 균열이 발생하였을 때 전단력은 다음의 요소들에 의하여 지지된다(그림 5.6(a) 참조).

① 균열이 생기지 않은 압축역에서 콘크리트가 지지하는 전단력(V_{cz}) : 20~40%

② 균열의 양쪽 면에서 골재의 맞물림 작용에 의하여 전달되는 전단력(V_{ay}) : 33~50%

③ 인장철근의 장부작용에 의하여 전달되는 전단력(V_d) : 15~25%

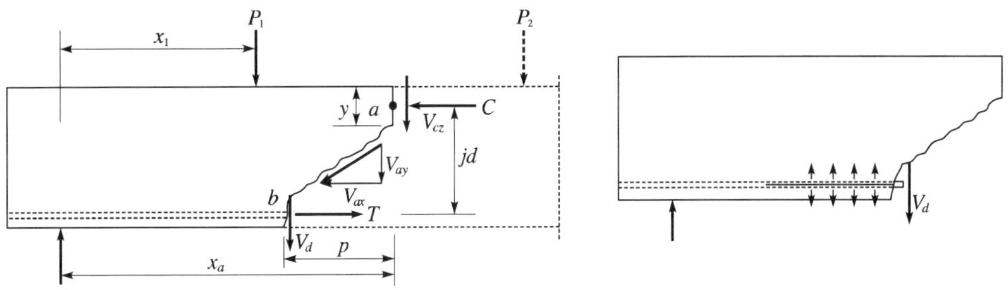

(a) (b)

그림 5.6 전단 보강되지 않은 보의 사인장균열 후 힘의 작용

사인장 균열 직후에 V_{ay} 와 V_d 는 전단보강 되지 않은 보에서 큰 역할을 한다. 그러나 좀 더 큰 전단력이 인장철근에 작용하면 그림 5.6(b)에서와 같이 인장철근을 따라 그 밑의 콘크리트가 벌어지고 난다. 그 결과 인장철근의 장부작용에 의하여 저항하는 전단력(V_d)은 극히 적어지고 사인장 균열폭은 넓어진다. 그 다음에는 골재의 맞물림 작용에 의하여 전달되는 전단력(V_{ay})이 급격히 감소한다. 결국 대부분의 전단력을 균열이 생기지 않은 콘크리트 부분이 담당하게 된다.

$$V_{cz} \approx V_{ext} \tag{5.7}$$

다음에 그림 5.7(b)와 같이 두 균열 사이의 보 단면에서의 휨모멘트를 고려하자.

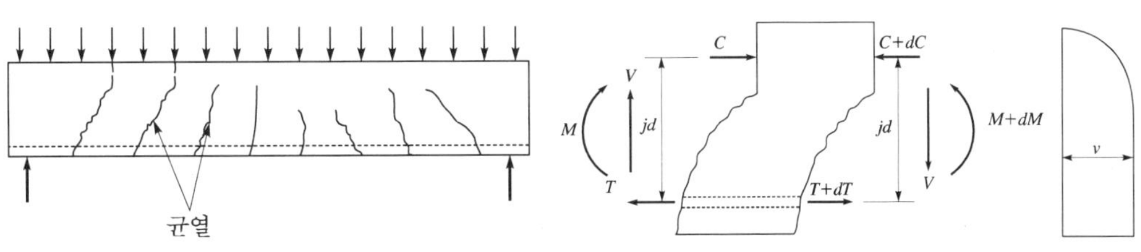

(a) (b) 두 균열 사이의 보 요소 (c) 평균전단응력

그림 5.7 균열이 생긴 보의 전단 응력

1) 응력중심거리(jd)가 일정한 경우

휨모멘트의 평형조건에 의하여

$$M = T\,jd \tag{5.8a}$$

$$dM = dT\,jd \tag{5.8b}$$

으로 주어지며, 보 하부의 인장철근 주위에서 전단응력과 철근의 인장력의 평형조건에 의하여

$$dT = vb_w\,dx \tag{5.9}$$

이 된다. 여기서 dT/dx는 웨브의 폭 b_w에 분포된 전단응력 즉, 인장철근과 압축역사이의 수평면에서의 전단흐름으로, 보의 작용상태에서만 존재한다. 보 이론에서 $dM = Vdx$이므로 이를 식 (5.8b)에 적용한 후 식 (5.9)에 대입하면 균열이 생긴 보에서 탄성상태에서의 평균전단응력은

$$v = \frac{V}{b_w\,jd} \tag{5.10}$$

이 된다.

2) 응력중심거리(jd)가 일정하지 않은 경우

식 (5.8a)에서

$$dM = dT \cdot jd + T \cdot d(jd) \tag{5.11}$$

이고, 전단력과 철근의 인장력과의 관계는

$$V = \frac{dM}{dx} = jd\frac{dT}{dx} + T\frac{d(jd)}{dx} \tag{5.12}$$

이 된다. 어떤 이유로 콘크리트와 철근사이의 부착이 없어지는 경우 철근에 생기는 인장력 T는 전 길이에 걸쳐 일정하므로 식 (5.12)에서 dT/dx는 없어지고 둘째 항만 남게 된다. 이러한 상태에서 전단력은 그림 5.8과 같이 인장력 T와 jd의 경사가 이루는 아치작용에 의하여 지지된다. 철근콘크리트 보에서는 위와 같은 극단적인 경우는 생기지 않으므로 보에 생기는 전단력은 보의 작용과 아치작용에 의하여 지지됨을 알 수 있다.

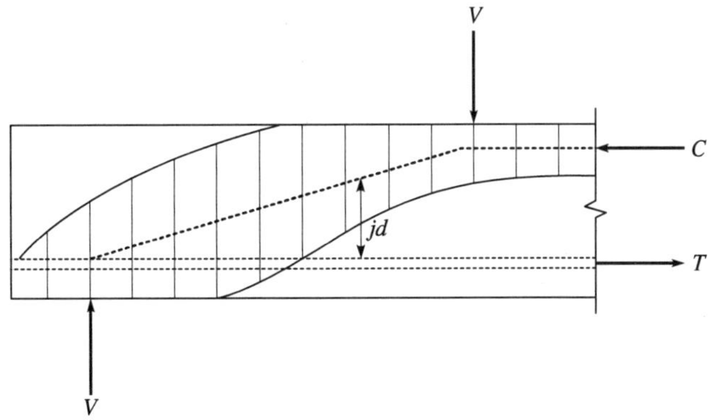

그림 5.8 보의 아치 작용

5.3.2 전단보강 된 철근콘크리트 보

(1) 전단철근의 형태

보가 휨파괴보다 전단파괴가 먼저 발생하는 것은 경제적으로 좋지 못할 뿐 아니라 휨파괴는 적당한 연성과 재해의 경고를 하는데 전단파괴는 갑작스럽고 폭발성 파괴가 일어난다. 이러한 점에서 보의 파괴가 휨파괴가 일어날 수 있도록 보의 웨브를 보강하는 것이 필요하다.

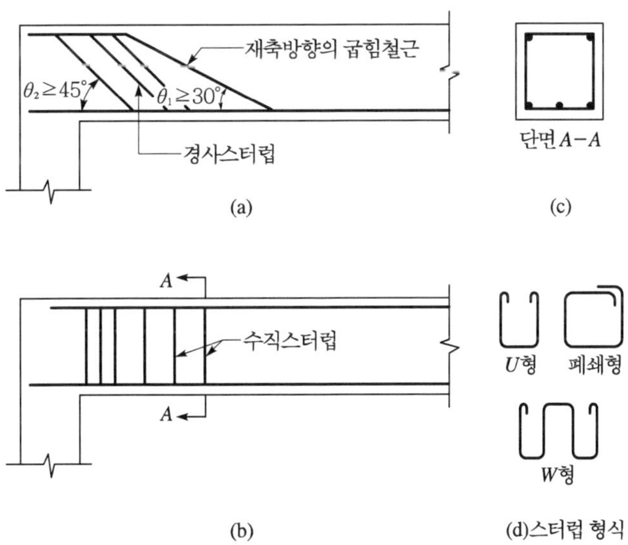

그림 5.9 보의 전단철근 형태

철근콘크리트 보의 웨브를 보강하는 전단철근의 형태는

① 재축방향의 철근에 직각인 스터럽

② 재축방향의 철근과 45°또는 그 이상의 각도를 가진 스터럽

③ 재축방향과 30°또는 그 이상의 각도로 구부린 재축방향의 구부림 철근

④ 위의 (1)~(3)을 조합한 것

등이 있으며, 이 중에서 수직 스터럽이 가장 많이 쓰이고 있다.

(2) 전단보강 된 철근콘크리트 보의 거동

전단철근은 사인장 균열이 발생하기 전에는 콘크리트와 동일하게 거동하므로 보강 효과가 현저하게 나타나지 않으며, 사인장 균열 발생을 억제하는 데에도 효율적이지 않다. 그러나 사인장 균열이 발생하면, 전단철근은 다음의 4가지로 전단 저항을 하게 된다.

① 균열을 가로지르는 전단철근이 전단력의 일부를 부담한다.

② 전단철근은 사인장 균열의 신장을 억제하고 압축영역으로 균열이 진전하는 것을 저지시킨다. 그래서 비균열 콘크리트 단면적이 커져서 더 많은 전단력을 부담시킬 수 있다.

③ 전단철근이 균열폭의 확대를 저지하기 때문에 균열의 양쪽 면이 밀착되어 골재의 맞물림 작용이 효율이 높아진다.

④ 전단철근은 인장철근과 콘크리트가 결속될 수 있도록 묶어주는 역할을 해서 장부작용에 의한 전단 저항성능을 크게 한다.

보에 사인장 균열이 발생하였을 때 힘의 분포는 그림 5.10과 같고 이는 전단보강 되지 않은 보에서의 힘의 분포에 수직 스터럽이 지지하는 전단력 V_s가 추가된 형태이다. 수직 방향의 힘의 평형조건에 의하여

$$V = V_{cz} + V_{ay} + V_d + V_s \tag{5.13}$$

가 되며, 수직 스터럽에 생기는 수직력은

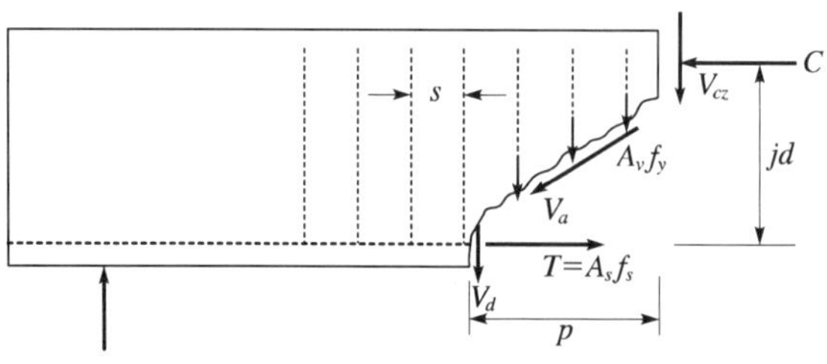

그림 5.10 수직 스터럽이 있는 보의 사인장균열 발생 후의 힘의 분포

$$V_s = nA_v f_y \tag{5.14}$$

이 된다. 여기서 A_v 는 스터럽의 단면적, f_y는 스터럽의 항복응력이며, n 은 균열을 가로지르는 스터럽의 수로 스터럽의 간격을 s, 균열의 수평투영길이를 p라고 하면 $n = p/s$가 된다.

그림 5.11은 증가하는 외부 전단력 V_{ext} 에 따른 내부 전단력의 4가지 요소들의 분포를 나타내고 있다. 사인장균열의 스터럽에 의한 전단 $V_s = nA_v f_y$는 직선적으로 증가하나, 나머지 3가지의 합 $V_{cz} + V_{ay} + V_d$ 는 거의 일정한 것을 알 수 있다. 스터럽이 항복하였을 때, 스터럽에 의한 전단 V_s는 거의 일정하나 사균열의 확장과 주근방향 분리 때문에 V_{ay}와 V_d는 급격히 감소한다. 이 때문에 비균열 콘크리트는 과하중을 받게되고 순식간에 파괴에 이른다.

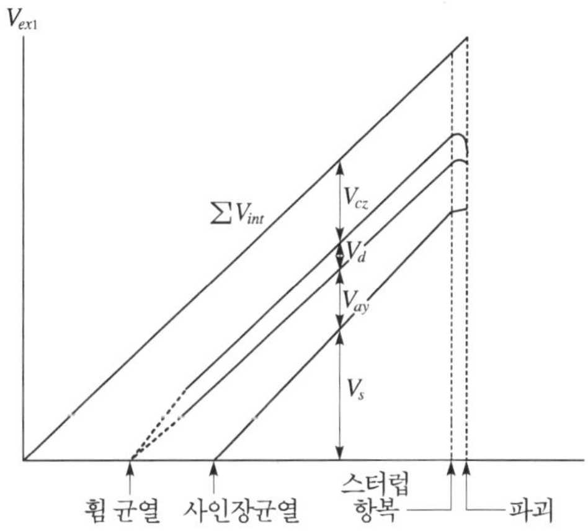

그림 5.11 스터럽이 있는 보에서의 내부 전단력의 재분배

항복시의 스터럽에 의한 전체 전단력은 밝혀졌으나 나머지 3가지의 크기가 결정되어야 한다. 현재 파괴시 전체 전단 저항 중 콘크리트가 부담하는 세 내력의 합은 식 (5.6)의 사인장균열 전단 V_c와 같다고 본다. 간격이 s인 스터럽의 개수 n는 사인장균열의 수평 투영길이 p에 따라 다르다. 균열이 대체적으로 45°나 혹은 더 평평하므로 $n = d/s$라고 가정할 수 있다. 따라서 수직 스터럽이 있는 보의 전단 파괴시 공칭 전단강도는 다음과 같다.

$$V_n = V_c + A_v f_y d/s \tag{5.15}$$

여기서, V_c는 콘크리트가 부담하는 전단강도로서 식 (5.6)과 같다.

5.4 규준에 의한 철근콘크리트 보의 전단설계

5.4.1 기본설계 방정식

강도설계법 규준에 의한 보의 전단설계는 다음 식과 같이 되도록 하고 있다.

$$V_u \leqq \phi V_n \tag{5.16}$$

여기서, V_u : 계수 하중에 의한 전단력

V_n : 부재의 공칭 전단강도($V_n = V_c + V_s$)

V_c : 콘크리트에 의한 공칭 전단강도

V_s : 전단철근에 의한 공칭 전단강도

ϕ : 강도감소계수(전단의 경우 $\phi = 0.75$)

5.4.2 콘크리트의 전단강도

(1) 전단력과 휨모멘트가 작용하는 부재

1) 약산식

$$V_c = \frac{1}{6}\lambda\sqrt{f_{ck}}\, b_w d \tag{5.17}$$

2) 위의 식 보다 더 정확히 계산하는 경우

$$V_c = \left(0.16\lambda\sqrt{f_{ck}} + 17.6\rho_w \frac{V_u d}{M_u}\right) b_w d < 0.29\lambda\sqrt{f_{ck}}\, b_w d \tag{5.18}$$

(2) 축력도 함께 작용하는 부재

1) 축압축력이 작용하는 부재

$$V_c = \frac{1}{6}\left(1 + \frac{N_u}{14A_g}\right)\lambda\sqrt{f_{ck}}\, b_w d \tag{5.19}$$

(3) 축인장력이 작용하는 부재

$$V_c = \frac{1}{6}\left(1+\frac{N_u}{3.5A_g}\right)\lambda\sqrt{f_{ck}}\,b_w d \tag{5.20}$$

여기서, N_u는 축력(압축 : +, 인장 : −)이고 A_g는 전 단면적이다.

5.4.3 전단철근

(1) 최소 전단철근

소요 전단강도 V_u가 콘크리트의 설계 전단강도 ϕV_c 보다 크지 않으면, 이론상으로는 전단철근이 필요치 않다. 그럼에도 불구하고 강도설계법 규준에서는 $\frac{1}{2}\phi V_c$ 보다 큰 계수 전단력 V_u가 작용하는 모든 철근콘크리트 휨 부재에는 식 (5.21)과 같이 최소 전단철근을 배근하도록 규정하고 있다.

$$A_{v,\min} = 0.0625\sqrt{f_{ck}}\frac{b_w s}{f_{yt}} \geq 0.35\frac{b_w s}{f_{yt}} \tag{5.21}$$

여기서, s : 전단철근의 수평간격

f_{yt} : 전단철근의 항복응력($f_y \leq$ 500MPa)

A_v : 길이 s 내의 전단철근의 총 단면적

이 규정은 다음의 경우에는 예외로 하고 있다.

① 슬래브와 기초판

② 콘크리트 장선 바닥구조

③ 보의 전체 깊이가 250mm, 플랜지 두께의 2.5배 또는 웨브 폭의 1/2 중 큰 값 이하인 보

이러한 부재들에 예외로 하는 이유는 사인장 균열에 의한 파괴가 일어나기 전에 내력을 재분배하는 능력이 있다는 것이 실험과 실제 경험을 통하여 입증되었기 때문이다.

(2) 스터럽의 간격

사인장 균열이 생긴 곳에 스터럽이 배근되어 있지 않으면 전단 변형을 억제할 수 없으므로, 규준에서는 45°방향으로 뻗는 균열이 적어도 하나의 스터럽과 교차하도록 하고 있으며, 경사진 스터럽에 대하여서는 그림 5.12(b)와 같이 보의 중심인 $d/2$로부터 인장철근까지 45°

의 경사선을 보의 지점방향으로 그었을 때 적어도 1개의 스터럽이 이 경사선과 교차하도록 하여야 한다.

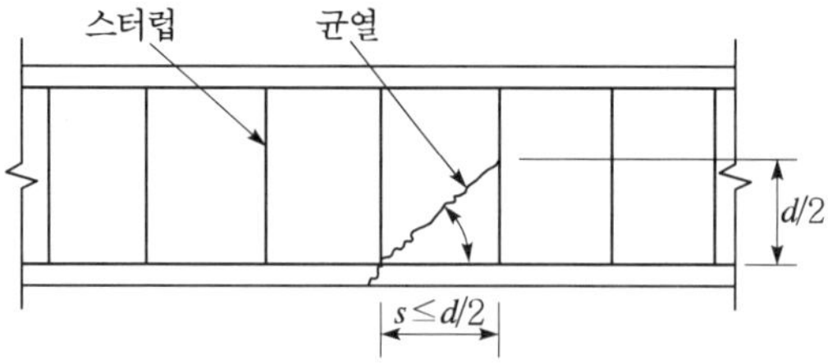

(a) 수직스터럽

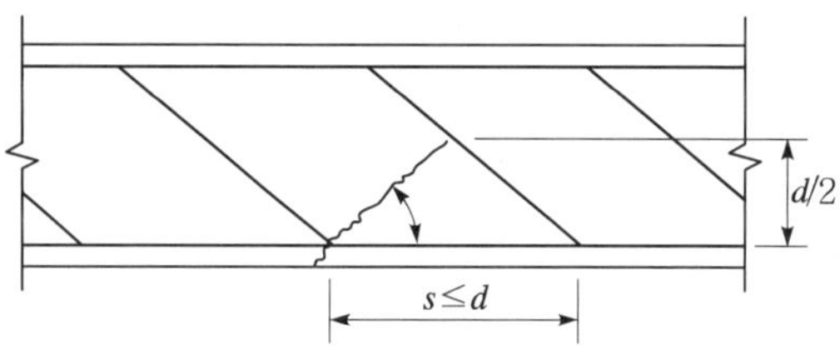

(b) 경사스터럽

그림 5.12 스터럽 간격

1) 소요 전단강도에 의하여 계산되는 스터럽의 간격은 다음과 같다.

$$\text{수직 스터럽}: s = \frac{\phi A_v f_{yt}\, d}{V_u - \phi V_c} \tag{5.22a}$$

$$\text{경사 스터럽}: s = \frac{\phi A_v f_{yt}\, d}{V_u - \phi V_c}(\sin\alpha + \cos\alpha) \tag{5.22b}$$

2) 스터럽의 최대간격은 다음과 같다.

① $V_s \leqq \frac{1}{3}\sqrt{f_{ck}}\, b_w d$ 의 경우

$$s_{\max} = \frac{A_v f_{yt}}{0.35\, b_w} \tag{5.23a}$$

$$s_{\max} = \frac{d}{2} \tag{5.23b}$$

$$s_{\max} = 600\,\mathrm{mm} \tag{5.23c}$$

중 작은 값으로 한다.

② $V_s > \frac{1}{3}\sqrt{f_{ck}}\,b_w d$의 경우

$$s_{\max} = \frac{d}{4} \tag{5.24a}$$

$$s_{\max} = 300\,\mathrm{mm} \tag{5.24b}$$

규준에서는 철근이 부담하는 전단력 V_s는 어느 경우에도 $0.2\left(1-\frac{f_{ck}}{250}\right)f_{ck}b_w d$의 값을 초과하지 않도록 규정하고 있다.

5.4.4 전단 설계

(1) 계수전단력 산정

최대 전단력은 지점에서 생기나 최대 설계 전단력은 그림 5.13에 나타낸 바와 같은 위험단면에서 택한다. 그 이유는 지지점에서 위험단면 이내에 작용하는 하중은 균열에 교차되는 스터럽에 어떤 영향을 주지 않고 직접 하중작용점과 지지점 사이에 형성되는 압축대에 의하여 전달되므로 전단 설계에서 이부분에 대한 전단응력은 고려하지 않아도 된다.

(2) 콘크리트의 전단강도 산정

$$\phi V_c = \phi\frac{1}{6}\lambda\sqrt{f_{ck}}\,b_w d$$

(3) 전단 보강 여부 결정

$$V_u \geq \frac{1}{2}\phi V_c \rightarrow \text{전단보강}$$

(4) 전단철근의 전단강도 산정

$$\phi V_s = V_u - \phi V_c$$

(5) 보 단면의 적정성 검토

$$\phi V_s \leq \phi 0.2\left(1-\frac{f_{ck}}{250}\right)f_{ck}b_w d \rightarrow \text{취성파괴를 방지하기 위하여 단면 증대 또는 콘크리트 강도를 증대한다.}$$

(6) 전단철근의 간격 설계

$$s = \frac{\phi A_v f_y d}{\phi V_s}$$

전단철근의 최대 간격은 식 (5.23) 또는 식 (5.24) 이하로 한다.

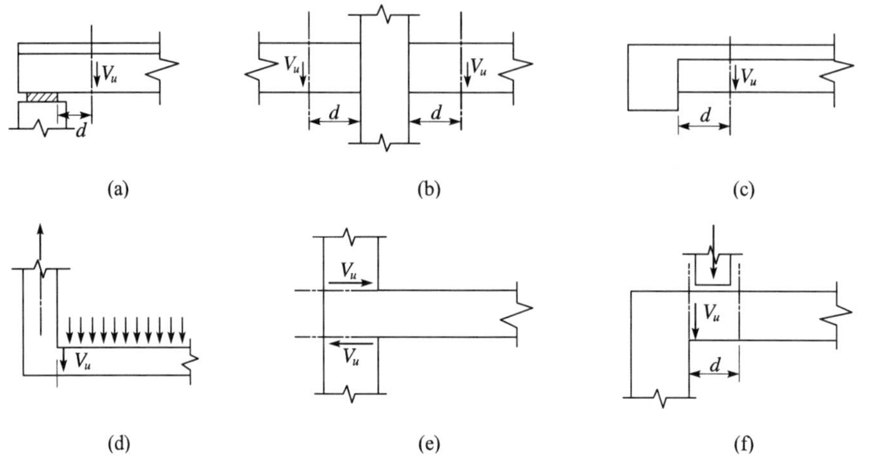

그림 5.13 전단 위험단면

예제 5.1

다음 조건에 대하여 직사각형 단순지지보에 전단보강설계를 하시오.

고정하중 $W_D = 21\text{kN/m}$	활하중 $W_L = 24\text{kN/m}$
지점간 거리 $l = 9\text{m}$	보폭 $b_w = 300\text{mm}$
유효깊이 $d = 500\text{mm}$	콘크리트 강도 $f_{ck} = 21\text{MPa}$
철근 $f_y = 400\text{MPa}$	

풀이

1. 계수하중의 산정 :

$W_u = 1.2 \times 21 + 1.6 \times 24 = 63.6\text{kN/m}$

2. 계수전단력 산정 :

지지점으로부터 유효깊이 d만큼 떨어진 위험단면에서의 계수전단력

$$V_u = W_u l/2 - W_u d$$
$$= 63.6 \times 9/2 - 63.6 \times 0.5 = 254.4\text{kN}$$

3. 콘크리트의 전단강도 산정 :

$$\phi V_c = \phi(\frac{1}{6}\lambda\sqrt{f_{ck}})b_w d$$
$$= 0.75 \times \frac{1}{6} \times 1.0 \times \sqrt{21} \times 300 \times 500 \times 10^{-3}$$
$$= 85.9\text{kN}$$

4. 전단철근의 전단강도 산정 :

$$\phi V_s = V_u - \phi V_c$$
$$= 254.4 - 85.9 = 168.5\text{KN}$$

5. 보 단면의 적정성 검토 :

$$\phi V_s < \phi 0.2\left(1 - \frac{f_{ck}}{250}\right)f_{ck} b_w d \times 10^{-3} = 432.8\text{kN} \qquad \text{적합}$$

6. 전단철근의 간격설계

① 콘크리트 전단강도를 초과하는 구간 계산

$$(4{,}500 - X_c) : 4{,}500 = \phi V_c : V_u$$
$$X_c = 4{,}500[1 - (\phi V_c / V_u)]$$
$$= 4{,}500[1 - (85.9/286.2)] = 3{,}149\text{mm}$$

따라서, 아래 그림의 빗금친 부분에 전단보강이 필요하다.

② 최소 전단철근이 배근될 구간 계산($X_m = \phi V_c/2$ 까지)

$$X_m = 4{,}500[1 - (42.95/286.2)] = 3{,}824\text{mm}$$

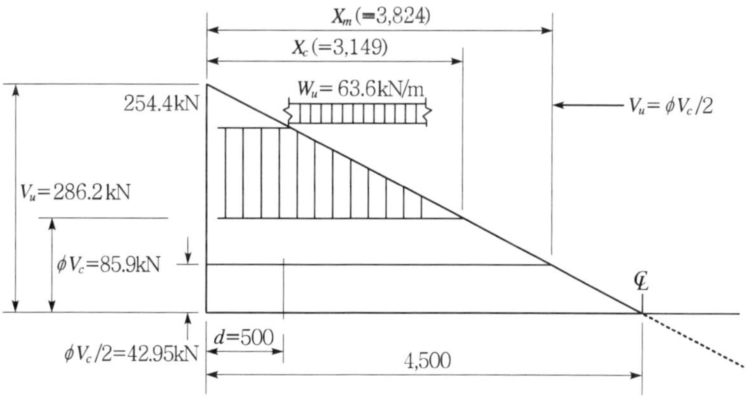

③ 최대 전단철근 간격 검토

$$\phi V_s = 168.5\text{kN} < \phi(\frac{1}{3}\sqrt{f_{ck}})b_w d = 171.8\text{kN}\text{이므로}$$

$$s_{max} = \frac{d}{2} = 250\text{mm} \text{ 또는 } 600\text{mm}$$

$$s_{max} = A_v f_{yt}/0.35 b_w = (2 \times 71) \times 400/(0.35 \times 300) = 541\text{mm}$$

따라서, $s_{\max} = 250\text{mm}$

④ 전단철근 간격 계산

위험단면에서의 스터럽 간격

$$s = \frac{\phi A_v f_{yt} d}{\phi V_s} = \frac{0.75 \times (2 \times 71) \times 400 \times 500 \times 10^{-3}}{168.5} = 126\text{mm} \rightarrow \text{D10@120 배근}$$

지지점으로부터 $x = d + [(X_c - d)/2] = 500 + [(3{,}149 - 500)/2] = 1{,}824.5\text{mm}$ 떨어진 면에서의 스터럽 간격

$s = 126/(1/2) = 252\text{mm} > s_{\max} \rightarrow \text{D10@250}$ 배근

연습문제

5.1 $b = 400\,\mathrm{mm}$, $h = 600\,\mathrm{mm}$인 직사각형 단면에 $M = 120\,\mathrm{kN \cdot m}$, $V = 90\,\mathrm{kN}$이 작용할 때 $h = 150\,\mathrm{mm}$, $300\,\mathrm{mm}$ 및 $450\,\mathrm{mm}$ 되는 위치에서 주응력과 주응력 방향을 계산하라.

5.2 $b = 400\,\mathrm{mm}$, $d = 540\,\mathrm{mm}$의 단면에 수직 스터럽을 D10 @250 간격으로 전단보강하였을 때 이 단면의 설계전단강도 ϕV_n을 구하라. 단, $f_{ck} = 21\,\mathrm{MPa}$, $f_y = 400\,\mathrm{MPa}$이다.

5.3 $b = 400\,\mathrm{mm}$, $d = 540\,\mathrm{mm}$인 직사각형 보에 계수등분포하중 $w_u = 80\,\mathrm{kN/m}$가 작용할 때 이 보가 전단보강이 필요한지를 결정하고 만일 필요하다면 전단보강설계를 하라. 단, 보는 단순보이고 경간은 8m이며, $f_{ck} = 24\,\mathrm{MPa}$, $f_y = 400\,\mathrm{MPa}$로 한다.

5.4 문제 5.3에서 전단보강근을 사용하지 않는다면 필요한 보폭은 얼마인가?
단, $d = 540\,\mathrm{mm}$, $f_{ck} = 24\,\mathrm{MPa}$, $f_y = 400\,\mathrm{MPa}$로 한다.

5.5 문제 5.3에서 전단보강근을 설계규준에 따른 최소값을 사용하는 경우, 전단력에 저항할 수 있는 최소단면을 구하라. 단, $d = 540\,\mathrm{mm}$, $f_{ck} = 24\,\mathrm{MPa}$, $f_y = 400\,\mathrm{MPa}$로 한다.

5.6 철근콘크리트 보의 전단경간과 파괴형태에 대하여 설명하라.

제 6 장 철근의 정착과 이음

제 6 장

철근의 정착과 이음

6.1 휨부착의 기본

철근콘크리트구조에서 철근과 콘크리트 사이에 미끄러짐이 없다는 것이 철근콘크리트 구조설계의 기본 가정이다. 다시 말하면 철근과 콘크리트 사이에 미끄러짐이 있다면 콘크리트에서 철근으로 응력을 전달할 수 없으며, 이렇게 되면 철근콘크리트 보는 무근보와 같이 되어 콘크리트에 균열이 발생하면 곧 붕괴된다. 따라서 철근과 콘크리트는 서로 완전한 부착이 이루어져 일체로 거동해야 한다. 휨응력의 전달시 철근과 주위 콘크리트의 경계 면에 생기는 전단응력을 부칙응력이라고 하며, 칠근콘크리드 보에서 부착응력은 휨모멘트의 크기의 변화에 따라서 변화한다. 휨모멘트의 크기의 변화 비율이 크면(전단력의 큰 위치에서 발생) 철근의 인장력과 부착응력의 변화 비율도 커진다(그림 6.2).

6.1.1 휨에 의한 평균 부착응력

철근콘크리트 보에서 모멘트 분포 및 미소부분의 응력이 그림 6.1과 같다면 철근에 생기는 인장력의 증분은 다음과 같다.

$$dT = \frac{dM}{jd} \tag{6.1}$$

부착응력은 그림 6.1(d)에 나타낸 바와 같이 힘의 평형조건으로부터 다음과 같이 된다.

$$u = \frac{dT}{\Sigma_0\, dx} \tag{6.2}$$

여기서, Σ_0 : 철근의 둘레길이($=\pi d_b$)

보 이론에서 $dM/dx = V$이므로, 식 (6.1)과 (6.2)로부터 보의 평균 부착응력은

$$u = \frac{V}{\Sigma_0\, jd} \tag{6.3}$$

으로 주어진다.

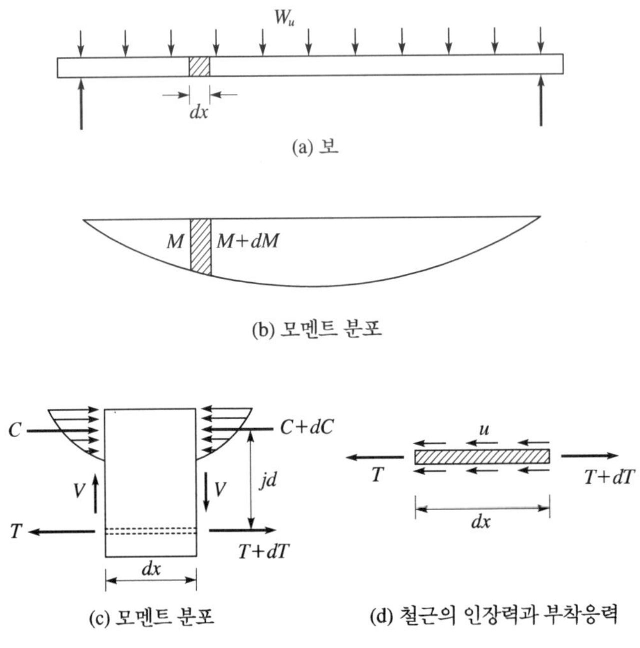

그림 6.1 보의 평균 부착응력

6.1.2 휨 부착응력의 실제분포

보에 묻혀 있는 철근을 따라 생기는 평균 부착응력은 식 (6.3)과 같이 전단력의 크기에 비례하지만, 실제 분포는 이보다 더 복잡하다.

보는 순수 휨만 받는 경우는 드물고 일반적으로 전단력이 동반된다. 그림 6.2와 같이 등분포하중을 받는 보에서 단부 부근에서는 휨전단균열, 중앙부 부근에서는 휨균열이 그림에 표시된 것과 비슷한 형태로 발생한다. 이러한 균열 상태에서 균열부분에서는 균열이 생긴 콘크리트가 인장력을 지지할 수 없기 때문에 철근이 전 인장력을 부담하며 이 때 철근의 인장력은 보 이론에서 $T = M/jd$로 계산할 수 있고, 그 분포는 그림 6.2(b)의 파선과 같다. 그러

나 균열 사이에서는 부착응력으로 콘크리트에 도입되는 인장력의 얼마만큼을 콘크리트가 지지할 수 있기 때문에 철근이 지지하는 인장력은 그림 6.2(b)의 실선과 같이 되며, 이는 파선의 값보다 작게 된다. 부착응력은 식 (6.2)에서 철근 인장력의 보 길이 방향 변화율에 비례하므로 단순이론에 의한 분포는 그림 6.2(c)의 파선과 같고 실제 분포는 실선과 같은 형태로 균열 가까이에서 최대, 균열 사이의 중간에서는 최소가 된다.

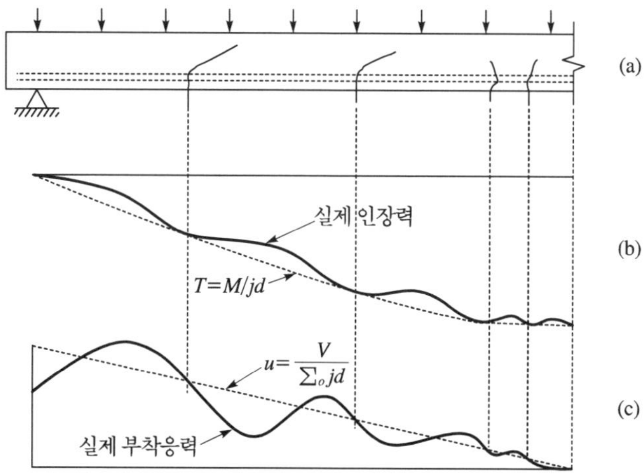

그림 6.2 보의 휨균열에 의한 철근인장력의 변화

6.2 부착에 의한 힘의 전달과 부착파괴

콘크리트에 묻혀있는 철근에 인장력이 작용하면 처음에는 콘크리트와 철근표면사이의 화학적 접착력과 마찰에 의하여 미끄러짐에 저항하나, 이러한 부착력은 큰 저항력을 발휘하지 못하고 상실된다. 그 이후에 증가되는 인장력은 이형철근의 마디와 콘크리트 사이의 지압응력에 의하여 저항된다. 지압응력은 길이방향과 방사선 방향의 분력으로 분해될 수 있으며, 길이 방향의 분력은 철근 마디 사이의 콘크리트에 전단파괴를 일으키는 힘으로 작용하고 방사선 방향의 분력은 철근 주위의 콘크리트에 인장응력을 유발시킨다. 이러한 지압응력에 의하여 철근 주위에는 균열이 발생하게 되며, 이러한 균열은 부재의 부착강도를 저하시켜서 결국 부착파괴가 일어난다.

부착파괴는 일반적으로 뽑힘파괴(pull-out failure)와 쪼갬파괴(spliting failure)의 두 가지 형태로 나타난다.

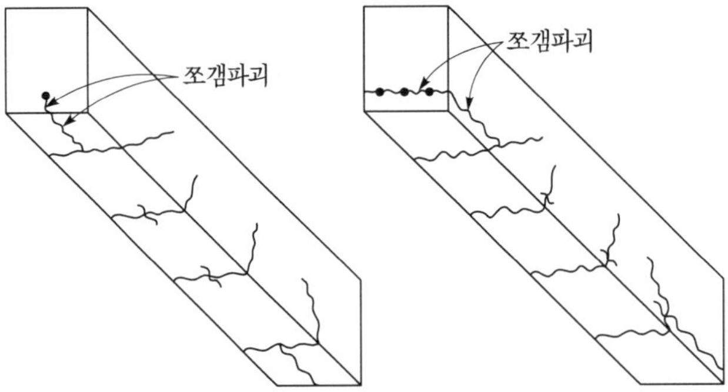

그림 6.3 쪼갬파괴의 형태

뽑힘파괴는 콘크리트와 철근표면의 마찰저항파괴로 발생한다. 예를 들어, 이형철근일 경우 뽑힘파괴는 철근마디 앞 부분의 콘크리트가 전단력에 의하여 파괴되어 철근이 뽑혀 나오는 파괴형태 즉, 지압응력의 길이방향 분력에 의하여 전단파괴가 일어나는 경우를 말한다. 쪼갬파괴는 이형철근이 충분한 정착길이를 가지게 되는 경우에 뽑힘파괴가 일어나기보다는 오히려 지압응력의 방사선 방향의 분력에 의하여 철근 주위에 피부두께가 작은 쪽이나 주변 철근과의 간격이 작은 쪽으로 균열이 발생하여 일어나는 파괴를 말한다(그림 6.3). 그 이유는 철근을 둘러싼 콘크리트의 단면적이 상대적으로 작아서 콘크리트가 철근 주변의 원주방향 인장응력에 저항할 수 없기 때문이다.

6.3 부착강도와 정착길이

철근의 정착길이(development length)는 콘크리트에 묻혀있는 철근이 힘을 받을 때 뽑히거나 미끄러짐 변형이 생기는 일이 없이 항복강도에 이르기까지 응력을 발휘할 수 있게 하는 최소한의 묻힘길이를 말하며 l_d로 표시한다.

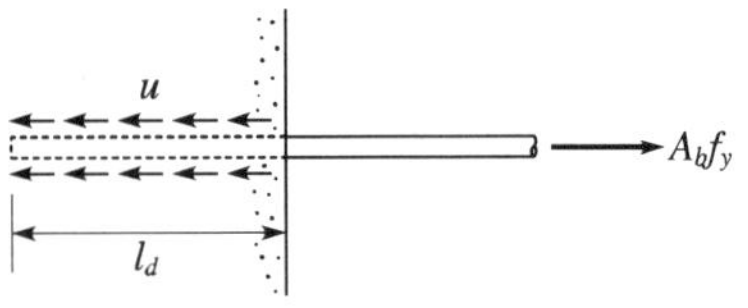

그림 6.4 철근의 정착

그림 6.4와 같이 콘크리트에 묻혀있는 철근에 외력이 작용할 때, 극한 상태에서 외력과 내력의 평형조건은 $\dfrac{\pi d_b^{\,2}}{4} f_y = u\, l_d\, \pi d_b$이므로 정착길이는 다음과 같다.

$$l_d = \frac{d_b f_y}{4u} \tag{6.4}$$

여기서, u : 평균 부착응력

d_b : 철근의 공칭직경

l_d : 철근의 정착길이

f_y : 철근의 항복강도

실험결과, 부착강도는 다음과 같이 콘크리트 압축강도의 함수로 나타났다.

$$u = k\sqrt{f_{ck}} \tag{6.5}$$

여기서, k 는 상수이며 부착강도가 단면적 $A_b = \pi {d_b}^2/4$을 갖는 철근의 항복강도와 같거나 초과하게 되면 다음과 같은 식을 얻는다.

$$A_b f_y \leqq u\, l_d\, \pi\, d_b \tag{6.6}$$

식 (6.4) ~ 식 (6.6)으로부터 기본 정착길이는 다음과 같다.

$$l_{db} = k_1 \frac{A_b f_y}{\sqrt{f_{ck}}} \tag{6.7a}$$

$$\frac{l_{db}}{d_b} = k_2 \frac{d_b f_y}{\sqrt{f_{ck}}} \tag{6.7b}$$

식 (6.7b)는 결과적으로 구조부재에서 철근의 최소 정착길이를 정의하는 기본식이며, 계수 k_2는 정착길이에 영향을 주는 여러 가지 요인들을 포함하고 있는 실험에서 얻은 상수이다. 이 계수는 철근의 크기, 철근의 피복두께, 철근간격, 콘크리트의 종류, 스터럽과 같은 횡보강철근 등에 대한 영향을 포함하고 있다.

콘크리트의 피복두께와 철근간격을 크게 하면 철근을 감싸주는 콘크리트의 단면적이 증가하기 때문에 각각 수직방향 쪼갬 및 수평방향 쪼갬에 대한 저항력이 커진다. 스터럽과 같은 횡보강철근이 같이 사용된 경우에는 콘크리트의 인장내력에 횡보강철근의 인장내력이 추가되므로 수평 및 수직방향의 쪼갬 균열에 대한 저항 능력이 더 증가한다.

6.4 정착길이에 대한 규준

6.4.1 인장을 받는 이형철근의 정착길이

(1) 정착길이

인장을 받는 이형철근의 정착길이는 다음의 식 (6.8) 또는 식 (6.9)로 계산된 값으로 한다.

$$l_d = l_{db} \times \text{보정계수} \tag{6.8}$$

$$l_d = \frac{0.90\, d_b f_y}{\lambda \sqrt{f_{ck}}} \frac{\alpha \beta \gamma}{\left(\frac{c + K_{tr}}{d_b}\right)} \tag{6.9}$$

여기서, l_{db}는 기본 정착길이이며, 정착길이 l_d 는 전단철근의 정착이나 인장철근의 겹친길이를 제외하고 300mm 이상이어야 한다. $\left(\frac{c + K_{tr}}{d_b}\right)$는 2.5 이하이어야 한다.

(2) 기본 정착길이

일반적으로 사용되는 철근크기와 배근간격에 대한 철근의 정착길이는 실험결과에 따라 식 (6.7)과 같이 산출되었으나, 규준에서는 $k_2 d_b$를 철근의 피복두께, 철근간격, 콘크리트의 종류, 스터럽과 같은 횡보강철근에 대한 효과를 반영하는 계수로 대치하여 기본 정착길이를 다음과 같이 하고 있다.

$$l_{db} = \frac{0.6\, d_b f_y}{\lambda \sqrt{f_{ck}}} \tag{6.10}$$

이 기본 정착길이는 D35 이하의 철근 및 $f_{ck} \leq 70\text{MPa}$ 콘크리트에서만 적용이 가능하다.

(3) 보정계수

철근 배근 위치, 에폭시 도막 여부 및 콘크리트의 종류에 따른 보정계수는 표 6.1에 의하여 구하며, 표 6.1에서 α, β, λ는 아래의 내용에서와 같이 구할 수 있다.

표 6.1 보정계수

조건 \ 철근 지름	D19 이하의 철근과 이형철선	D22 이상의 철근
정착되거나 이어지는 철근의 순간격이 d_b 이상이고 피복두께도 d_b 이상이면서 l_d 전구간에 설계기준에서 규정된 최소 철근량 이상의 스터럽 또는 띠철근을 배근한 경우 또는 정착되거나 이어지는 철근의 순간격이 $2d_b$ 이상이고 피복두께가 d_b 이상인 경우	$0.8\alpha\beta$	$\alpha\beta$
기타	$1.2\alpha\beta$	$1.5\alpha\beta$

1) α = **철근배근 위치계수**

① 상부철근(정착길이 또는 이음부 아래 300mm를 초과해서 굳지 않은 콘크리트를 친 수평철근) 1.3

② 기타 철근 1.0

2) β = **철근 도막계수**

① 피복두께가 $3d_b$ 미만 또는 순간격이 $6d_b$ 미만인 에폭시 도막철근 1.5

② 기타 에폭시 도막철근 1.2

③ 에폭시 도막되지 않은 철근 1.0

3) λ = **경량콘크리트 계수**

① f_{sp}가 주어진 경량콘크리트 .... $f_{sp}/(0.56\sqrt{f_{ck}}) \leq 1.0$

② f_{sp}가 주어지지 않은 경량콘크리트

전경량 콘크리트 0.75

모래경량 콘크리트 0.85

③ 일반콘크리트 1.0

4) 에폭시 도막철근이 상부철근인 경우에 상부철근의 보정계수 α 와 에폭시 도막계수 β 의 곱 $\alpha\beta$ 가 1.7보다 클 필요는 없다.

5) γ = 철근의 크기계수

① D19 이하의 철근과 이형철선 ………………………………………………………… 0.8

② D22 이상의 철근 ………………………………………………………………………… 1.0

6) c = 철근간격 또는 피복두께에 관련된 치수

철근(철선)의 중심으로부터 콘크리트 표면까지의 최단거리 또는 정착되는 철근(철선)의 중심간 거리의 1/2 중 작은 값을 사용하여 mm 단위로 나타낸다.

7) K_{tr} = 횡방향 철근지수

$$= \frac{40A_{tr}}{s\,n}$$

A_{tr}(횡방향 철근) : 정착하는 철근에 직각으로 배근된 철근이 아니라 쪼개질 가능성이 있는 평면을 가로지르는 철근의 총단면적이다.

s : l_d 내에 있는 횡방향 철근의 최대간격

n : 쪼개지는 평면을 따라 정착될 철근의 개수

횡방향 철근이 배근되어 있더라도 설계를 간편하게 하기 위해 K_{tr} = 0으로 사용할 수 있다.

8) 실제 철근량이 해석 결과로부터 얻은 소요 철근량보다 많을 때

$$\frac{\text{소요 철근량}}{\text{실제 철근량}}$$

9) 설계기준항복강도가 550MPa을 초과하는 철근에 대해서는 다음을 만족하여야 한다.

① 횡방향 철근을 배치하지 않는 경우 : $\frac{c}{d_b} \geq 2.5$

② 횡방향 철근을 배치하는 경우 : $\frac{K_{tr}}{d_b} \geq 0.25$이고, $\frac{(c + K_{tr})}{d_b} \geq 2.25$

예제 6.1 보 단면 및 배근도에 대한 다음 그림에서 설계기준의 두 가지 방법을 사용하여 D25의 소요정착길이를 계산하라.(단, $f_{ck}=24\text{MPa}$, $f_y=400\text{MPa}$이고, 모든 주근은 D25, 스터럽 D10@150, 최소 피복두께 40mm이다.)

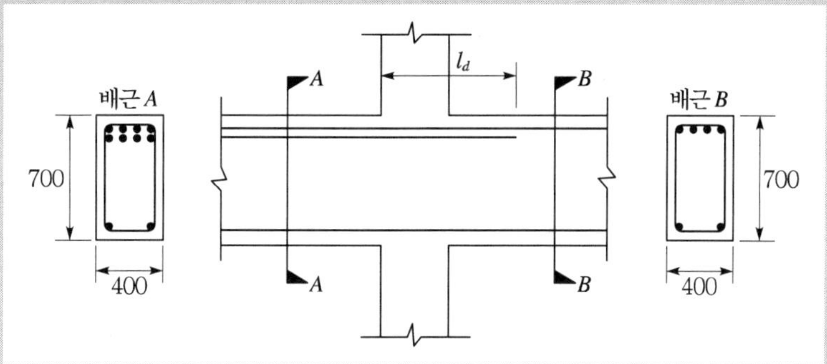

보 단면 및 배근표

풀이

1. 방법 1 : 식 (6.8)과 표 6.1 사용

① 기본 정착길이

$$l_{db}=\frac{0.6d_bf_y}{\lambda\sqrt{f_{ck}}}=\frac{0.6\times 25\times 400}{1.0\times\sqrt{24}}=1{,}225\text{mm}$$

② 철근의 순간격과 피복두께

- 정착되는 철근의 순간격
  $=[400-2\times(\text{최소 피복두께})-2\times(\text{D10 스터럽})-4\times(\text{D25})]/3$
  $=[400-2(40)-2(10)-4(25)]/3=66.7\text{mm}>2d_b$
- 피복두께 $=40+10=50\text{mm}=2d_b>d_b$

③ 보정계수를 고려한 정착길이

순간격 $>2d_b$, 피복두께 $>d_b$, D22 이상의 철근을 사용하므로 보정계수는 $\alpha\beta$를 적용한다.

$\alpha=1.3,\quad \beta=1.0$

$l_d=(\alpha\beta)\times l_{db}$

$=1.3\times 1.0\times 1{,}225$

$=1{,}593\text{mm}>300\text{mm}$

2. 방법 2 : 식 (6.9) 사용

① 정착길이 일반식

$$l_d=\frac{0.9d_bf_y}{\lambda\sqrt{f_{ck}}}\frac{\alpha\beta\gamma}{\left(\frac{c+K_{tr}}{d_b}\right)}$$

$\alpha=1.3,\quad \beta=1.0,\quad \gamma=1.0$

② $\dfrac{c+K_{tr}}{d_b} \leq 2.5$에서

- 철근의 중심에서 표면까지 거리$= 40+10+\dfrac{25}{2} = 62.5\text{mm}$
- 정착되는 철근의 중심간 거리의 $1/2 = (66.7+25)/2 = 45.9\text{mm}$
- c는 작은 값이므로 $c = 45.9\text{mm}$
- 횡방향 철근지수(K_{tr})

$$K_{tr} = \frac{40A_{tr}}{sn}$$
$$= \frac{40(2\times 71)}{150\times 4} = 9.5$$

- $\dfrac{c+K_{tr}}{d_b} = \dfrac{45.9+9.5}{25} = 2.22 < 2.5$

③ 정착길이

$$l_d = \frac{0.9\times 25\times 400}{1.0\times\sqrt{24}} \times \frac{1.3}{2.22} = 1{,}075\text{mm}$$

3. 정착길이 검토

사용식	l_d
근사식 (6.8)과 표 (6.1) 보정계수 사용	$64d_b$
일반식 (6.9) 사용	$43d_b$

① 식 (6.8)과 표 6.1을 이용한 근사식은 단순하여 사용하기가 편리하다.
② 일반식 (6.9)를 사용하면 다소 계산을 더 하여야 하지만 일반적으로 정착길이를 줄일 수 있다.

6.4.2 압축을 받는 이형철근의 정착길이

(1) 정착길이

압축을 받는 이형철근의 정착길이는 다음과 같다.

$$l_d = l_{db}\times \text{보정계수} \tag{6.11}$$

이 때 정착길이 l_d는 200mm 이상이 되어야 한다.

(2) 기본 정착길이

압축철근의 정착부분에서는 인장철근의 경우에 비하여 철근을 둘러싼 콘크리트에 균열이

발생하지 않고 철근 끝의 콘크리트에 대한 지압력이 작용하기 때문에 압축철근의 정착길이는 인장철근의 정착길이보다 짧게 할 수 있다.

강도설계법 규준에서 정하는 압축철근의 기본 정착길이는 다음과 같다.

$$l_{db} = \frac{0.25\, d_b f_y}{\lambda \sqrt{f_{ck}}} \geq 0.043\, d_b f_y \tag{6.12}$$

(3) 보정계수

① 철근이 소요량 이상인 과다철근의 경우 ································ $\frac{\text{소요 철근량}}{\text{실제 철근량}}$

② 지름 6mm 이상인 나선철근으로 100mm 이하의 간격으로 둘러싸인 철근 또는 D13 띠철근으로 100mm 이하의 간격으로 둘러싸인 압축 이형철근 ······ 0.75

6.4.3 다발철근의 정착길이

보나 기둥에서 철근을 2개, 3개 또는 4개를 한데 묶어 사용하는 것이 콘크리트의 부어넣기 등에서 유리할 때가 있다. 이러한 철근들이 콘크리트와 부착되는 면적은 각 철근의 부착면적의 합보다 작기 때문에 부착강도도 이에 따라 감소한다.

규준에서는 이러한 점을 고려하여 인장이나 압축을 받는 다발철근의 정착길이를 단일 철근인 경우의 값보다 다음과 같이 증가시킨 값으로 하도록 규정하고 있다.

① 2개 다발철근 : 10 %

② 3개 다발철근 : 20 %

③ 4개 다발철근 : 33 %

6.4.4 갈고리에 의한 인장철근의 정착

(1) 표준갈고리

인장철근의 정착길이에 필요한 충분한 여유 공간이 없을 때 갈고리를 사용할 수 있으며, 압축 철근의 정착길이의 목적에는 갈고리는 효용성이 없다.

규준에서 정하는 표준갈고리는 그림 6.5에 나타낸 바와 같으며, 그 내용은 다음과 같다.

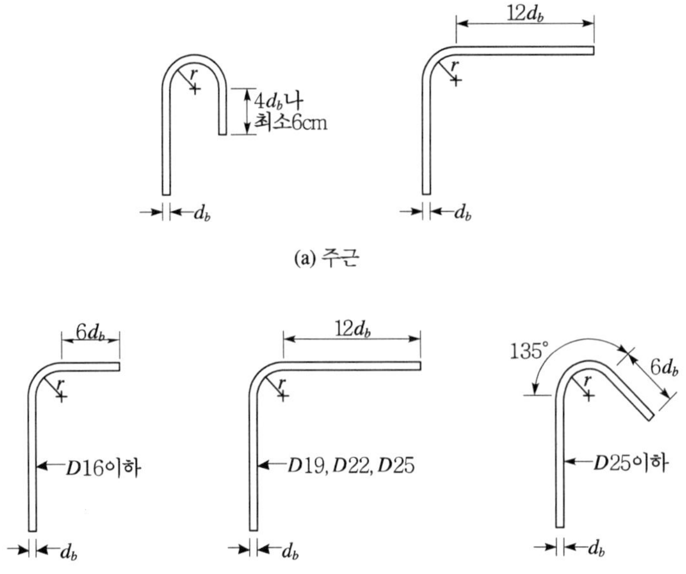

(a) 주근

(b) 스터럽과 띠철근

그림 6.5 표준 갈고리

1) 주근 갈고리

① 구부림 각도 180°에 자유단의 길이가 $4d_b$ 및 60mm 이상 되는 갈고리

② 구부림 각도 90°에 자유단의 길이가 $12d_b$ 이상 되는 갈고리

2) 스터럽 및 띠철근 갈고리

① D16 이하의 철근으로 구부림 각도 90°에 자유단의 길이가 $6d_b$ 이상 되는 갈고리

② D19, D22 및 D25 철근으로 구부림 각도 90°에 자유단의 길이가 $12d_b$ 이상 되는 갈고리

③ D25 이하의 철근으로 구부림 각도 135°에 자유단의 길이가 $6d_b$ 이상 되는 갈고리

표준갈고리의 구부림에서 철근의 안쪽에서 측정한 구부림의 지름은 표 6.2와 같다.

표 6.2 구부림 최소 내면 지름

철근크기	구부림 최소 내면지름
D16 이하의 스터럽이나 띠철근	d_b
D10~D25	$6d_b$
D29~D35	$8d_b$
D38 이상	$10d_b$

(2) 갈고리 철근의 정착길이

1) 정착길이

갈고리 철근의 정착길이는 다음과 같다.

$$l_{dh} = l_{hb} \times \text{보정계수} \tag{6.13}$$

여기서, l_{hb}는 기본 정착길이이며, 갈고리 철근의 정착길이는 그림 6.6에 나타낸 바와 같이 위험단면으로부터 갈고리의 외측단까지의 거리이다.

단, l_{dh}는 $8d_b$와 150mm 중 큰 값 이상이어야 한다.

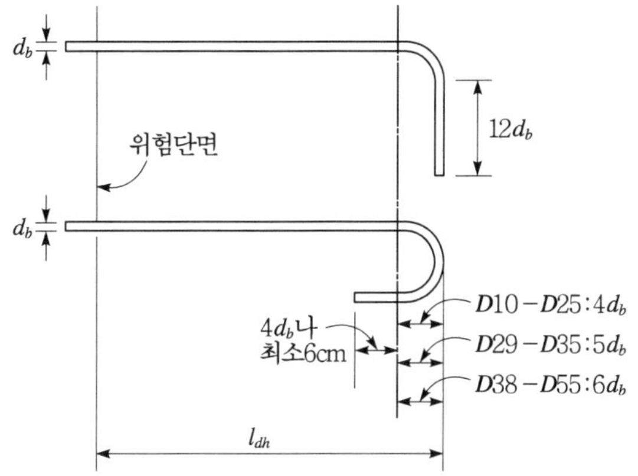

그림 6.6 표준 갈고리 철근의 상세

2) 기본 정착길이

갈고리 철근의 기본 정착길이는 $f_y = 400\text{MPa}$인 철근을 기준으로

$$l_{hb} = \frac{0.24\beta\, d_b f_y}{\lambda\sqrt{f_{ck}}} \tag{6.14}$$

으로 한다. 이 식은 본질적으로 압축철근의 기본 정착길이와 같은 내용이다.

3) 보정계수

① 90°갈고리가 사용된 D35 이하의 철근으로
갈고리 면에 수직한 피복두께가 70mm 이상이고
갈고리에서 뻗은 자유단 철근의 피복두께가 50mm 이상인 경우 ·········· 0.7

② D35 이하의 철근에서 갈고리를 포함한 전체 정착길이 l_{dh} 구간에
$3d_b$ 이하의 간격으로 띠철근 또는 스터럽이 둘러싼 경우 ······················ 0.8

③ f_y에 대한 정착이 특별히 요구되지 않고 철근이 소요 철근량 이상 배근된 경우 ········· $\frac{\text{소요 철근량}}{\text{실제 철근량}}$

④ 부재의 불연속 단부에서 갈고리의 양측면 피복두께와 직선철근의 상, 하부 피복두께가 70mm 미만인 경우, 갈고리 철근은 전 정착길이에 걸쳐 $3d_b$ 이하의 간격으로 배근된 띠철근이나 스터럽으로 보강되어야 한다. 이런 경우에 위의 ②항의 보정계수는 적용하지 않는다.

⑤ 설계기준항복강도가 550MPa을 초과하는 철근을 사용하는 경우에는 위의 ②항의 보정계수를 적용할 수 없다.

6.4.5 정·부모멘트 철근의 정착

(1) 철근의 절단

보의 설계는 일반적으로 최대 휨모멘트를 기준으로 해서 설계하는데, 최대 부모멘트는 지지점 부근에서, 최대 정모멘트는 중앙부분에서 생긴다. 보의 다른 위치에서는 모멘트가 이곳보다 작기 때문에 최대모멘트를 기준으로 계산된 철근의 일부를 절단하는 것이 경제적이다.

그림 6.7과 같은 단순보의 예에서 전체 철근량 $A_s = (A_{s1} + A_{s2})$는 중앙부에서의 최대 계수모멘트 M_u에 의하여 정하여 진나. 계수모멘트의 크기는 B점에서 M_1만큼 감소되어 M_2가 되기 때문에 철근도 그에 따라 A_{s1} 철근을 B의 위치에서 절단하고 M_2에 대한 철근 A_{s2}만 연장하여 배근할 수 있으나, 보 철근의 절단지점에 대하여서는 다음의 두 가지가 고려되어야 한다.

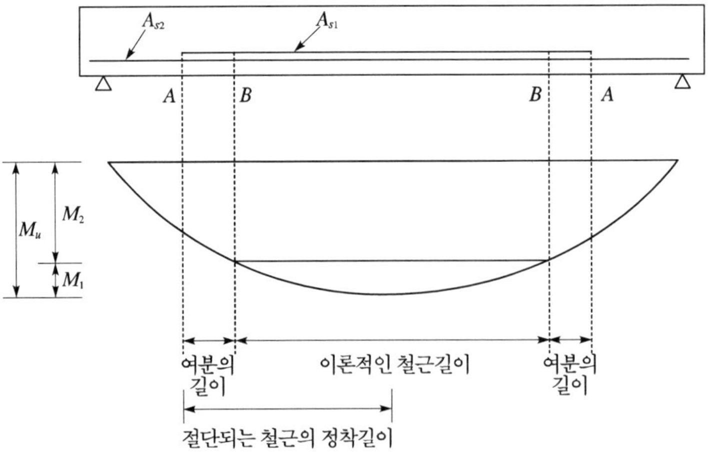

그림 6.7 철근의 절단

① 전단력이 큰 구간에서 철근이 절단되면 응력집중 현상이 생겨 사인장 균열이 발생하므로 이론적인 길이보다 여분의 길이를 더 두어 응력집중을 완화시킬 필요가 있다.

② 절단되는 철근이 최대 휨모멘트의 위치로부터 충분한 정착길이를 가져야 한다.

규준에서는 여분의 길이를 보의 유효깊이 d나 철근지름의 12배 이상으로 하도록 하고 있으며, 정착길이는 인장철근의 정착길이 l_d 이상으로 하고 있다.

(2) 정모멘트 철근의 정착

① 정모멘트 철근 중 단순부재에서는 1/3 이상 연속부재에서는 1/4 이상의 철근을 부재의 동일면을 따라 지지부재 내에 150mm 이상 연장해 넣는다(그림 6.8).

② 휨부재가 주요 횡하중 저항구조물의 일부일 때는 위의 (1)항에 따라 필요한 정모멘트 철근을 지지부면에서 항복강도 f_y인 인장력을 받는 것으로 하여 정착한다.

③ 단순지지부와 변곡점에서 철근의 정착

단순지지부나 변곡점에서 철근이 충분히 정착되어 있지 않은 경우에는 철근의 미끄러짐에 의하여 보가 파괴될 수 있다. 왜냐하면, 철근의 휨부착응력은 전단력에 비례하므로 단순지지점이나 변곡점에서 철근의 인장응력은 적을지라도 철근의 부착응력은 큰 값을 가질 수 있기 때문이다. 국부적인 부착파괴를 방지하기 위하여 규준에서는 다음과 같이 정모멘트 철근의 지름을 제한하고 있다.

① 변곡점에서 : $l_d \leq \dfrac{M_n}{V_u}$ (6.15)

여기서, V_u : 단순지지부 또는 변곡점에서의 계수전단력

M_n : 단순지지부 또는 변곡점 안으로 연장한 정모멘트 철근의 면적에 의한 공칭 모멘트강도

M_n/V_u의 값은 철근의 끝부분이 압축반력으로 눌려서 구속을 받는 경우 30% 증가시킬 수 있다.

(3) 부모멘트 철근의 정착

① 부모멘트 철근은 지지부재의 내부 또는 지지부재를 지나서 정착한다.

② 부모멘트 철근은 단면의 양쪽으로 정착길이, 단부정착 또는 이 두 가지 방법의 혼용에 의하여 정착되어야 한다.

③ 철근은 휨저항이 더 이상 요구되지 않는 점에서 d 또는 $12d_b$ 값 중 큰 값 이상 더 연장

되어야 한다(그림 6.8). 다만, 단순보의 지지부나 컨틸레버보의 자유단은 예외이다.

④ 부모멘트 철근 중 1/3 이상은 부재의 유효깊이 d 이상, 철근지름의 12배, 또는 순경간의 1/16 중 큰 값 이상의 길이가 변곡점을 지나 연장되어야 한다(그림 6.8).

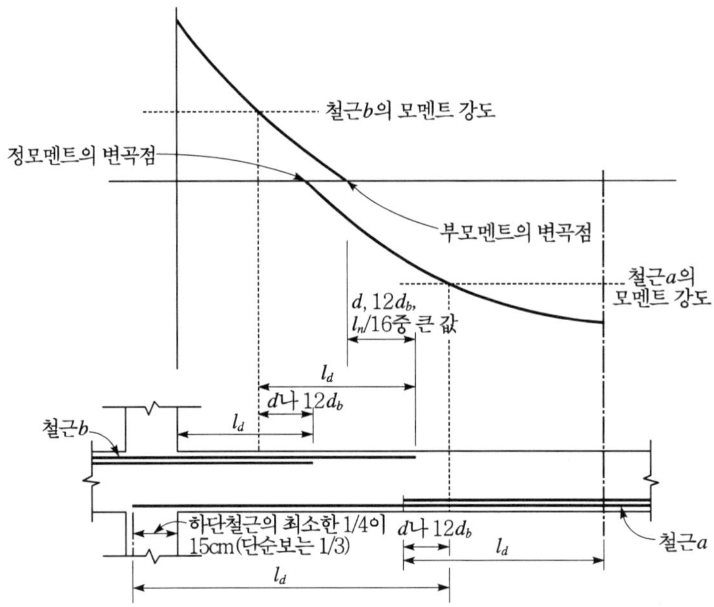

그림 6.8 철근의 절단점

구조설계자는 고정된 모멘트도에 따르는 일은 드물다. 즉, 하중의 변화, 지지부의 고정상태 또는 기타 원인으로 모멘트도가 변화한다. 그러므로 철근의 절단은 이론적인 절단점 또는 변곡점을 지나서 이루어져야 한다. 그러나 보통 규모의 구조물이라도 절단점, 변곡점 등을 계산하는 것은 매우 복잡한 일이어서 설계자나 구조도면 작성자는 규정에 따라 철근을 절단하고 구부리면 된다. 그림 4.9와 4.10은 이러한 규정에 의한 표준 배근도를 나타낸 것이다.

6.4.6 복부철근의 정착

(1) 복부철근은 피복두께나 철근간격 등의 조건이 허용되는 범위에서 부재의 압축면과 인장면에 가까이 두는 것이 좋다.

(2) 한 가닥 스터럽, 단일 U자형 스터럽 또는 복수 U자형 스터럽은 다음 중 한가지 방법에 의해 정착한다.

① D16 이하 철근 또는 지름 16mm 이하 철선으로 종방향 철근을 둘러싸는 표준갈고리로 정착하여야 한다.

② f_y가 300MPa 이상인 D19, D22, D25 스터럽은 종방향 철근을 둘러싸는 표준갈고리외에 추가로 부재의 중간 깊이에서 갈고리 외측 단부까지 $0.17d_bf_y/\sqrt{f_{ck}}$ 이상의 묻힘길이를 확보하여 정착하여야 한다.

(3) 한쌍의 U형 스터럽 또는 띠철근은 겹침 이음길이가 $1.3l_d$인 경우 폐쇄형이라 본다. 깊이가 450mm 이상인 부재에서는 스터럽의 가닥들이 부재의 전 깊이까지 연장되면 폐쇄스터럽의 이음이 적절한 것으로 볼 수 있다. 이 때 한 가닥의 A_bf_y 값은 40kN 이하이어야 한다.

6.5 철근의 이음

철근은 제작과 운반의 제한성 때문에 한정된 길이로 생산된다. 긴 경간의 보나 기둥의 철근 조립에서는 철근의 길이가 부재의 길이보다 짧기 때문에 철근 이음이 반드시 필요하며, 이 이외에도 시공줄눈의 설치, 철근지름의 변동 등의 이유로 철근의 이음이 필요하게 된다.

철근의 이음에는 용접이음, 슬리브에 의한 기계적 이음, 겹침이음 등이 방법이 있으며, 어느 경우에나 힘의 전달이 연속적이고 응력집중 등 부작용이 생기지 않아야 된다. 따라서 철근이음의 위치는 가능한 한 응력이 작은 곳으로 하고 엇갈리게 두는 것이 바람직하다.

겹침이음은 두 철근의 겹침길이를 충분히 하여 원래의 철근의 힘이 콘크리트의 부착응력에 의하여 이어지는 철근으로 전달되도록 하는 것이다(그림 6.9).

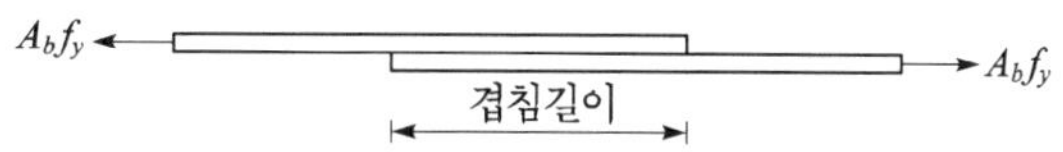

그림 6.9 철근의 겹침이음

겹침이음은 보통 두 철근을 겹치게 하여 결속선으로 긴결한 후 주위에 콘크리트를 타설한다. 그러나 휨부재에서 철근간격을 두고 겹침이음을 하는 경우도 있는데, 이 때 간격은 겹침이음길이의 1/5 이하 또는 150mm 이하로 한다.

6.5.1 인장철근의 겹침이음

(1) 인장을 받는 이형철근 및 철선의 겹침이음 최소길이는 다음 값 이상 또는 30cm 이상으로 한다.

A급 이음 : $1.0l_d$

B급 이음 : $1.3l_d$

여기서, l_d 는 인장철근의 정착길이이며, 인장철근의 겹침이음에 영향을 주는 요인에 따라 등급을 분류한 결과는 표 6.3과 같다.

표 6.3 인장철근 겹침이음의 분류

$\dfrac{\text{사용철근량}}{\text{소요철근량}}$	겹침길이 내에서 전체 철근에 대한 이음철근의 비율	
	50% 이하	50% 초과
2 이상	A급	B급
2 미만	B급	B급

이러한 등급을 두는 이유는 겹침이음의 위치를 가능한 한 최소 응력점에 두고, 한 위치에서 겹침이음의 비율을 낮추도록 유도하기 위한 것이다.

(2) 다발철근의 겹침이음은 묶음내의 각 철근이 요구하는 겹침이음 길이를 기준으로 하여 다음과 같이 겹침이음길이를 증가시키도록 하고 있다.

2개로 된 다발철근 : 10%

3개로 된 다발철근 : 20%

4개로 된 다발철근 : 33%

(3) D35를 초과하는 인장철근은 겹침이음을 하지 않는다.

예제 6.2

슬래브 두께가 150mm이고, 상단 철근이 D13@200으로 배근된 경우의 이음길이를 구하라. (단, 이음은 B급 이음으로 하고 $f_{ck}=24\text{MPa}$, $f_y=400\text{MPa}$, 최소 피복두께는 20mm로 한다.)

풀이

1. 방법 1 : 식 (6.8)과 표 6.1 사용

① 기본 정착길이

$$l_{db}=\frac{0.6d_bf_y}{\lambda\sqrt{f_{ck}}}=\frac{0.6\times13\times400}{1.0\times\sqrt{24}}=637\text{mm}$$

② 철근의 순간격과 피복두께

철근의 순간격 $=200-13=187\text{mm}>2d_b=26\text{mm}$

피복두께 $=20\text{mm}>d_b$

③ 보정계수를 고려한 정착길이

순간격 $>2d_b$, 피복두께 $>d_b$, D19 이하의 철근을 사용하므로 보정계수는 $0.8\,\alpha\beta$를 사용한다.

$\alpha = 1.3, \quad \beta = 1.0$

$l_d = (0.8\,\alpha\beta) \times l_{db}$

$\quad = (0.8 \times 1.3 \times 1.0) \times 637 = 662.5\text{mm} > 300\text{mm}$

④ 이음길이 $= 1.3 \times 662.5 = 861\text{mm}$

2. 방법 2 : 식 (6.9) 사용

① 정착길이 일반식

$$l_d = \frac{0.90 d_b f_y}{\lambda\sqrt{f_{ck}}}\,\frac{\alpha\beta\gamma}{\left(\dfrac{c + K_{tr}}{d_b}\right)}$$

$\alpha = 1.3, \quad \beta = 1.0, \quad \gamma = 0.8, \quad K_{tr} = 0$

② c/d_b의 계산

철근의 중심에서 표면까지의 거리 $= 20 + \dfrac{13}{2} = 26.5\text{mm}$

정착되는 철근의 중심간 거리의 $1/2 = 200/2 = 100\text{mm}$

c는 작은 값이므로 $c/d_b = 2.04$

③ 정착길이

$$l_d = \frac{0.90 \times 13 \times 400}{1.0 \times \sqrt{24}} \times \frac{0.8}{2.04} = 487\text{mm} > 300\text{mm}$$

$\therefore l_d = 487\text{mm}$

④ 이음길이 $= 1.3 \times 487 = 633\text{mm}$

3. 정착길이 검토

사용식	l_d
근사식 (6.8)과 표 6.1 보정계수 사용	$50d_b$
일반식 (6.9) 사용	$38d_b$

① 일반식 (6.9)를 사용하는 것이 경제적이며, $K_{tr} = 0$이므로 계산도 간단하다.

② 일반식 (6.9)로 계산할 때 약 24%의 정착길이가 감소한다.

6.5.2 압축철근의 겹침이음

(1) 압축철근의 최소 겹침 이음길이는 다음의 값 이상 또한 300mm 이상으로 하며, $f_{ck} <$ 21MPa일 때는 이 겹침 이음길이를 1/3 증가시킨다.

$$l_s = \left(\frac{1.4 f_y}{\lambda\sqrt{f_{ck}}} - 52\right) d_b \qquad (6.16)$$

여기서, $f_y \leq 400\text{MPa}$일 때 l_s는 $0.072 f_y d_b$보다 길 필요가 없고

$f_y > 400\text{MPa}$일 때 l_s는 $(0.13 f_y - 24) d_b$보다 길 길요가 없다.

(2) 겹침이음의 두 철근의 크기가 다를 때에는 굵은 철근의 정착길이와 가는 철근의 이음길이 중 큰 것을 겹침이음길이로 한다. 압축력을 받는 D41과 D51 철근은 D35 이하의 철근에 겹침이음할 수 있다.

(3) 단부 지압이음은 다음의 경우에 가능하다.

① 압축철근의 이음위치가 폐쇄형 띠철근, 스터럽 또는 나선철근 등으로 보강되어 있는 경우

② 적절한 장치에 의하여 이어지는 철근 양끝의 중심을 일치하게 접촉시킬 수 있는 경우

③ 철근의 양끝을 철근 중심축의 직각면에서 오차 1.5° 이내로 평탄하게 하고 조립 후 접촉면의 오차를 3° 이내로 한 경우

6.5.3 기둥철근의 겹침이음

(1) 계수하중에 의한 철근의 응력이 전부 압축인 경우에는 철근의 겹침이음을 압축철근의 겹침이음으로 한다. 그리고 다음의 ①과 ②에도 따라야 한다.

① 띠철근 압축부재의 경우 겹침이음 길이 전체에 걸쳐서 띠철근이 $0.0015hs$ 이상의 유효단면적을 갖는다면 겹침이음 길이에 계수 0.83을 곱할 수 있다. 그러나 겹침이음 길이는 최소 300mm 이상이어야 한다. 여기서 유효단면적은 부재의 치수 h에 수직한 띠철근 가닥의 전체 단면적이다.

② 나선철근 압축부재의 경우 나선철근으로 둘러싸인 축방향 철근의 겹침이음 길이에 계수 0.75를 곱할 수 있다. 그러나, 겹침이음 길이는 최소 300mm 이상이어야 한다.

(2) 인장철근의 응력의 크기가 $0.5 f_y$ 이하인 경우에는 인장철근 겹침이음으로 하여, 이음위치에서 겹쳐지는 철근량이 전체 철근량의 1/2을 넘을 때에는 B급 이음, 1/2 이하일 때는 A급 이음으로 한다.

(3) 계수하중에 의한 철근의 응력이 $0.5 f_y$를 초과하는 경우에는 철근의 겹침이음을 인장철근 겹침이음의 B급 이음으로 한다.

(4) 기둥의 이음 위치에서 각 기둥면의 최소 인장강도는 그 기둥면에 있는 철근면적에 $\frac{1}{4} f_y$를 곱한 값과 같도록 한다.

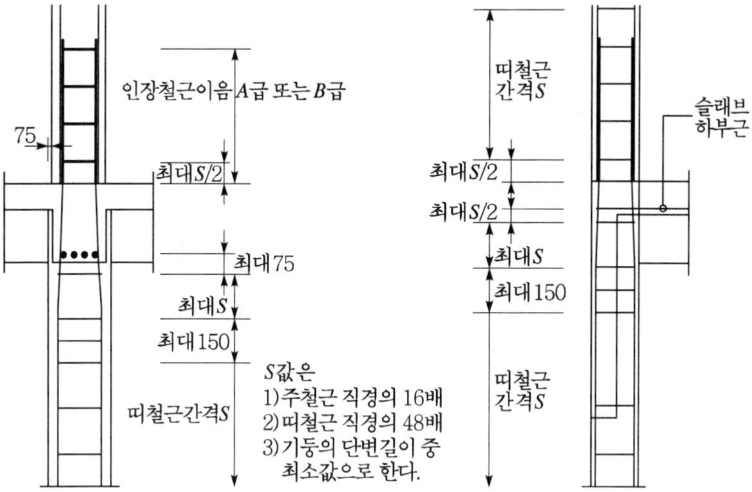

그림 6.10 기둥철근의 겹침이음

연습문제

6.1 $b = 300\text{mm}$, $d = 540\text{mm}$ 보의 기둥 접합부에서 보의 상단 인장측이 3-D22 철근으로 보강되어 있을 때 이 철근의 정착길이를 계산하라. 콘크리트와 철근의 강도는 각각 $f_{ck} = 24\text{MPa}$, $f_y = 400\text{MPa}$로 한다.

6.2 문제 6.1의 보가 400mm×400mm 외곽 기둥에 접합되어 있을 때, 90° 표준갈고리를 사용한 정착길이를 계산하라.

6.3 압축력을 받는 400mm×400mm의 정사각형 기둥이 D10 @200 띠철근으로 보강되어 있을 때 주근 D22의 겹침이음길이를 구하라. 콘크리트와 철근의 강도는 각각 $f_{ck} = 24\text{MPa}$, $f_y = 400\text{MPa}$로 한다.

6.4 순경간 $l_n = 6.4\text{m}$ 의 연속보에 등분포하중 $w_u = 69.2\,\text{kN/m}$ 가 작용하여 모멘트 계수법에 의한 양쪽 지점에서의 부모멘트는 $M_u = 257.7\text{kN}\cdot\text{m}$, 보 중앙의 정모멘트는 $M_u = 177.2\text{kN}\cdot\text{m}$ 로 계산되고 있다. 이 보를, $b = 300\text{mm}$, $h = 600\text{mm}$ 직사각형 단면으로 하면 지점 상부와 보 중앙부 하부를 각각 4-D22 및 4-D19 철근으로 보강하면 된다. 지점 상부와 중앙부 하부에서 각각 2개의 철근을 절단하려면 그 위치는 어디로 하는 것이 적당한가? $f_{ck} = 24\text{MPa}$, $f_y = 400\text{MPa}$로 한다.

6.5 강도설계법에서 D19 압축철근의 기본정착길이를 구하라. 단, D19의 단면적은 2.87cm^2이고, 콘크리트와 철근의 강도는 각각 $f_{ck} = 24\text{MPa}$, $f_y = 400\text{MPa}$으로 한다.

REINFORCED CONCRETE STRUCTURES

제 7 장 사용성

제 7 장

REINFORCED CONCRETE STRUCTURES

사용성

7.1 개요

구조물은 안전하고 사용성이 있어야 한다. 안전하다는 것은 구조물이 작용하는 하중을 지지할 능력이 있다는 것을 뜻하며, 사용성이 있다는 것은 구조물이 하중을 받았을 때 처짐이나 균열 등이 적어서 사용하는 데 장해가 되지 않는다는 것이다. 예를 들면, 보나 슬래브의 과다한 처짐은 칸막이, 천장, 창문틀 등의 손상을 가져오며 방수가 어려워진다. 그리고, 과다한 균열은 과다한 진동 등을 수반하며, 또한 철근의 부식 등을 야기시킨다. 따라서 처짐 및 균열을 적당한 범위 내로 제한하여 설계하는 일이 중요하나

7.2 처짐

철근콘크리트 구조의 사용성에 대한 검토에서 하중은 사용하중으로 하며, 사용하중 상태에서 콘크리트와 철근은 대체로 탄성범위 안에 있기 때문에 하중이 작용한 직후의 처짐은 구조체가 탄성거동하는 것으로 가정하여 탄성이론을 적용하여 구한다.

철근 콘크리트는 순간처짐과 함께 수년간에 걸쳐 콘크리트의 크리프와 수축으로 인한 장기처짐이 일어난다. 이러한 장기처짐은 순간처짐보다 도리어 많은 때도 있으므로 철근콘크리트 보의 처짐은 순간처짐과 장기처짐을 모두 고려해야 한다.

7.2.1 순간처짐

철근콘크리트 보의 순간처짐은 그림 7.1에 나타낸 바와 같은 탄성방정식을 이용하여 계산할 수 있다. 그림 7.1의 탄성방정식에서 분모의 탄성계수 E와 단면2차모멘트 I의 곱을 보의 휨강성이라고 하며, 보의 휨강성은 보의 휨변형에 대한 부재의 저항능력을 말한다.

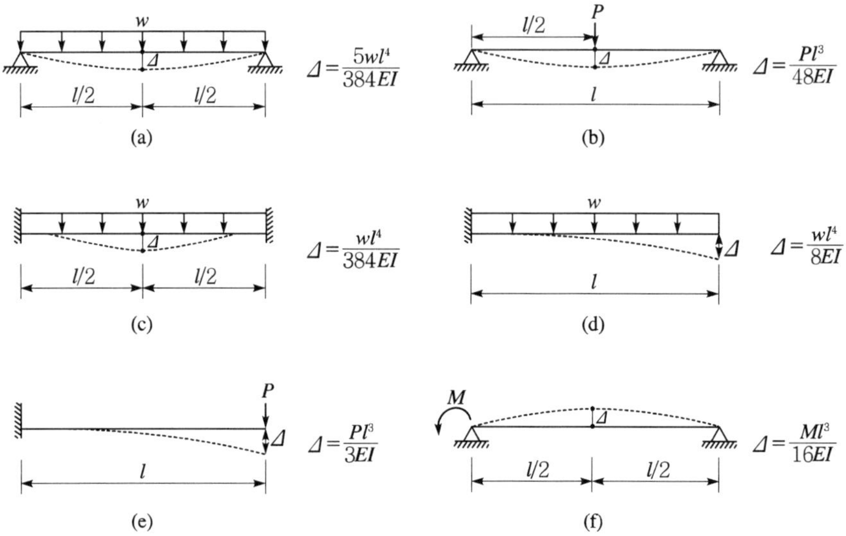

그림 7.1 탄성처짐식

(1) 균열모멘트

보에 작용하는 휨모멘트에 의하여 콘크리트의 최대 인장응력이 콘크리트의 휨 파괴강도를 초과하면 균열이 발생하는 데, 이때의 모멘트를 균열모멘트 M_{cr}이라고 한다. 균열모멘트는 다음과 같이 구할 수 있다.

$$M_{cr} = \frac{f_r I_g}{y_t} \tag{7.1}$$

여기서, f_r : 콘크리트의 파괴계수(= $0.63\,\lambda\sqrt{f_{ck}}$), λ : 경량콘크리트 계수

y_t : 중립축에서 인장측 하단까지의 거리, I_g : 보의 전 단면에 대한 단면2차모멘트

(2) 유효단면2차모멘트

외력에 의한 휨모멘트가 균열모멘트보다 커지면 인장측 콘크리트에 균열이 발생하며, 이때의 처짐은 I_g를 사용하여 계산할 수 없으며 균열단면에 대한 단면2차모멘트 I_{cr}을 사용하

여야 한다. 그러나 철근콘크리트 보의 실제의 처짐은 그림 7.2와 같이 균열 단면2차모멘트 I_{cr} 에 의해 계산된 값보다 작다. 그 이유는 실제의 단면2차모멘트가 휨모멘트도의 형상 및 균열의 상태에 따라 변화하기 때문이다. 그러므로 규준에서는 처짐 계산을 위하여 유효단면2차모멘트 I_e 를 다음과 같이 사용하도록 규정하고 있다.

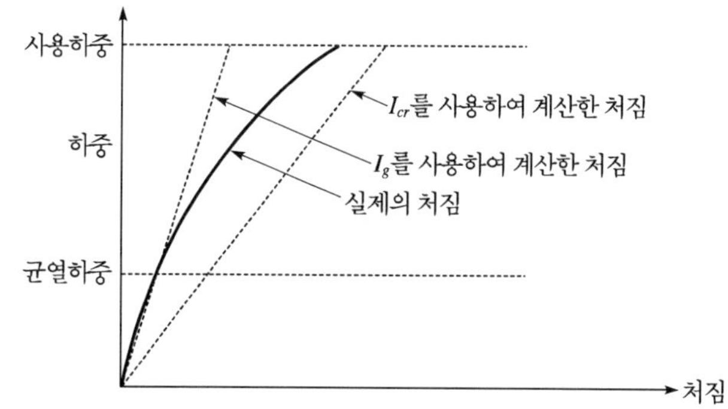

그림 7.2 철근콘크리트 보의 처짐

$$zI_e = \left(\frac{M_{cr}}{M_a}\right)^3 I_g + \left[1 - \left(\frac{M_{cr}}{M_a}\right)^3\right] I_{cr} \leq I_g \tag{7.2}$$

여기서, M_{cr} : 균열 모멘트

M_a : 처짐이 계산되는 단계에서 사용하중에 의한 최대 휨모멘트

I_{cr} : 균열 단면의 단면2차모멘트

I_g : 철근을 무시한 전 단면에 대한 단면2차모멘트

처짐이나 균열 등 사용성에 대한 검토는 강도설계법으로 하지 않으므로 균열단면의 중심축 계산은 허용응력도법을 사용한다.

정모멘트와 부모멘트가 생기는 연속보에서는 단부 및 중앙부의 단면형태와 모멘트 분포에 따라 I_e 값이 달라질 수 있으므로 I_e 의 평균값을 다음과 같이 약산식으로 계산하여 처짐을 구한다.

1) 1단이 연속일 경우

$$I_{e,avg} = 0.85\,I_m + 0.15\,(I_{cont.end}) \tag{7.3a}$$

2) 양단이 연속일 경우

$$I_{e,avg} = 0.70\,I_m + 0.15\,(I_{e1} + I_{e2}) \tag{7.3b}$$

위의 식에서 I_m 은 보 중앙부에서 I_e 값이고 I_{e1}, I_{e2} 은 보 양단에서 I_e 값이며, $I_{cont.end}$ 은 보의 연속되는 단부에서의 I_e 값이다.

7.2.2 장기처짐

철근콘크리트 보는 순간처짐 외에 시간의 경과와 더불어 진행되는 장기처짐이 추가된다. 장기처짐은 주로 콘크리트의 크리프와 건조수축에 의해 일어난다. 콘크리트의 크리프는 자중 및 기타의 지속하중에 의해 진행되는 변형의 시간적 변화이다. 그러므로 장기처짐은 결국 지속하중에 의해 일어나는 것이다. 장기처짐에 영향을 주는 요인들은 온도와 습도, 양생조건, 재하시의 재령과 함수량, 압축철근의 단면적, 지속하중의 크기 및 기타의 요인들이다.

규준에서는 실험에 근거한 다음의 계수를 지속하중에 의한 순간처짐(Δ_i)에 곱하여 장기처짐(Δ_a)을 구하도록 규정하고 있다.

$$\Delta_a = \lambda_\Delta \Delta_i \tag{7.4}$$

$$\lambda_\Delta = \frac{\xi}{1+50\rho'} \tag{7.5}$$

여기서, ρ' : 단순보 및 연속보에서는 보 중앙부, 켄틸레버에서는 지지점에서의 압축철근비(= A_s'/bd)

ξ : 지속하중의 재하기간에 따른 계수(표 7.1)

표 7.1 ξ의 값

기간(월수)	1	3	6	12	18	24	36	48	60 이상
ξ	0.5	1.0	1.2	1.4	1.6	1.7	1.8	1.9	2.0

위의 식에서 $1/(1+50\rho')$는 장기처짐을 감소시키는 압축철근 A_s'의 영향을 반영한 단면특성이고, ξ는 크리프와 건조수축에 의한 재료 특성을 나타내고 있다.

장기처짐에서 고정하중은 장기하중이지만 활하중에 대해서는 구조물의 종류나 재하되는 활하중의 형태에 따라 그 일부만을 장기하중으로 취하여야 한다.

7.2.3 처짐 제한

(1) 1방향 구조물

규준에서는 보통 콘크리트의 1방향 구조물에 대하여 처짐 계산을 하지 않아도 될 최소 두께 값을 표 7.2에서와 같이 규정함으로서 처짐에 대한 문제점이 생기지 않도록 하고 있다. 따라서, 설계자는 계획설계 시에 표 7.2의 값에 준하여 단면가정을 한다. 부재 두께가 표 7.2

에서 요구된 것보다 작다면, 설계자는 순간처짐과 장기처짐의 상세한 계산을 통해 보의 처짐에 대한 사용성을 확인하여야 한다. 이러한 경우에 처짐은 표 7.3에 제시된 최대 허용처짐 값보다 작아야 한다.

표 7.2 처짐을 계산하지 않는 경우의 보 및 1방향 슬래브의 최소 두께

부재**	최소두께*			
	단순지지	일단연속	양단연속	켄틸레버
• 보 • 리브가 있는 일방향 슬래브	L/16	L/18.5	L/21	L/8
일방향 슬래브	L/20	L/24	L/28	L/10

* 일반 콘크리트(m_c = 2300kgf/m³)와 f_y = 400MPa 을 기준으로 한 것이므로 다른 조건에 대해서는 다음과 같이 수정한다.

① 경량콘크리트에 대해서는 표의 값에 $1.65 - 0.00031 m_c \geq 1.09$ 를 곱한다.

여기서, m_c 는 콘크리트의 단위중량(kgf/m³)이다.

② 철근의 항복강도가 400MPa 이외의 철근에 대하여는 표의 값에 $(0.43 + f_y/700)$ 을 곱한다.

** 큰 처짐에 의해 손상되기 쉬운 간막이 벽이나 기타 구조물을 지지 또는 부착되지 않은 부재들

표 7.3 최대 허용처짐

부재의 형태	고려해야 할 처짐	처짐한계
과도한 처짐에 의해 손상되기 쉬운 비구조 요소를 지지 또는 부착하지 않은 평지붕 구조	활하중 L에 의한 즉시 처짐	$\frac{\ell}{180}$ *
과도한 처짐에 의해 손상되기 쉬운 비구조 요소를 지지 또는 부착하지 않은 바닥구조	활하중 L에 의한 즉시 처짐	$\frac{\ell}{360}$
과도한 처짐에 의해 손상되기 쉬운 비구조 요소를 지지 또는 부착한 지붕 또는 바닥구조	전체 처짐 중에 비구조 요소가 부착된 후에 발생하는 처짐부분 (모든 지속하중에 의한 장기처짐과 추가적인 활하중에 의한 순간처짐의 합)	$\frac{\ell}{480}$ **
과도한 처짐에 의해 손상될 염려가 없는 비구조 요소를 지지 또는 부착한 지붕 또는 바닥구조		$\frac{\ell}{240}$ ***

* 이 제한은 물고임에 대한 안전성을 고려하지 않았다. 물고임에 대한 적절한 처짐 계산을 검토하되 고인물에 대한 추가처짐을 포함하여 모든 지속하중의 장기적 영향, 솟음, 시공오차 및 배수설비의 신뢰성을 고려한다.

** 지지 또는 부착된 비구조 요소의 피해를 방지할 수 있는 적절한 조치가 취해지는 경우에는 이 제한을 초과할 수 있다.

*** 다만, 비구조 요소에 의한 허용오차보다 더 커서는 안된다. 전체 처짐에서 솟음을 뺀 값이 제한 값을 초과하지 않도록 솟음을 하였을 경우에는 이 제한을 초과할 수 있다.

(2) 2방향 구조물

규준에서 정해진 최소두께 이상의 두께를 가진 2방향 구조물에 대하여서는 따로 처짐에 대하여 검토하지 않아도 좋다. 규준에서 정해진 2방향 구조물의 최소 두께는 식 (7.6)과 식 (7.7)을 따른다. 슬래브 주변에 보가 없거나 보의 강성비 α_m이 0.2 이하인 경우 슬래브의 최소두께는 표 7.4를 만족하여야 한다.

표 7.4 슬래브 시스템에서 테두리보를 제외하고 내부에 보가 없는 슬래브의 최소두께

설계기준 항복강도 (MPa)	지판이 없는 경우			지판이 있는 경우		
	외부슬래브		내부슬래브	외부슬래브		내부슬래브
	테두리보가 없는 경우	테두리보가 있는 경우		테두리보가 없는 경우	테두리보가 있는 경우	
300	$l_n/32$	$l_n/35$	$l_n/35$	$l_n/35$	$l_n/39$	$l_n/39$
350	$l_n/31$	$l_n/34$	$l_n/34$	$l_n/34$	$l_n/37.5$	$l_n/37.5$
400	$l_n/30$	$l_n/33$	$l_n/33$	$l_n/33$	$l_n/36$	$l_n/36$

보의 강성비가 $0.2 < \alpha_m < 2.0$인 경우 다음 식의 값 이상으로 하며, 이 값은 120mm 이상이어야 한다.

$$h = \frac{l_n(800 + f_y/1.4)}{36,000 + 5,000\beta(\alpha_m - 0.2)} \tag{7.6}$$

보의 강성비가 $\alpha_m \geqq 2.0$ 인 경우 다음 식의 값 이상으로 하며, 이 값은 90mm 이상이어야 한다.

$$h = \frac{l_n(800 + f_y/1.4)}{36,000 + 9,000\beta} \tag{7.7}$$

여기서, l_n : 2방향 슬래브의 긴 변의 순 경간

α_m : 슬래브 4변의 α 의 평균값($\alpha = E_{cb}I_b / E_{cs}I_s$)

β : 장변 순 경간/단변 순 경간

위의 식들에 의하여 계산되는 최소두께는 다음 값 이상으로 한다.

① 보 또는 지판이 없는 슬래브 : 120mm

② 보 없이 지판을 가진 슬래브 : 100mm

보가 없는 슬래브가 지점 중심선에서 양쪽 방향으로 지판을 가질 때, 그 길이가 지점 중심선간 경간 길이의 1/6 이상이고, 슬래브 밑의 지판 두께가 슬래브 두께의 1/4 이상이면 위의 식들에 의한 소요두께를 10%까지 감소시킬 수 있다. 불연속단이 있는 슬래브는 α의 값이 0.8 이상인 가장자리 보를 설치하거나, 위의 식들 또는 위의 항에서 정한 최소 소요두께를 적어도 10% 이상 증대시킨다.

예제 7.1

다음과 같은 단순보의 재령 3개월에서의 순간처짐과 재령 5년에서의 장기처짐을 계산하시오.

$W_D = 2.35\,\text{N/m}$ (자중 포함하지 않음)

$W_L = 4.9\,\text{N/m}$ (50%가 지속하중으로 작용)

$l = 8{,}000\text{m}$	$f_{ck} = 27\,\text{MPa}$	$f_y = 400\,\text{MPa}$
$b = 300\text{mm}$	$h = 600\text{mm}$	$d = 540\text{mm}$
$d' = 50\text{mm}$	$A_s = 1{,}521\text{mm}^2(3-\text{D}25)$	$A_s' = 774\text{mm}^2(2-\text{D}22)$
$\rho = 0.0094$	$\rho' = 0.0048$	$E_s = 200{,}000\text{MPa}$

풀이

1. 보의 최소 두께 검토 :

$$h_{\min} - \frac{l}{16} = \frac{8{,}000}{16} = 500\,\text{mm} < 600\text{mm} = h$$

최소 두께에 대한 기준의 제한을 만족하고 있음

2. 모멘트 계산

$$W_D = 2.35 + 300 \times 600 \times 2{,}400 \times 10^{-9} = 6.59\,\text{N/m}$$

$$M_D = \frac{W_D l^2}{8} = \frac{6.59 \times 8{,}000^2 \times 10^{-3}}{8} = 5.27 \times 10^4\text{kN}\cdot\text{mm}$$

$$M_L = \frac{W_L l^2}{8} = \frac{4.9 \times 8{,}000^2 \times 10^{-3}}{8} = 3.92 \times 10^4\text{kN}\cdot\text{mm}$$

$$M_{D+L} = (5.27 + 3.92) \times 10^4 = 9.19 \times 10^4\text{kN}\cdot\text{mm}$$

$$M_{sus} = M_D + 0.5M_L = 5.27 \times 10^4 + 0.5(3.92 \times 10^4) = 7.23 \times 10^4\text{kN}\cdot\text{mm}$$

3. 재료의 성질 :

① 콘크리트의 파괴계수

$$f_r = 0.63\lambda\sqrt{f_{ck}} = 0.63 \times 1.0 \times \sqrt{27} = 3.27\,\text{MPa}$$

② 콘크리트의 탄성계수

$$E_c = 8{,}500\sqrt[3]{f_{cu}} = 8{,}500\sqrt[3]{27+4} = 2.64\times 10^4\,\text{MPa}$$

③ 탄성계수비

$$n = \frac{E_s}{E_c} = \frac{2.0\times 10^5}{2.64\times 10^4} = 7.6$$

4. 단면2차모멘트

① 전단면에 대한 단면2차모멘트

$$I_g = \frac{bh^3}{12} = \frac{300\times 600^3}{12} = 5.4\times 10^9\,\text{mm}^4$$

② 압축측 연단으로부터 중립축까지 거리

$$\frac{b(kd)^2}{2} + (n-1)A_s'(kd-d') - nA_s(d-kd) = 0$$

$$150(kd)^2 + 16{,}668kd - 6{,}497{,}604 = 0$$

$$kd = \frac{-16{,}668\pm\sqrt{16{,}668^2 + 4\times 150\times 6{,}497{,}604}}{2\times 150} = 159.9\,\text{mm}$$

③ 균열 단면2차모멘트

$$I_{cr} = \frac{b(kd)^3}{3} + nA_s(d-kd)^2 + (n-1)A_s'(kd-d')^2$$

$$= \frac{300(159.9)^3}{3} + 7.6\times 1{,}521\times(540-159.9)^2 + 7.6\times 774\times(159.9-50)^2$$

$$= 2.150\times 10^9\,\text{mm}^4$$

5. 유효 단면2차모멘트

① 균열 모멘트

$$M_{cr} = \frac{f_r I_g}{y_t} = \frac{3.27\times(5.4\times 10^9)\times 10^{-3}}{300} = 5.89\times 10^4\,\text{kN}\cdot\text{mm}$$

② 고정하중이 작용할 경우

$$\frac{M_{cr}}{M_D} = \frac{5.89\times 10^4}{5.27\times 10^4} = 1.12 > 1.0$$

따라서, $(I_e)_D = I_g = 5.4\times 10^9\,\text{mm}^4$

③ 지속하중이 작용할 경우

$$\frac{M_{cr}}{M_{sus}} = \frac{5.89\times 10^4}{7.23\times 10^4} = 0.815 < 1.0$$

$$(I_e)_{sus} = \left(\frac{M_{cr}}{M_{sus}}\right)^3 I_g + \left[1-\left(\frac{M_{cr}}{M_{sus}}\right)^3\right] I_{cr}$$

$$= 0.54\times 5.4\times 10^9 + (1-0.54)\times 2.150\times 10^9$$

$$= 3.905\times 10^9\,\text{mm}^4$$

④ 전체 하중이 작용할 경우

$$\frac{M_{cr}}{M_{D+L}} = \frac{5.89\times10^4}{9.19\times10^4} = 0.64 < 1.0$$

$$(I_e)_{D+L} = \left(\frac{M_{cr}}{M_{D+L}}\right)^3 I_g + \left[1-\left(\frac{M_{cr}}{M_{D+L}}\right)^3\right] I_{cr}$$

$$= 3.00\times10^9\,\mathrm{mm}^4$$

6. 탄성처짐(즉시 처짐)

$$(\Delta_i)_D = \frac{5W_D l^4}{384E_cI_g} = \frac{5\times6.59\times(8{,}000)^4}{384\times(2.64\times10^4)\times(5.4\times10^9)} = 2.466\,\mathrm{mm}$$

$$(\Delta_i)_{sus} = \frac{5(W_D+0.5W_L)l^4}{384E_c(I_e)_{sus}} = 4.677\,\mathrm{mm}$$

$$(\Delta_i)_{D+L} = \frac{5(W_D+W_L)l^4}{384E_c(I_e)_{D+L}} = 7.737\,\mathrm{mm}$$

$$(\Delta_i)_L = (\Delta_i)_{D+L} - (\Delta_i)_D = 7.737 - 2.466 = 5.271\,\mathrm{mm}$$

7. 규준과의 비교

① 처짐에 의해 손상될 염려가 있는 비구조 요소를 지지하지 않는 평지붕에 대해서

$$(\Delta_i)_L < \frac{l}{180} = \frac{8{,}000}{180} = 44.44\,\mathrm{mm} \qquad \therefore \text{ 만족}$$

② 처짐에 의해 손상될 염려가 있는 비구조 요소를 지지하지 않는 바닥구조에 대해서

$$(\Delta_i)_L < \frac{l}{360} = \frac{8{,}000}{360} = 22.22\,\mathrm{mm} \qquad \therefore \text{ 만족}$$

8. 재령 5년에서의 장기처짐

$$\Delta_a = \lambda_\Delta(\Delta_i)_{sus}$$

$$\lambda_\Delta = \frac{\xi}{1+50\rho'} = \frac{2.0}{1+50\times0.0048} = 1.61$$

$$\Delta_a = 1.61\times4.677 = 7.53\,\mathrm{mm}$$

9. 처짐 제한 규준과 비교

처짐에 의해 손상될 염려가 있는 비구조 요소를 지지하는 바낙구소에 내해서

$$(\Delta_i)_L + \Delta_a < \frac{l}{480} = \frac{8{,}000}{480} = 16.7\,\mathrm{mm} \qquad \therefore \text{ 만족}$$

7.3 균열

콘크리트는 인장력 저항성능이 낮기 때문에 휨, 전단, 비틀림 등에 의하여 인장응력이 생기면 균열이 발생하며, 이 밖에도 부착응력, 건조수축, 부동침하, 수화열, 철근의 부식 등에 의하여 균열이 생긴다.

콘크리트에 균열이 생기면 미관상 좋지 않을 뿐만 아니라, 물이 새고 공기가 침투하여 철근의 부식, 표면오염 등으로 부재의 내력이 저하되고 구조물의 내구성이 감소하는 유해한 영향을 미치기 때문에 균열 폭에 대한 규정을 점차 강화하고 있는 추세이다.

7.3.1 균열폭의 계산

(1) 규준 식

콘크리트 구조설계기준에 의한 설계 균열폭의 계산은 다음의 식에 따라 계산한다.

$$w_d = \kappa_{st} w_m = \kappa_{st}\, l_s (\varepsilon_{sm} - \varepsilon_{cm}) \tag{7.8}$$

여기서, w_d는 설계 균열폭이고, w_m은 평균 균열폭이며, l_s는 평균 균열간격으로 식 (7.9) 또는 식 (7.10)에 따라 계산한다. ε_{sm}는 균열간격 내의 평균 철근변형률이며, ε_{sm}는 균열간격 내의 평균 콘크리트변형률이다.

평균 균열간격 l_s는 부착된 철근의 중심 간격이 $5(c_c + d_b/2)$ 이하인 경우는 식 (7.9)로 계산하고, 부착된 철근의 중심 간격이 $5(c_c + d_b/2)$를 초과하는 경우는 식 (7.10)으로 계산한다.

$$l_s = 2\,c_c + \frac{0.25\,k_1\,k_2\,d_b}{\rho_c} \tag{7.9}$$

$$l_s = 0.75(h - x) \tag{7.10}$$

여기서, c_c는 최외단 인장철근이나 긴장재의 표면과 콘크리트 표면 사이의 최소 피복 두께이고, k_1은 부착강도에 따른 계수로 이형철근은 0.8, 원형철근이나 긴장재는 1.6을 사용한다. k_2는 부재의 하중작용에 따른 계수로 휨모멘트를 받는 부재는 0.5, 직접인장력을 받는 부재는 1.0을 사용한다. 편심을 가진 직접인장력을 받는 부재나 부재의 국부적인 부분의 균열을 검증할 때에는 $k_2 = (\varepsilon_1 + \varepsilon_2)/(2\,\varepsilon_1)$로 한다. 여기서 ε_1과 ε_2는 단면 표면의 인장변형률로서 둘 중의 큰 값을 ε_1으로 한다. d_b는 철근의 지름이나 다발철근의 등가지름으로, 크기가 각기 다른 철근이 조합된 경우에는 $d_{beq} = (m_1 d_{b1}^2 + m_2 d_{b2}^2)/(m_1 d_{b1} + m_2 d_{b2})$로 계산되는 평균 철근지름 d_{beq}를 사용한다. 여기서 m_1은 철근의 지름이 d_{b1}인 철근의 개수이고, m_2는 철근의 지름이 d_{b2}인 철근의 개수이다. ρ_e는 콘크리트의 유효인장면적을 기준으로 한 철근비로 식 (7.11)에 의해 계산한다. 콘크리트의 유효인장면적 A_{cte}는 식 (7.12)에 의해 계산한다. 여기서, d_{cte}는 콘크리트 유효인장깊이로서 휨모멘트를 받는 부재는 $2.5(h-d)$와 $(h-x)/3$ 중 작은 값으로 하고, 직접인장력을 받는 부재는 $2.5(h-d)$와 $h/2$ 중 작은 값으로 한다.

$$\rho_e = \frac{A_s}{A_{cte}} \tag{7.11}$$

$$A_{cte} = b\, d_{cte} \tag{7.12}$$

평균 변형률은 식 (7.13)에 의해 계산한다.

$$\varepsilon_{sm} - \varepsilon_{cm} = \frac{f_{so}}{E_s} - 0.4\frac{f_{cte}}{E_s \rho_e}(1 + n\rho_e) \geq 0.6\frac{f_{so}}{E_s} \tag{7.13}$$

여기서, f_{so}는 균열단면의 철근응력이다. n은 콘크리트의 탄성계수에 대한 철근의 탄성계수비이다. f_{cte}은 콘크리트의 유효인장강도로 일반적인 경우에는 평균인장강도 f_{ctm}을 적용하고, 재령 28일 이전의 균열을 검토할 때는 그 재령에서의 인장강도를 적용한다. 콘크리트의 평균인장강도는 식 (7.14)에 의해 계산하며, f_{cm}은 2.4.3(3)에 따라 결정한다.

$$f_{ctm} - 0.30(f_{cm})^{\frac{2}{3}} \tag{7.14}$$

균열폭 평가계수 κ_{st}의 값은 구조물의 특성을 고려하여 발주자 또는 건축주가 결정할 수 있다. κ_{st}의 값은 평균 균열폭을 계산할 때에는 1.0을 적용하며, 최대 균열폭을 계산할 때에는 1.7을 적용한다.

(2) 거글리-루쯔 식

균열폭의 계산은 다음의 거글리-루쯔(Gergely-Lutz)식을 사용하여 계산할 수 있다.

$$w_{\max} = 1.08\beta_c f_s \sqrt[3]{d_c A} \times 10^{-5}(\text{mm}) \tag{7.15}$$

여기서, $w_{\max}$: 최대 균열폭(단위 : mm)

β_c : 깊이계수(= $(h-c)/(d-c)$ 보 : 1.2, 슬래브 : 1.35 사용 가능함)

f_s : 사용하중상태에서 철근의 최대응력(Mpa)(모멘트와 jd 값이 명확하지 않은 경우에는 계산의 편의상 $0.6f_y$를 사용)

d_c : 보의 인장측 표면으로부터 가장 가까운 철근 중심까지의 거리

A : 인장철근 주위의 콘크리트 단면적을 철근 갯수(n)로 나눈 값

단배근 : $A = 2d_c(b)/n$

이단배근 : $A = [2(b)(A_{s1}d_{c1} + A_{s2}d_{c2})/A_s]/n$

7.3.2 허용균열폭

구조요소에서 허용되는 최대균열폭은 그 요소의 특정기능과 그 구조물이 처하게 되는 환경조건에 좌우된다. 그리고 내구성에 관한 균열폭을 검토할 경우 구조물이 설치된 제반 환경조건을 고려하여야 하며 이는 표 7.5와 같이 건조, 습윤, 부식성 및 고부식성으로 구분된다. 규준에서는 표 7.6의 허용균열폭 이내에 들어오도록 요구하고 있다.

표 7.5 강재의 부식에 대한 환경조건의 구분

건조환경	일반 옥내 부재, 부식의 우려가 없을 정도로 보호한 경우의 보통 주거 및 사무실 건물 내부
습윤환경	일반 옥외의 경우, 흙 속의 경우
부식성환경	• 습윤환경과 비교하여 건습의 반복작용이 많은 경우, 특히 유해한 물질을 함유한 지하수위 이하의 흙 속에 있어서 강재의 부식에 해로운 영향을 주는 경우, 동결작용이 있는 경우, 동상방지제를 사용하는 경우 • 해양콘크리트 구조물 중 해수중에 있거나 극심하지 않은 해양환경에 있는 경우(가스, 액체, 고체)
고부식성환경	• 강재의 부식에 현저하게 영향을 주는 경우 • 해양콘크리트 구조물 중 간만조위의 영향을 받거나 비말대에 있는 경우, 극심한 해풍의 영향을 받는 경우

표 7.6 철근콘크리트 구조물의 허용균열폭(w_a)

강재의 종류	강재의 부식에 대한 환경조건			
	건조환경	습윤환경	부식성환경	고부식성환경
철근	0.4mm와 $0.006c_c$중 큰 값	0.3mm와 $0.005c_c$중 큰 값	0.3mm와 $0.004c_c$중 큰 값	0.3mm와 $0.0035c_c$중 큰 값
프리스트레싱 긴장재	0.2mm와 $0.005c_c$중 큰 값	0.2mm와 $0.004c_c$중 큰 값	–	–

여기서, c_c는 최외단 철근의 표면과 콘크리트 표면사이의 콘크리트 최소 피복두께(mm)

예제 7.2

예제 7.1에서 보의 최대 균열폭을 계산하시오.
(단, 강재의 부식에 대한 환경조건은 건조환경에 놓인 건물이다)

풀이

본 교재에서는 편의상 거글리-루쯔 식을 사용하여 균열 폭을 계산한다.

1. 실제 철근의 응력을 사용하는 방법

① 사용하중에 의한 보의 최대 모멘트

$$M_a = \frac{Wl^2}{8} = \frac{11.49 \times 8{,}000^2}{8} = 9.19 \times 10^4 \text{kN} \cdot \text{mm}$$

② 철근의 응력

$$f_s = \frac{M_a}{I_{cr}}(d-c)n = \frac{9.19 \times 10^7}{2.150 \times 10^9}(540 - 159.9) \times 7.6 = 123.5\,\text{MPa}$$

③ 깊이계수

$$\beta_c = \frac{h-c}{d-c} = \frac{600 - 157.5}{540 - 157.5} = 1.16$$

④ 인장철근 주위의 콘크리트 단면적을 철근갯수(n)로 나눈 값

$$A = \frac{2d_c(b)}{n} = \frac{2 \times 60(300)}{3} = 12{,}000\text{mm}^2$$

⑤ 최대균열폭

$$w_{\max} = 1.08\beta_c f_s \sqrt[3]{d_c A} \times 10^{-5} = 1.08 \times 1.16 \times 123.5 \times \sqrt[3]{60 \times 12{,}000} \times 10^{-5} = 0.14\text{mm} < w_a = 0.4\text{mm} \quad \therefore \text{만족함}$$

2. $f_s = 0.6f_y$를 사용하는 방법

최대균열폭

$$w_{\max} = 1.08 \times 1.16 \times (0.6 \times 400) \times \sqrt[3]{60 \times 12{,}000} \times 10^{-5}$$

$$= 0.27\,\mathrm{mm} < w_a = 0.4\,\mathrm{mm} \qquad \therefore \text{ 만족함}$$

연습문제

7.1 $b = 400\,\mathrm{mm}$, $h = 600\,\mathrm{mm}$인 직사각형 보의 유효깊이 $d = 540\,\mathrm{mm}$ 위치에 4-D25($A_s = 2{,}569.6\,\mathrm{mm}^2$) 인장철근이 배근되어 있고 $M_a = (2/3)\,\phi M_n$일 때, I_g, I_{cr} 및 I_e를 계산하라. $f_{ck} = 24\,\mathrm{MPa}$, $f_y = 400\,\mathrm{MPa}$이다.

7.2 $b = 300\,\mathrm{mm}$, $h = 600\mathrm{mm}$ $d = 540\,\mathrm{mm}$, $d' = 60\,\mathrm{mm}$인 단면에 경간 6m의 단순보가 $w_D = 15\,\mathrm{kN/m}$, $w_L = 12\,\mathrm{kN/m}$의 하중을 받을 때 이 보의 순간처짐을 구하여라. 보강철근은 $A_s = 1{,}548.4\,\mathrm{mm}^2$(4-D22), $A_s' = 774.2\,\mathrm{mm}^2$(2-D22)이나 중립축 계산에서는 압축철근의 효과를 무시하며, $f_{ck} = 24\mathrm{MPa}$, $f_y = 400\mathrm{MPa}$이다.

7.3 문제 7.2에서 활하중의 50%가 장기 지속하중일 때 크리프 및 건조수축에 의한 추가 장기처짐 Δ_{sus}를 구하라.

7.4 문제 7.2의 직사각형 보가 실내 보로 설계되었을 때 인장철근 배근이 균열 제한 규정에 적합한지 검토하라.

7.5 강도설계법에서 처짐을 계산하지 않는 경우 경간 8.0m인 단순지지된 보의 최소 춤을 구하라. 단, 일반 콘크리트와 $f_y = 400\mathrm{MPa}$인 철근을 사용하는 것으로 한다.

제 8 장 기둥설계

제 8 장

REINFORCED CONCRETE STRUCTURES

기둥설계

8.1 개요

기둥은 지붕이나 바닥 슬래브로부터 전달되는 축하중을 하부의 기둥이나 기초로 전달하는 수직 부재로 축압축을 주로 지지하나 풍하중 등 수평하중이나 보의 단부모멘트 등에 의하여 휨모멘트도 어느 정도 받는 것이 일반적인 경우이다. 기둥설계는 기둥의 설계강도가 계수하중에 의한 축압축과 휨모멘트의 크기 이상 되어야 하며, 기둥의 세장비가 커지면 좌굴에 의하여 압축하중 지지능력이 저하되므로 이러한 세장효과도 설계에 고려되어야 한다.

기둥은 압축을 받는 수직부재이기 때문에 기둥의 파괴는 인접 바닥의 연쇄파괴를 일으켜 극단적으로 전 구조물의 붕괴를 일으킬 수 있으므로 인명의 손실뿐만 아니라 경제적으로도 대단히 심각한 일이다. 따라서 기둥설계는 보 및 기타 수평 부재의 경우보다 높은 안전율로 설계한다.

8.2 기둥의 종류

8.2.1 보강근의 형태와 종류에 의한 분류

(1) 띠기둥

축방향 철근과 횡방향 띠철근으로 보강된 직사각형 또는 정사각형기둥(그림 8.1(a))

(2) 나선기둥

축방향 철근과 나선철근 또는 횡방향 띠철근으로 보강된 원형기둥(그림 8.1(b))

(3) 합성기둥

구조용 강재가 콘크리트에 매입된 기둥(그림 8.1(c))

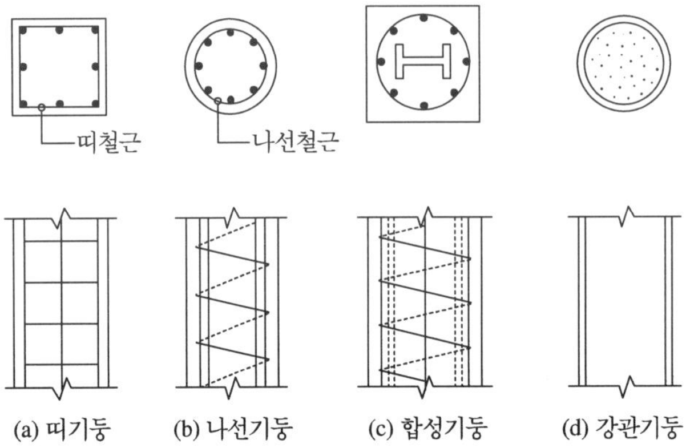

그림 8.1 보강근의 형태와 종류에 의한 기둥

8.2.2 단면상의 하중의 위치에 따른 분류

(1) 중심축 하중을 받는 기둥

단면의 중심에 하중이 작용하는 기둥으로 모멘트는 받지 않고 축력만 받는다.

(2) 편심 하중을 받는 기둥

단면의 중심에서 벗어난 위치에 하중이 작용하는 기둥으로 축력과 모멘트를 받는다.

8.2.3 단면치수에 대한 기둥의 길이에 의한 분류

(1) 단주

인장측 철근의 초기 항복이나 압축측 콘크리트의 초기 압축파괴에 의한 재료의 파괴로서 파괴가 일어나는 경우

(2) 장주

기둥의 길이가 증가함에 따라 좌굴에 의해 파괴가 일어나는 경우

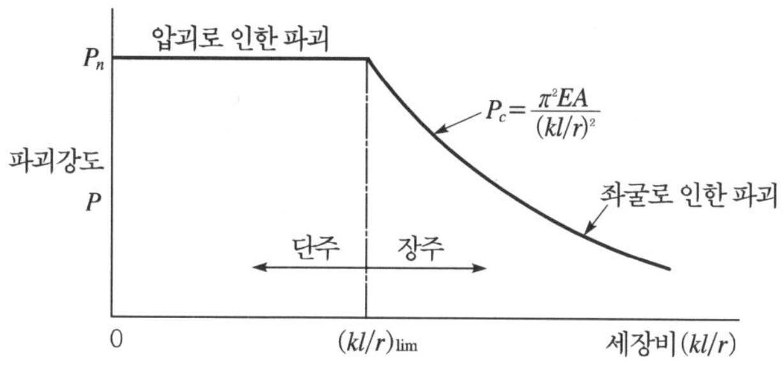

그림 8.2 축하중을 받는 기둥의 강도에 영향을 미치는 세장비

단주와 장주의 구분은 단면2차반경 r에 대한 유효길이 kl의 비 즉, 세장비를 사용하여 정의한다(그림 8.2). 예를 들면, 비횡구속 기둥에서 $kl/r \leqq 22$이면 단주이고 $kl/r > 22$이면 장주로 정의된다.

8.3 중심축 하중을 받는 단주의 강도

8.3.1 축압축에 대한 거동

(1) 탄성거동

기둥이 축압력을 받을 때의 응력-변형률 관계는 그림 8.3에 나타낸 바와 같다. 응력도가 $f_{ck}/2$ 정도 이하의 범위에서 콘크리트는 b, c 곡선 모두 탄성거동을 한다. 즉 응력도는 변형률에 비례한다. 직선 d는 b, c 곡선을 대표한다고 볼 수 있으며 탄성범위에서의 변형률은 약 0.0005이다. 이에 비해서 철근은 거의 항복점까지 탄성거동을 하며 이 때의 변형률은 0.002 정도이다.

콘크리트와 철근의 변형률은 항상 같으니까 변형률 0.0005까지는 철근과 콘크리트가 모두 탄성거동을 하며, 이 범위에서는 철근의 응력도는 다음과 같이 콘크리트 응력도의 n 배가 된다.

$$\varepsilon_c = \frac{f_c}{E_c} = \frac{f_s}{E_s} = \varepsilon_s$$

$$f_s = \frac{E_s}{E_c} f_c = n f_c \tag{8.1}$$

여기서, $n = E_s / E_c$ 는 탄성계수비라고 한다.

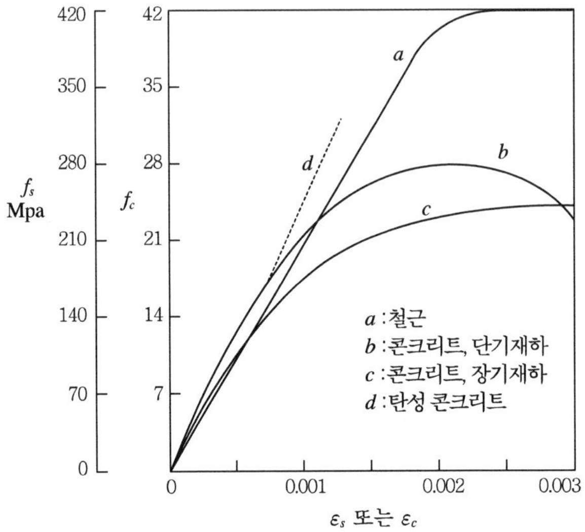

그림 8.3 콘크리트 및 철근의 응력-변형률 곡선

탄성범위에서 기둥의 축하중 능력은 다음과 같이 나타낼 수 있다.

$$\begin{aligned} P_o &= f_c A_c + f_s A_s \\ &= f_c (A_c + n A_s) \\ &= f_c [A_g + (n-1) A_s] \end{aligned} \tag{8.2}$$

(2) 비탄성 범위에서의 거동

변형률이 약 0.0005, 응력도가 $f_{ck}/2$ 정도를 넘게되면 콘크리트는 응력도와 변형률이 비례하지 않으며, 철근은 항복점까지 응력도와 변형률의 비례관계가 지속된다. 그래서 이 범위에서 철근콘크리트의 축하중 능력은 철근과 콘크리트 각각의 응력-변형률 관계에서의 응력도를 사용하여 구한다.

$$P_o = A_c f_c + A_s f_s \tag{8.3}$$

(3) 극한강도시의 거동

기둥은 일반적으로 장기재하 상태에 있다고 볼 수 있으므로 콘크리트는 변형률 0.002~0.0033에 이르면 최대강도 f_{ck}에 도달한다(그림 8.3 c곡선). 장기재하 상태의 콘크리트의 최대강도는 단기재하 상태의 $0.85f_{ck}$ 정도이다. 이론적으로 기둥이 받을 수 있는 최대하중은 콘크리트의 응력이 f_{ck}에 도달할 때 일어나게 된다. 철근은 변형률 0.002까지는 탄성거동을 하고 이것을 넘어서 콘크리트의 최대강도 시의 변형률 0.0033을 지나도록 일정한 항복응력을 지속한다. 따라서 기둥이 지지할 수 있는 최대 축하중은 다음과 같이 나타낼 수 있다.

$$P_o = 0.85f_{ck}(A_g - A_s) + f_y A_s \tag{8.4}$$

위의 식에서 $0.85f_{ck}$의 0.85는 어떤 안전율을 뜻하는 것이 아니고 장기재하에 의해서 생기는 콘크리트의 압축강도는 1~2분 정도의 시간에 측정되는 표준 압축강도의 85% 정도에 해당되기 때문이다.

8.3.2 최대 설계 축하중에 대한 규준

실제 구조물에서는 기둥배치의 부정확성, 철근 배근에서의 시공오차 등으로 편심이 불가피하게 생기고, 이에 따른 모멘트는 기둥의 축하중 지지능력을 감소시킨다. 따라서 규준에서는 식 (8.4)에 띠기둥에 대해서는 축하중의 20%, 나선기둥에 대해서는 15%를 감소시켜서 최대 설계 축하중을 다음과 같이 제한하고 있다.

(1) 띠기둥

$$\phi P_{n(\max)} = 0.80\phi[0.85f_{ck}(A_g - A_s) + f_y A_s] \tag{8.5}$$

(2) 나선기둥 또는 합성기둥

$$\phi P_{n(\max)} = 0.85\phi[0.85f_{ck}(A_g - A_s) + f_y A_s] \tag{8.6}$$

규준에서는 위의 식에서 강도감소계수 ϕ를 띠기둥과 나선기둥의 차이를 반영하여 띠기둥의 경우 0.65, 나선기둥의 경우 0.70을 사용하도록 하고 있다.

8.4 횡방향 보강철근

철근콘크리트 기둥의 횡방향 보강철근에는 앞에서 언급된 바와 같이 띠철근과 나선철근이 있다.

8.4.1 횡방향 보강철근의 기능

(1) 주근을 정해진 위치에 고정시킨다.

(2) 주근의 좌굴을 억제한다.

(3) 압축 콘크리트의 파괴시 횡방향 벌어짐을 구속하여 콘크리트의 연성을 증가시킨다(그림 8.4).

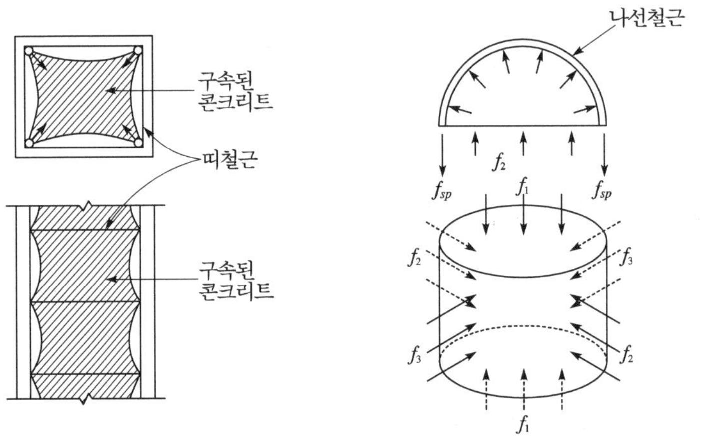

(a) 띠철근에 의한 기둥 콘크리트의 구속 (b) 나선철근에 의한 기둥 콘크리트의 구속

그림 8.4 횡방향 보강철근에 의한 기둥 콘크리트의 구속

8.4.2 띠기둥과 나선기둥의 구조거동

압축력을 받는 띠기둥과 나선기둥의 하중-변형의 실험결과가 그림 8.5에 표시되어 있다. 최대하중 이전까지는 띠기둥과 나선기둥이 거의 같은 거동을 한다.

최대하중에 도달하면 그림 8.6에서와 같이 피복 콘크리트가 떨어져 나가며, 띠기둥은 띠철근 간격이 30cm 정도이므로 띠철근이 콘크리트의 압축시 횡방향 팽창을 효율적으로 구속하지 못하므로 중심부 부분의 콘크리트가 박리되고, 축방향 주근이 구부러져서 국부 좌굴현상을 일으키며 즉시 파괴된다. 그러나 나선기둥은 최대하중에 이르렀을 때 나선철근 외부의 피복 콘크리트가 탈락되고, 이에 따라 단면적의 감소로 하중이 일시 떨어지나 나선철근의 구속력으로 나선철근 내부의 콘크리트는 삼축응력을 받는 콘크리트와 같은 거동을 하여 나선철근이 파괴될 때까지 큰 변형을 하는 양상을 보이고 있다. 최대하중의 내력을 어느 정도 회복하느냐 하는 것은 나선철근의 양에 좌우한다. 나선기둥은 이러한 대변형 능력으로 충격이나 동적하중에 의한 에너지를 흡수할 수 있어 내진구조에 적합하다.

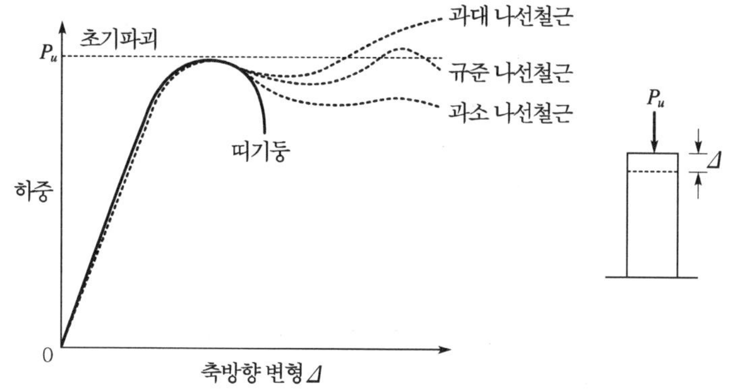

그림 8.5 띠기둥 및 나선기둥의 하중-변형 곡선

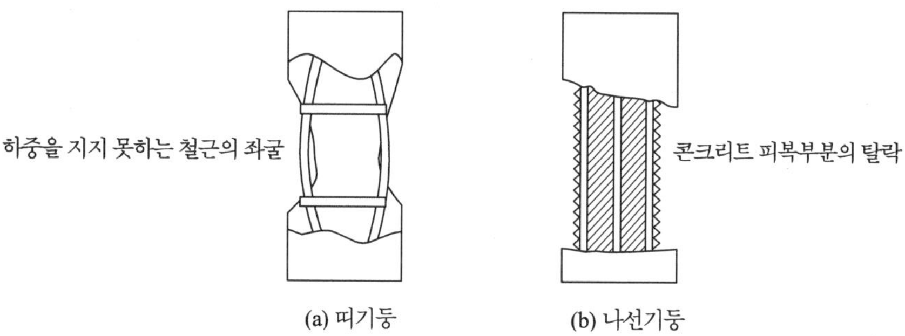

그림 8.6 파괴시의 기둥 모양

8.5 편심하중을 받는 단주의 강도

8.5.1 설계개요

철근콘크리트 구조에서 기둥은 시공의 성질상 보나 슬래브와 일체로 타설되어 강접합되기 때문에 축하중에 추가하여 휨모멘트를 받게 되며, 휨모멘트는 어떤 경우에도 기둥에 불리하게 작용한다.

기둥이 축하중 P와 함께 모멘트 M을 받을 때에는 그림 8.7에서와 같이 편심거리 $e = M/P$ 를 가진 축하중 P로 나타내는 것이 편리하다. 편심거리 e가 작을 때에는 전 단면이 압축상태가 되어 P가 증가하면 콘크리트가 눌러져서 파괴되나, 편심거리 e가 크면 압축측 콘크리트의 파괴보다 인장측 철근의 항복에 의한 인장파괴가 먼저 생길 수도 있다.

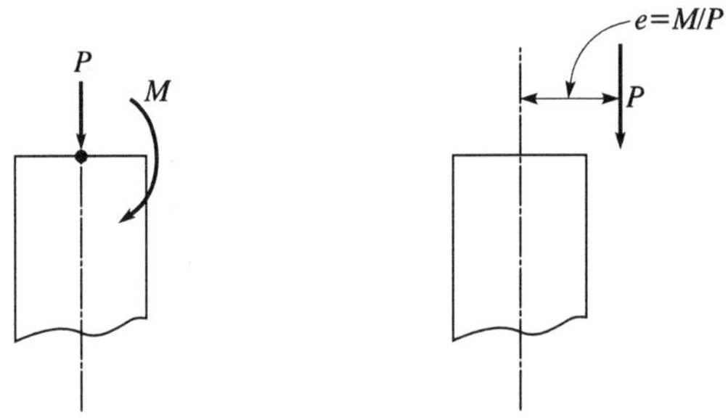

그림 8.7 축력과 휨모멘트의 표시

기둥의 균열은 편심이 큰 경우에도 설계상의 큰 문제가 되지 않으며, 횡방향 처짐은 풍하중이나 지진하중 등 극한상태 이외에는 그리 심각하지 않다. 따라서 축하중과 모멘트를 받는 기둥의 설계에서는 힘의 평형조건과 변형률의 적합조건을 만족시켜야 하며, 다음과 같은 기본조건을 만족시키도록 설계한다.

$$\phi P_n \geqq P_u \tag{8.7a}$$

$$\phi M_n \geqq M_u \tag{8.7b}$$

8.5.2 상관곡선

축하중과 휨을 받는 기둥에는 축하중에 의한 응력과 휨응력이 생기므로 기둥의 설계강도는 축하중과 모멘트 크기에 상관관계를 가지게 된다. 축하중에 대한 모멘트의 크기는 편심거리 e로 나타낼 수 있기 때문에 설계축하중강도 ϕP_n을 구하면 ϕM_n은 $\phi P_n e$로부터 구할 수 있다. 따라서 e의 값을 변화시키면서 ϕP_n의 값을 구하면 기둥의 설계강도에 대한 상관곡선을 얻을 수 있다.

축하중과 모멘트를 받는 기둥의 설계강도를 구하기 위해서는 변형률의 적합조건과 힘의 평형조건이 만족되어야 한다. 변형률의 적합조건과 등가 직사각형응력블록은 보에 적용한 것과 동일한 원리가 기둥에도 그대로 적용된다. 따라서 편심하중을 받는 철근콘크리트 기둥의 변형률과 힘의 분포는 그림 8.8과 같이 나타낼 수 있으며, 단면의 소성중심에서 편심거리 e에 작용하는 P_n이 추가 도입된 것이 복근보의 경우와 다르다. 공칭축하중강도 P_n은 그림 8.8에 나타낸 외력과 내력의 평형조건으로부터 다음과 같이 나타낼 수 있다.

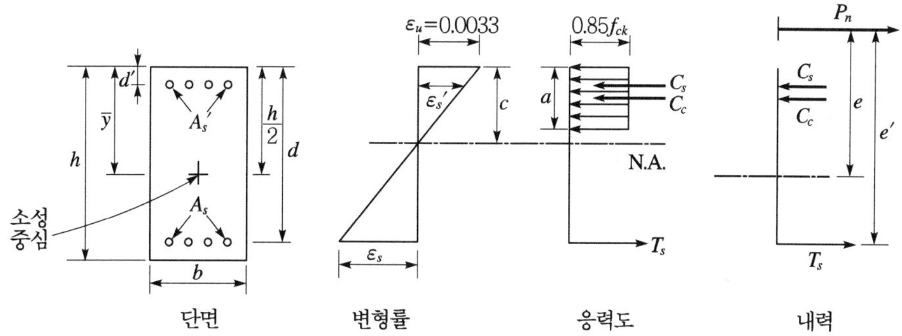

그림 8.8 기둥의 변형률과 힘의 분포

$$P_n = 0.85 f_{ck} ab + A_s' f_s' - A_s f_s \tag{8.8}$$

공칭 모멘트강도 M_n은 소성중심에 관한 모멘트 평형조건으로부터 다음과 같이 나타낼 수 있다.

$$M_n = P_n e = 0.85 f_{ck} ab(\bar{y} - \frac{a}{2}) + A_s' f_s' (\bar{y} - d') + A_s f_s (d - \bar{y}) \tag{8.9}$$

여기서, $f_s' = E_s \varepsilon_s' = E_s \, 0.0033 \dfrac{c - d'}{c} \leqq f_y$ (8.10)

$$f_s = E_s \varepsilon_s = E_s \, 0.0033 \frac{d - c}{c} \leqq f_y \tag{8.11}$$

a : 등가직사각형응력블록의 깊이(= $\beta_1 c$)

c : 압축연단에서 중립축까지의 거리

e : 소성중심에서 하중의 편심거리

$\bar{y}$: 압축연단으로부터 소성중심거리

위의 식 (8.8)과 식 (8.9)에 중립축 거리 c의 값을 변화시키면서 P_n과 M_n의 값을 계산하면 그림 8.9와 같은 기둥 공칭강도의 상관곡선을 얻을 수 있다.

소성중심은 콘크리트 단면 전체가 최대 압축응력도 $0.85 f_{ck}$에 도달하고 모든 철근이 항복응력도 f_y로 압축될 때의 단면의 저항중심을 말한다. 원형 나선기둥과 대칭 띠기둥의 소성중심은 단면의 도심과 일치하고 비대칭 띠기둥의 소성중심은 단면의 도심과 일치하지 않으므로 위와 같은 개념으로 띠기둥의 소성중심을 구하면 다음과 같이 된다.

$$\bar{y} = \frac{0.85 f_{ck} bh \left(\dfrac{h}{2}\right) + A_s f_y d + A_s' f_y d'}{0.85 f_{ck} bh + (A_s + A_s') f_y} \tag{8.12}$$

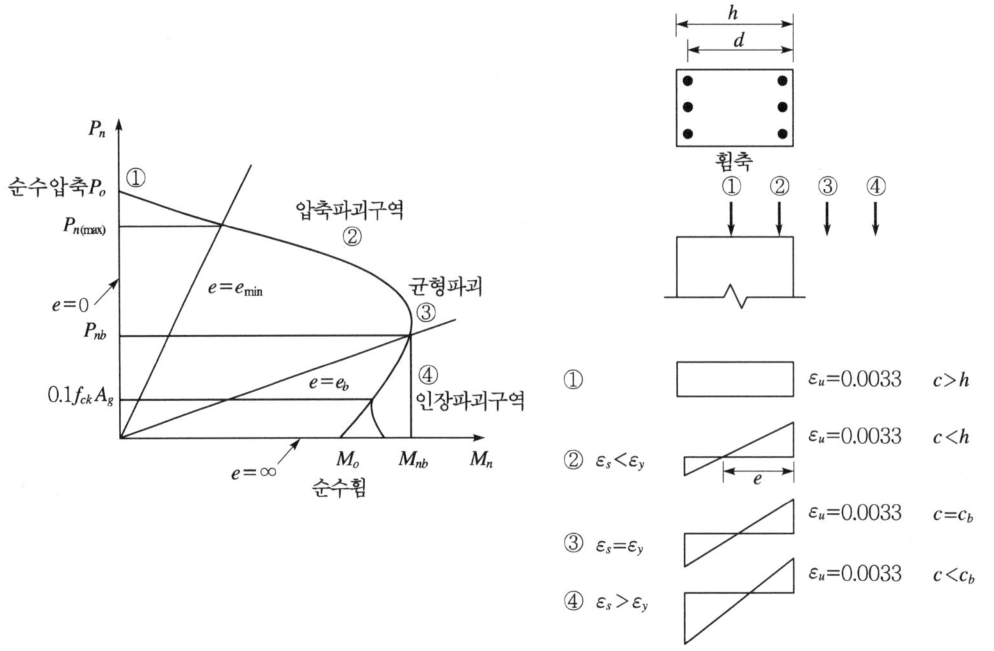

그림 8.9 휨과 축하중을 받는 기둥의 상관곡선

8.5.3 기둥의 파괴형식

(1) 균형파괴

압축측 외단의 변형률이 극한 변형률인 0.0033이고 인장측 철근의 변형률이 ε_y에 도달하는 상태를 균형변형률 상태라 하며, 이 때의 파괴를 균형파괴라 한다.

균형변형률 상태에서의 압축연단으로부터 중립축까지 거리는 변형률의 비례관계로부터 다음과 같이 된다.

$$c_b = \frac{0.0033}{0.0033+\varepsilon_y}d$$

$$= \frac{660}{660+f_y}d \tag{8.13}$$

$$a_b = \beta_1 c_b = \beta_1 \frac{660}{660+f_y}d \tag{8.14}$$

균형변형률 상태에서의 축하중 P_b와 이에 대응하는 편심거리 e_b는 식 (8.8)과 식 (8.9)에서 위의 a_b를 사용하여 결정할 수 있다.

$$P_b = 0.85 f_{ck} a_b b + A_s' f_s' - A_s f_y \tag{8.15}$$

$$M_b = P_b e_b \tag{8.16}$$

$$= 0.85 f_{ck} a_b b \left(\overline{y} - \frac{a_b}{2} \right) + A_s' f_s' (\overline{y} - d') + A_s f_y (d - \overline{y})$$

여기서, $f_s' = E_s \, 0.0033 \dfrac{c_b - d'}{c_b} \leq f_y$

(2) 인장파괴

편심이 큰 경우($e > e_b$)에는 인장측에서 철근의 초기 항복에 의한 파괴가 일어나며, 이 때의 파괴를 인장파괴라고 한다.

실제 배근할 때 압축철근과 인장철근이 서로 바뀔 수 있는 가능성을 배제하고, 바람 및 지진의 방향에 따라 응력의 반전이 일어날 수 있기 때문에 $A_s' = A_s$가 되도록 대칭 배근하는 것이 일반적이다.

압축철근이 항복했다고 가정하고 $A_s = A_s'$이라고 하면, 공칭 축하중 및 공칭 모멘트는 다음과 같다.

$$P_n = 0.85 f_{ck} ab \tag{8.17}$$

$$M_n = P_n e \tag{8.18a}$$

$$= 0.85 f_{ck} ab \left(\overline{y} - \frac{a}{2} \right) + A_s' f_y (\overline{y} - d') + A_s f_y (d - \overline{y})$$

$$M_n = P_n e = 0.85 f_{ck} ab \left(\frac{h}{2} - \frac{a}{2} \right) + A_s f_y (d - d') \tag{8.18b}$$

식 (8.18b)에 식 (8.17) 및 $a = P_n / 0.85 f_{ck} b$를 대입하여 근의 공식을 이용하면 다음과 같은 P_n에 대한 단일식을 얻을 수 있다.

$$P_n = 0.85 f_{ck} b \left[\left(\frac{h}{2} - e \right) + \sqrt{\left(\frac{h}{2} - e \right) + \frac{2 A_s f_y (d - d')}{0.85 f_{ck} b}} \right] \tag{8.19}$$

(3) 압축파괴

편심이 작은 경우($e < e_b$)에는 압축측 콘크리트의 초기 파괴에 의한 파괴가 일어나며, 이 때의 파괴를 압축파괴라고 한다.

압축파괴가 일어나는 경우에 인장철근의 응력은 항복응력 f_y 이하이다. 따라서 공칭 축하중과 공칭 휨모멘트는 식 (8.8)과 식 (8.9)을 사용하여 구할 수 있으며, 다음의 시행 절차는

일반적인 해석을 제시하고 있다

① 주어진 단면과 편심거리 e에 대해 중심축 거리 c를 가정한다.

② 식 (8.10)과 식 (8.11)을 사용하여 f_s'와 f_s를 구한다.

③ 가정한 c값으로 $a = \beta_1 c$를 구하여 축하중 P_n을 계산한다.

④ 식 (8.9)를 사용하여 M_n을 계산한다.

⑤ 편심거리 $e = M_n / P_n$을 계산한다.

⑥ 이 계산된 편심 e가 주어진 편심 e와 일치하여야 한다. 만약, 그렇지 않다면, 수렴할 때까지 지금까지 단계를 반복한다.

⑦ 계산된 편심거리가 주어진 편심거리보다 크다면, 이것은 가정된 c의 값이 실제보다 적다는 것을 나타내므로 더 큰 c값을 가정하여 다시 한번 시도한다.

8.5.4 강도감소계수

(1) 띠기둥

$$P_n \geq P_a \text{ 일 때 } \phi = 0.65$$

$$P_n < P_a \text{ 일 때 } \phi = 0.9 - \frac{0.2 P_u}{P_a} \geq 0.65 \tag{8.20}$$

P_a는 균형변형률상태에서 공칭 축하중 ϕP_b 와 $(0.1 f_{ck} A_g)$ 중 작은 값

(2) 나선기둥

$$P_n \geq P_a \text{ 일 때 } \phi = 0.70$$

$$P_n < P_a \text{ 일 때 } \phi = 0.9 - \frac{0.15 P_u}{P_a} \geq 0.70 \tag{8.21}$$

P_a는 ϕP_b와 $(0.1 f_{ck} A_g)$ 중 작은 값

8.6 상관곡선에 의한 기둥설계

편심하중을 받은 기둥의 상관곡선은 앞 절에서와 같이 하여 계산할 수 있으나 계산량이 많아지기 때문에 컴퓨터 프로그램을 작성하여 계산하는 것이 편리하다.

부록 그림 A.1~A.12의 상관곡선도는 일반 콘크리트 기둥설계를 위하여 작성된 것이다. 이러한 상관곡선에 의하여 기둥설계를 할 때에는 다음과 같은 과정을 거친다.

(1) 재료강도의 결정

(2) 소요강도 계산

(3) 기둥의 크기 가정

① 띠기둥 : $A_g \geqq P_u / 0.45(f_{ck} + \rho_g f_y)$ (8.22)

② 나선기둥 : $A_g \geqq P_u / 0.55(f_{ck} + \rho_g f_y)$ (8.23)

(4) 상관곡선에 의한 철근비 결정

(5) 철근배근 : 그림 8.10 및 그림 6.10 참조

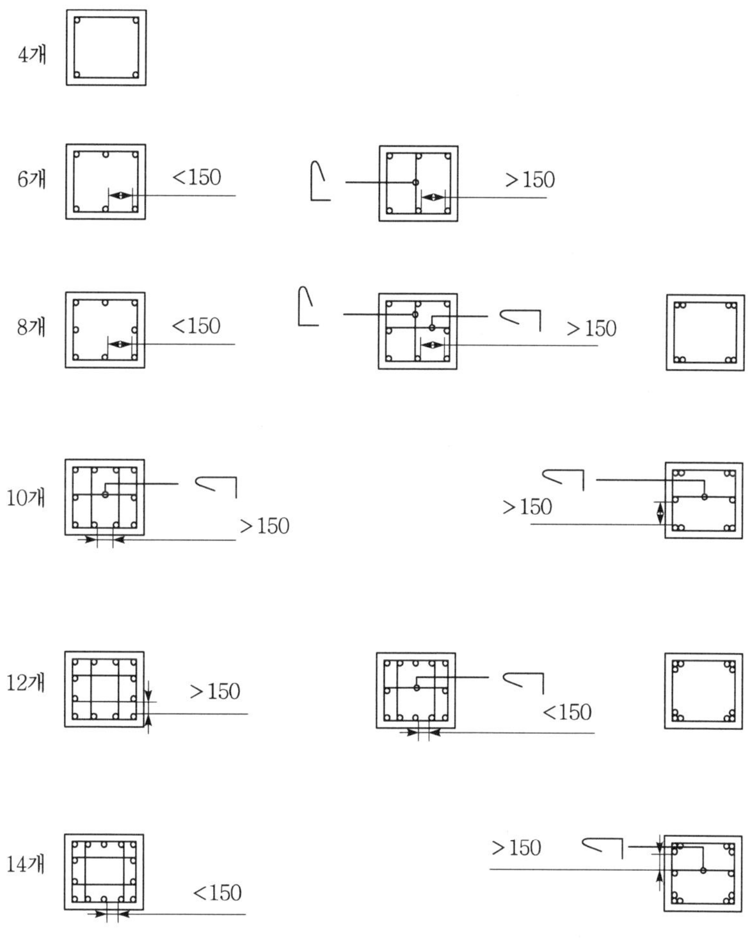

띠철근 : 표준갈고리 참조할 것

그림 8.10 기둥 띠철근의 배근

예제 8.1

고정하중과 활하중에 의한 축하중이 각각 882kN, 353kN이며, 휨모멘트는 각각 69kN · m, 30kN · m를 받는 띠기둥을 설계하시오.
(단, $f_{ck}=24$MPa, $f_y=400$MPa이며, 세장효과는 무시한다.)

풀이

1. 소요강도 계산

$P_u=1.2(\mathrm{DL})+1.6(\mathrm{LL})=1.2\times 882+1.6\times 353=1{,}623.2\ \mathrm{kN}$

$M_u=1.2(\mathrm{DL})+1.6(\mathrm{LL})=1.2\times 69+1.6\times 30=130.8\ \mathrm{kN\cdot m}$

2. 기둥의 크기 가정

$\rho_g=0.015$로 가정하면

$A_g\geq P_u/0.45(f_{ck}+\rho_g f_y)$

$\quad\geq 1{,}623.2\times 10^3/0.45(24+0.015\times 400)=120{,}237\mathrm{mm}^2$

기둥 크기는 $400\mathrm{mm}\times 400\mathrm{mm}(=160{,}000\mathrm{mm}^2)$로 한다.

3. 상관곡선에 의한 철근비 결정

$$\gamma=\frac{400-2\times 60}{400}=0.7$$

부록 그림 A.7로부터

$$\frac{P_u}{bh}=\frac{1{,}623.2\times 10^3}{160{,}000}=10.15\mathrm{MPa}$$

$$\frac{M_u}{bh^2}=\frac{130.8\times 10^6}{400\times 400^2}=2.04\mathrm{MPa}$$

이 두 축이 만나는 점의 철근비 $\rho_g=0.008$이다.

4. 철근 배근

$A_s=\rho_g\times A_g$

$\quad=0.008\times 400\times 400=1{,}280\mathrm{mm}^2$

6-D19($=6\times 287=1{,}722\mathrm{mm}^2$)를 양측에 각각 3개씩 배근한다.
한쪽 방향으로만 모멘트가 작용할 경우에는 양측에 각각 3개씩 6-D19를 배근하여도 되지만, 일반적으로 두 방향으로 모멘트가 작용하므로 4면에 각각 3개씩 8-D19를 다음 그림과 같이 배근한다.

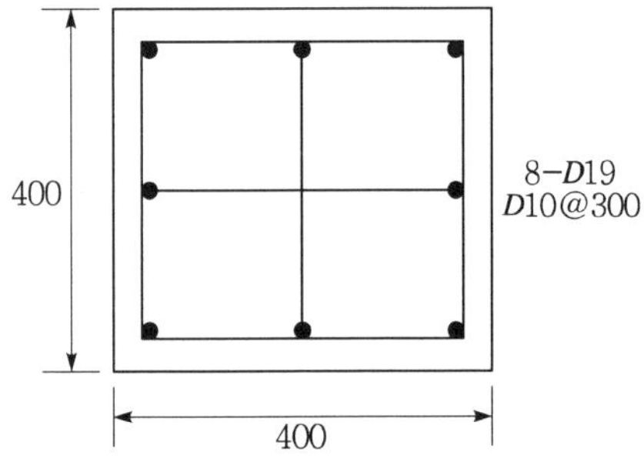

8.7 구조 제한

8.7.1 기둥단면

(1) 기둥단면의 최소 치수는 200mm 이상, 최소 단면적은 60,000 mm^2 이상으로 규정되어 있다.

(2) 정사각형 단면은 한 변이 250mm 이상, 원형 단면은 지름이 280mm 이상으로 규정되어 있다.

8.7.2 축방향 철근

경제성, 시공성 및 콘크리트의 크리프와 건조수축 등을 고려하여 규준에서는 다음과 같이 축방향 철근을 규정하고 있다.

(1) 최소 철근비 : $\rho_{\min} = 0.01$

(2) 최대 철근비 : $\rho_{\max} = 0.08$

(3) 축방향 철근은 지름 12mm 또는 D13 이상을 사용한다.

(4) 축방향 철근의 최소 개수는 띠기둥은 4개, 나선기둥은 6개로 하고 있다.

(5) 축방향 철근이나 횡방향 보강철근 모두 40mm 이상 피복되어야 한다.

8.7.3 횡방향 보강철근

(1) 띠철근

① 철근크기

주근의 크기가 D35 미만일 때에는 D10 이상의 띠철근을 사용하며, D35 이상 또는 묶음 철근일 때에는 D13 이상으로 한다.

② 배근 간격

- 축방향 철근 지름의 16 배 이하
- 띠철근 지름의 48 배 이하
- 기둥 단면의 최소치수 이하

③ 배근

주근은 135°이하로 구부러진 띠철근에 의하여 횡방향 지지되도록 배근하고 횡방향 지지되는 주철근의 순간격은 150mm 이하로 한다.
기초와 슬래브 상부에 위치하는 첫 번째 띠철근과 슬래브나 지판에 배치된 최하단 수평철근 아래 배치되는 띠철근은 일반 띠철근 간격의 1/2 이내로 한다.

(2) 나선철근

① 철근 크기

지름 10mm 이상의 철근을 사용한다.

② 배근 간격

- 나선철근의 최소 사용량은 나선철근의 바깥지름으로 둘러싸인 기둥 핵이 최종적으로 지지할 수 있는 압축력과 핵 외부의 피복 콘크리트가 떨러져 나가기 전에 전체 단면이 받을 수 있는 최대 하중의 크기가 같아야 한다는 조건으로부터 정하여진다.
- 나선철근의 체적비

$$\rho_s = \frac{A_{sp} l_{sp}}{A_c\, s} \tag{8.24}$$

여기서, A_{sp} : 나선철근의 단면적
l_{sp} : 나선철근 1회전의 길이($= \pi d_c$)
A_c : 기둥 핵의 단면적($= \pi d^2_{/4c}$)
s : 나선철근의 간격
d_c : 나선철근의 바깥부분으로 측정되는 기둥 핵의 지름

- 규준에 의한 나선철근의 최소 체적비

$$\rho_s = 0.45\left(\frac{A_g}{A_{ch}} - 1\right)\frac{f_{ck}}{f_{yt}} \tag{8.25}$$

규준에서는 나선철근의 순간격은 최소 소요량에 의한 식 (8.25)에 따른다. 나선철근의 순간격은 25mm이상, 75mm 이하이어야 한다.

③ 정착과 이음

나선철근의 정착을 위하여 각 나선철근에서 1.5 회전만큼 더 여분의 길이를 가지게 한다. 나선철근의 이음은 철근 지름의 48배 이상 또는 300mm 이상의 겹침 이음으로 하거나 용접이음으로 한다.

④ 배근

부재의 최하단 수평철근까지 연장하여야 한다. 보 또는 브라켓의 기둥의 모든 면에 연결되어 있지 않은 경우에는 띠철근을 나선철근의 단부의 윗부분으로부터 슬래브 또는 지판의 밑바닥까지 연장 배근해야 한다. 주두를 갖는 기둥에서의 나선철근은 주두의 지름이나 폭이 기둥 지름의 2배 되는 곳까지 연장되어야 한다.

8.8 장주 설계

8.8.1 개요

기둥의 세장비(kl/r)가 단주의 한계를 초과하면, 기둥은 재료파괴의 한계상태에 도달하기 전에 좌굴하게 되며, 그림 8.11에서와 같이 모멘트에 의해서 Δ_o 만큼 재축에 대한 처짐이 생겼을 때 축하중 P가 Δ_o에 작용하여 2차 모멘트를 유발시키면서 2차 변형 Δ_a가 생기고 연속적으로 P는 Δ에 작용하여 2차 모멘트는 $P\Delta$ 만큼 증가하여 1차 모멘트에 추가된다. 따라서, 그림 8.12에 나타낸 바와 같이 기둥의 상관곡선에서 모멘트가 증가하여 상대적으로 축하중 지지능력이 감소하는 결과를 가져온다. 이러한 현상을 $P\Delta$ 효과라 하며, 수평전단력이 작용하지 않은 짧은 기둥에서는 무시될 만큼 작으나 수평전단력이 작용하거나 긴 기둥에서는 이 효과가 설계에 고려되지 않으면 안 된다.

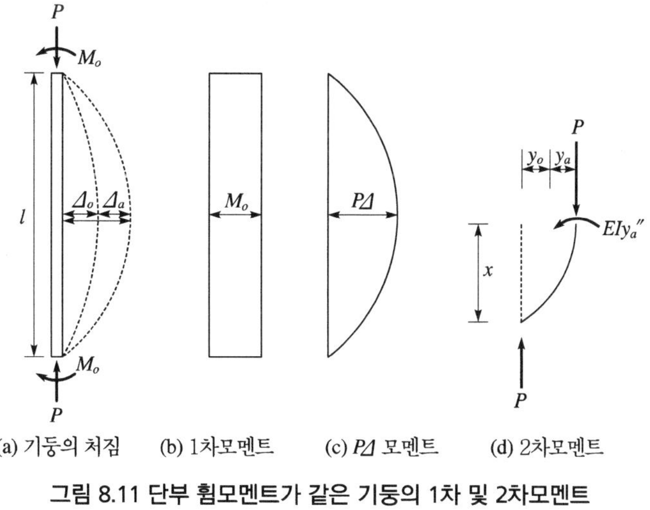

(a) 기둥의 처짐 (b) 1차모멘트 (c) $P\Delta$ 모멘트 (d) 2차모멘트

그림 8.11 단부 휨모멘트가 같은 기둥의 1차 및 2차모멘트

압축재의 세장효과는 허용 압축력을 감소시키거나 설계휨모멘트를 확대시키는 방법으로 고려할 수 있으며, 규준에서는 후자의 방법을 채택하고 있다. 즉, 휨모멘트확대계수 δ 를 구하여 계수휨모멘트 M_u 에 곱함으로써 설계용 확대계수휨모멘트 $M_c = \delta M_u$ 를 구한다. δ는 δ_{ns}와 δ_s 두 종류가 있다. δ_{ns}는 횡이동에 대하여 횡구속 골조에서 수직하중에 대한 휨모멘트의 확대계수이며, δ_s는 횡이동에 대하여 비횡구속 골조에서 수평하중에 의한 휨모멘트의 확대계수이다.

$P\Delta$ 효과를 고려할 수 있는 2차 골조해석 또는 $P\Delta$ 해석을 수행하면 δ를 구하지 않고 해석결과를 그대로 설계용 요구강도로 사용할 수 있다.

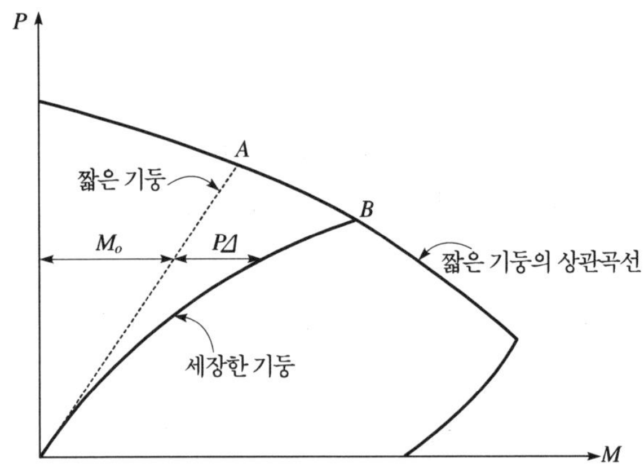

그림 8.12 기둥의 휨-축하중에 대한 거동

8.8.2 기둥의 좌굴

(1) 좌굴하중

곧은 기둥이 중심축 하중을 받아 좌굴을 일으킬 때의 하중을 좌굴하중이라고 하며, 기둥의 좌굴하중은 다음의 식으로 구한다.

$$P_c = \frac{\pi^2 EI}{(kl)^2} \tag{8.26}$$

여기서, kl : 유효 좌굴길이

k : 유효 좌굴길이계수

E : 탄성계수

I : 단면2차모멘트

기둥의 좌굴응력은 단위 면적에 대한 좌굴하중으로 다음과 같이 되며,

$$f_c = \frac{P_c}{A} = \frac{\pi^2 EI}{(kl)^2 A} \tag{8.27a}$$

단면2차반경 $r = \sqrt{I/A}$ 를 써서 정리하면 다음과 같이 된다.

$$f_c = \frac{\pi^2 E}{(kl/r)^2} \tag{8.27b}$$

이 식에서 분모의 kl/r은 세장비라고 하며, 단면이 작고 길이가 길어 세장한 기둥의 강도에 크게 영향을 끼친다(그림 8.2 참조).

식 (8.26)을 사용하여 기둥의 좌굴하중을 계산하는 데에는 기둥의 휨강성 EI 가 먼저 계산되어야 한다. 철근콘크리트 기둥에서 I 는 좌굴 파괴시 인장측의 균열과 크리프의 영향 및 응력-변형률의 비선형성으로 균열이 없는 단면의 단면2차모멘트보다 현저하게 감소한다. 따라서 규준에서는 실험과 해석결과를 토대로 이러한 현상들을 고려하여 휨강성을 다음과 같이 계산하도록 규정하고 있다.

$$EI = \frac{0.2E_c I_g + E_s I_s}{1 + \beta_d} \tag{8.28}$$

또는, 더 간단한 형태로 다음과 같이 나타낼 수 있다.

$$EI = \frac{0.4E_c I_g}{1 + \beta_d} \tag{8.29}$$

여기서, E_c : 콘크리트의 탄성계수

E_s : 철근의 탄성계수

I_g : 콘크리트의 전 단면에 대한 단면2차모멘트

I_s : 도심에 대한 철근의 단면2차모멘트

β_d : (계수 고정하중) / (계수 전체하중)

(2) 유효 좌굴길이 계수

1) 지지 조건과 횡구속에 따른 기둥의 유효 좌굴길이 계수

	(a)	(b)	(c)	(d)	(e)	(f)
기둥에 좌굴 형태를 점선으로 표시	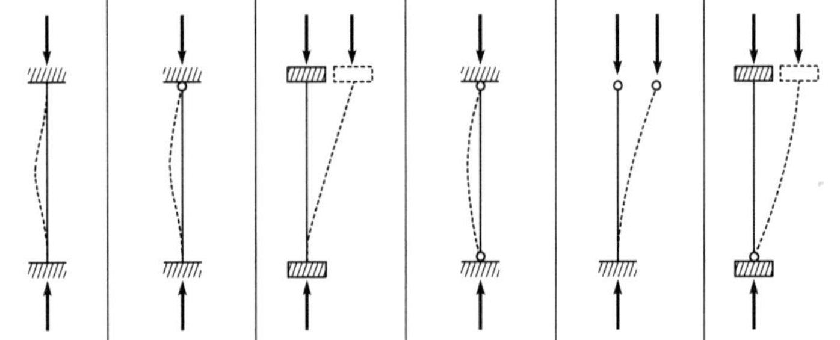					
이론적인 k값	0.5	0.7	1.0	1.0	2.0	2.0
단부조건의 규정	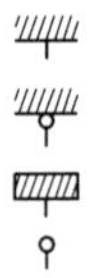	회전구속과 이동구속 회전자유와 이동구속 회전구속과 이동자유 회전자유와 이동자유				

2) 골조 기둥의 유효 좌굴길이 계수

기둥 단부의 고정도에 따라 기둥의 유효 좌굴길이 계수를 계산하는 방법은 규준에 두 가지가 있다. 첫 번째 방법은 그림 8.13의 도표를 이용하는 것이며, 두 번째는 다음과 같이 수식을 이용하는 방법이다.

① 횡구속골조에서 유효 좌굴길이 계수는 다음의 두 식에서 얻은 값 중 작은 것으로 한다.

$$k = 0.7 + 0.05(\psi_A + \psi_B) \leq 1.0 \tag{8.30a}$$

$$k = 0.85 + 0.05\psi_{\min} \leq 1.0 \tag{8.30b}$$

여기서, ψ_A와 ψ_B는 기둥 양단에서의 ψ의 값이며, $\psi_{\min}$은 두 값 중 작은 값이다. 여기서 ψ는 다음과 같다.

$$\psi = \frac{\sum(E_c I_c / l_c)}{\sum(E_b I_b / l_b)} \tag{8.31}$$

여기서, 첨자 b와 c는 각각 보와 기둥을 뜻하고, l_b와 l_c는 보와 기둥에서 접합부 중심간 거리이다.

② 양단의 회전이 구속된 비횡구속 기둥의 유효 좌굴길이 계수는 다음 식으로 계산된다.

$$\psi_m \leqq 2 \text{ 경우} : k = \frac{20 - \psi_m}{20}\sqrt{1 + \psi_m} \tag{8.32a}$$

$$\psi_m > 2 \text{ 경우} : k = 0.9\sqrt{1 + \psi_m} \tag{8.32b}$$

여기서, ψ_m은 ψ_A와 ψ_B의 평균치이다.

③ 비횡구속 골조에서 한 단부가 힌지인 기둥의 유효 좌굴길이 계수는 다음과 같이 된다.

$$k = 2.0 + 0.3\psi \tag{8.33}$$

여기서, ψ는 회전 구속된 단부의 값이다.

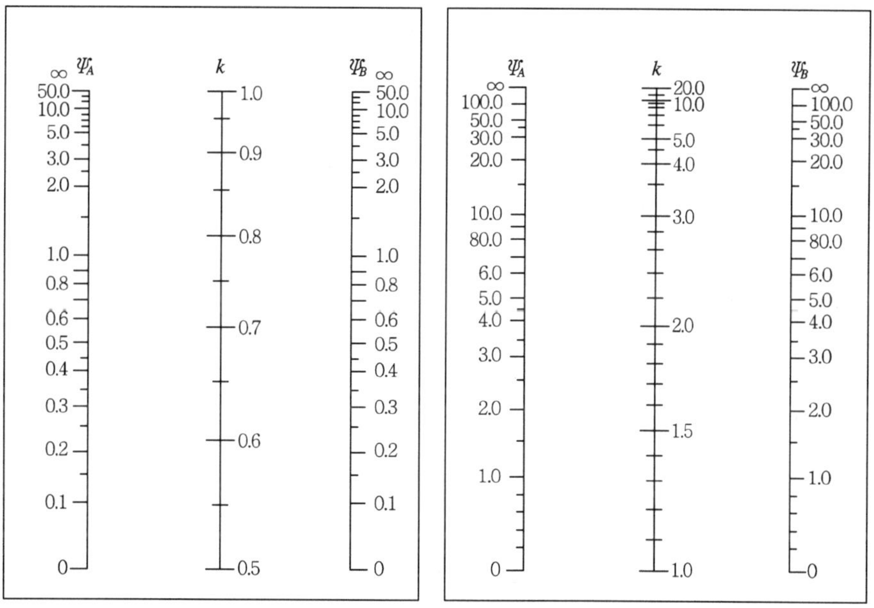

(a) 횡구속 골조 (b) 비횡구속 골조

그림 8.13 유효 좌굴길이 계수

8.8.3 휨모멘트 확대계수법

(1) 횡구속 골조와 비횡구속 골조의 정의

실제의 구조물에서 완전한 횡구속 골조나 완전한 비횡구속 골조는 드물다. 따라서 규준에서는 다음과 같이 정하고 있다.

① $P\Delta$ 모멘트가 1차 모멘트의 5%를 넘지 않을 때, 한 층에서 안정성 지수 Q가 0.05보다 크지 않을 때 구조체는 횡구속된 것으로 간주할 수 있다.

$$Q = \frac{(\Sigma P_u)\Delta_o}{V_u l_c} \tag{8.34}$$

여기서, V_u : 그 층에 작용하는 전체 계수 수평하중

ΣP_u : 한 층에서 기둥 전체의 계수 축하중 합

Δ_o : V_u에 의하여($P\Delta$ 효과 무시) 층상부의 층하부에 대한 상대적인 수평처짐

l_c : 층 높이

② 근사적인 방법으로 횡구속 요소(전단벽, 횡방향 가새 등)가 층의 수평이동에 저항하면서 그 강성이 층 내 모든 기둥의 강성의 합의 6배 이상 되는 경우 압축재는 횡구속된 것으로 가정할 수 있다.

(2) 압축재의 세장효과 고려 조건

1) 횡구속 골조

① 세장효과를 무시하는 경우

$$kl/r < 34 - 12\frac{M_1}{M_2} \tag{8.35}$$

여기서, M_1 : 중력하중 등 수평이동을 일으키지 않는 계수하중에 의하여 기둥에 생기는 단부 휨모멘트 중 작은 값

M_2 : 중력하중 등 수평이동을 일으키지 않는 계수하중에 의하여 기둥에 생기는 단부 휨모멘트 중 큰 값

② 세장효과를 고려하는 경우

- 휨모멘트 확대계수법 적용

$$34 - 12\frac{M_1}{M_2} \leq kl/r \leq 100 \tag{8.36}$$

• 2차 해석 또는 $P\Delta$ 해석

$$kl/r > 100 \tag{8.37}$$

2) 비횡구속 골조

① 세장효과를 무시하는 경우

$$kl/r < 22 \tag{8.38}$$

② 세장효과를 고려하는 경우

• 휨모멘트 확대계수법 적용

$$22 \leq kl/r \leq 100 \tag{8.39}$$

•2차 해석 또는 $P\Delta$ 해석

$$kl/r > 100 \tag{8.40}$$

여기서, 단면 2차 반경 r은 정확한 계산에서는 $\sqrt{I/A}$ 이나, 근사적으로 장방형 단면에서 $r = 0.3h$로 하며, 원형 단면에서 $r = 0.25D$로 한다.

(3) 확대 계수휨모멘트의 계산

1) 횡구속 골조

다음과 같이 계산하는 확대 계수휨모멘트 M_c와 계수축력 P_u에 의해 설계해야 한다.

① 확대 계수휨모멘트

$$M_c = \delta_{ns} M_2 \tag{8.41}$$

여기서, M_2 : 중력하중 등 수평이동을 일으키지 않는 계수하중에 의하여 기둥에 생기는 단부 휨모멘트 중 큰 값

δ_{ns} : 휨모멘트 확대계수

② 휨모멘트 확대계수

장주 설계시 축하중 P에 의하여 1차 모멘트가 증가하는 것을 나타내는 계수

$$\delta_{ns} = \frac{C_m}{1 - P_u/0.75P_c} \geq 1.0 \tag{8.42}$$

③ 등가 휨모멘트 보정계수

기둥의 단부에 서로 다른 휨모멘트가 작용하는 경우에 양단의 휨모멘트를 동일한 크기로 변화시키기 위한 계수

$$C_m = 0.6 + 0.4\frac{M_1}{M_2} \geq 0.4 \tag{8.43}$$

여기서, M_1 : 단부 휨모멘트 중 작은 값

M_2 : 단부 휨모멘트 중 큰 값

M_1/M_2 부호는 단곡률일 때 (+), 복곡률일 때 (−)임

식 (8.43)은 횡구속 되어 있으면서 지점간에 횡하중이 작용하지 않는 경우에만 적용할 수 있으며, 그 외의 경우에는 모두 1.0으로 한다.

④ 최소 휨모멘트에 대한 검토

기둥의 양단에 휨모멘트가 계산상 없거나 매우 작은 값일 때에는 M_2는 각 주축에 대하여 최소 편심거리를 근거로 다음과 같이 계산한다.

$$M_{2,\min} = P_u(15 + 0.03h) \tag{8.44}$$

2) 비횡구속 골조

다음과 같이 계산하는 확대 계수휨모멘트 M_2와 계수축력 P_u에 의해 설계해야 한다.

① 확대 계수휨모멘트

$$M_1 = M_{1ns} + \delta_s M_{1s} \tag{8.45}$$

$$M_2 = M_{2ns} + \delta_s M_{2s}$$

여기서, M_{1s}, M_{2s} : 지진하중, 풍하중 등 수평이동을 일으키는 계수하중에 의하여 기둥에 생기는 단부휨모멘트 중 작은 값과 큰 값

M_{1ns}, M_{2ns} : M_1, M_2가 작용하는 단부에서 횡변위를 일으키지 않는 하중에 대하여 1계 탄성골조해석으로 계산된 압축부재의 단부 계수휨모멘트

δ_s : 휨모멘트 확대계수

② 휨모멘트 확대계수

$$\delta_s = \frac{1}{1-\Sigma P_u/0.75\Sigma P_c} \geq 1.0 \tag{8.46}$$

③ 다음의 식을 만족할 경우 압축부재는 식 (8.45)의 M_1과 M_2를 사용한 확대 계수휨 모멘트 M_c 구하여 설계한다.

$$\frac{l_c}{r} > \frac{35}{\sqrt{\dfrac{P_u}{f_{ck}A_g}}} \tag{8.47}$$

예제 8.2

예제 8.1에서 띠기둥이 횡구속되어 있으며 비지지 길이 l 는 5,500mm이고, 모멘트는 단곡률 상태로 $M_1 = 87.8\text{kN}\cdot\text{m}$, $M_2 = 130.8\text{kN}\cdot\text{m}$인 띠기둥을 설계하시오.

풀이

1. 소요강도 계산

$P_u = 1{,}623.2\text{kN}$

$M_u = 130.8\text{kN}\cdot\text{m}$

2. 기둥의 크기 가정

예제 8.1과 같은 방법으로 하며, 기둥크기는 $400\text{mm}\times 400\text{mm}$로 한다.

3. 세장효과 고려여부 검토

$k = 1$(횡구속 기둥)

$l = 5{,}500\text{mm}$

$r = 0.3h = 0.3\times 400 = 120\text{mm}$

$$\frac{kl}{r} = \frac{1\times 5{,}500}{120} = 45.8$$

$$34 - 12\frac{M_1}{M_2} = 34 - 12\frac{87.8}{130.8} = 25.9$$

$$\frac{kl}{r} = 45.8 > 34 - 12\frac{M_1}{M_2} = 25.9$$ ∴ 세장효과 고려함.

4. 확대계수 휨 모멘트 M_c 결정

$M_c = \delta_{ns} M_2$

$E_c = 8{,}500\sqrt[3]{f_{cu}} = 8{,}500\sqrt[3]{28} = 2.6\times 10^4\text{MPa}$

$$I_g = \frac{bh^3}{12} = \frac{400 \times 400^3}{12} = 2.13 \times 10^9 \text{mm}^4$$

$$\beta_d = \frac{1.2P_D}{1.2P_D + 1.6P_L} = \frac{1.2 \times 882}{1.2 \times 882 + 1.6 \times 353} = 0.65$$

$$EI = \frac{E_c I_g}{2.5(1+\beta_d)} = \frac{2.6 \times 10^4 \times 2.13 \times 10^9}{2.5(1+0.65)} = 1.34 \times 10^{10} \text{kN} \cdot \text{mm}^2$$

$$P_c = \frac{\pi^2 EI}{(kl)^2} = \frac{3.14^2 \times 1.34 \times 10^{10}}{(5{,}500)^2} = 4{,}368\text{kN}$$

$$C_m = 0.6 + 0.4\frac{M_1}{M_2} = 0.6 + 0.4\frac{87.8}{130.8} = 0.87$$

$$\delta_{ns} = \frac{C_m}{1 - \dfrac{P_u}{0.75P_c}} = \frac{0.87}{1 - \dfrac{1{,}623.2}{0.75 \times 4{,}368}} = 1.72$$

$$M_c = 1.72 \times 130.8 = 225\text{kN} \cdot \text{m}$$

5. 상관곡선에 의한 철근비 결정

예제 8.1에서와 동일한 방법으로 하면,

$$\frac{P_u}{bh} = 11.5\text{MPa}$$

$$\frac{M_c}{bh^2} = \frac{225 \times 10^6}{400 \times 400^2} = 3.52\text{MPa}$$

$$\therefore \rho_g = 0.03$$

6. 철근배근

$$A_s = 0.03 \times 400 \times 400 = 4{,}800\text{mm}^2$$

$8 - \text{D25}(= 10 \times 507 = 5{,}070\text{mm}^2)$ 양측에 각각 5개씩 배근한다.

7. 세장효과를 고려하지 않았을 때와 비교하면

철근 증가량$= \dfrac{5{,}070}{1{,}722} = 2.94$배

연습문제

8.1 500mm×500mm 정사각형 기둥에 8-D25($A_s = 4{,}053.6\ \mathrm{mm}^2$) 철근이 배근되어 있을 때 이 기둥이 지지할 수 있는 최대 설계축하중은 얼마인가? $f_{ck} = 24\ \mathrm{MPa}$ $f_y = 400\ \mathrm{MPa}$로 한다.

8.2 문제 8.1의 기둥에서 철근이 휨축에 대하여 4개씩 대칭으로 배근되어 있는 경우 $P_u = 3{,}000\ \mathrm{kN}$, $M_u = 300\ \mathrm{kN \cdot m}$에 대하여 안전한지를 검토하라.

8.3 400mm×400mm 정사각형 기둥의 층간 높이가 4.8m이고 기둥의 상부 및 하부에서 식 (8.31)로 계산된 ψ의 값이 모두 0.8일 때 이 기둥의 세장비를 계산하라.

8.4 횡구속 되어 있는 기둥의 경우, 높이 $l_u = 5\,\mathrm{m}$, 축하중과 모멘트 $P_D = 400\,\mathrm{kN}$, $M_D = 100\,\mathrm{kN \cdot m}$ 계수축하중과 계수모멘트 $P_u = 1500\,\mathrm{kN}$, $M_u = 280\,\mathrm{kN \cdot m}$ 단부모멘트 $M_1 = 220\,\mathrm{kN \cdot m}$, $M_2 = 280\,\mathrm{kN \cdot m} = M_u$인 직사각형 기둥(400mm× 450mm)의 확대 계수휨모멘트 M_c를 구하라. 단, $f_{ck} = 24\,\mathrm{MPa}$ $f_y = 400\,\mathrm{MPa}$로 한다.

8.5 다음 그림의 철근콘크리트 기둥에서 띠철근(Hoop) 간격을 구하라.

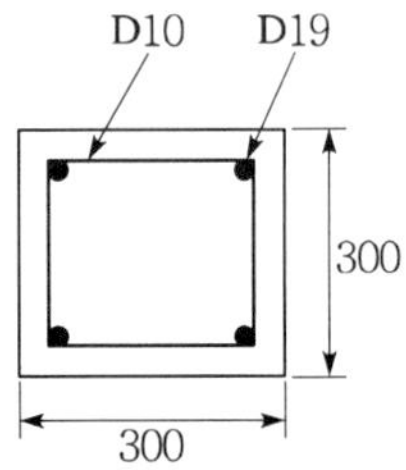

제 9 장 슬래브의 설계

제 9 장

REINFORCED CONCRETE STRUCTURES

슬래브의 설계

9.1 슬래브의 형식

철근콘크리트 슬래브는 일반적으로 얇은 평면판으로 슬래브 자체의 고정하중과 그 위에 얹혀지는 활하중을 슬래브를 받치는 보나 벽체 또는 기둥에 전달하는 휨재이다. 슬래브의 형식은 그림 9.1에 나타낸 바와 같으며, 이러한 슬래브의 형식에 적절한 건물의 용도, 하중, 경간 등은 표 9.1에 나타내었다.

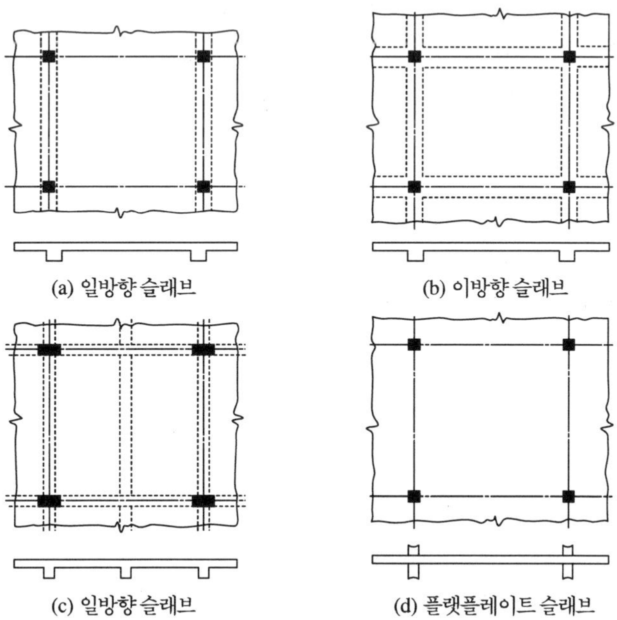

(a) 일방향 슬래브 (b) 이방향 슬래브 (c) 일방향 슬래브 (d) 플랫플레이트 슬래브

그림 9.1 슬래브의 형식

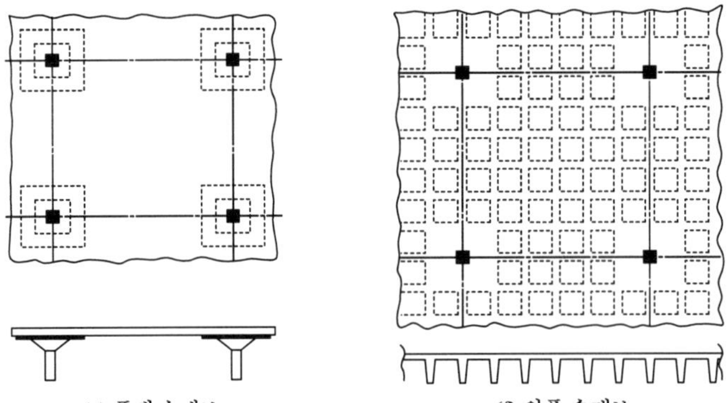

(e) 플랫 슬래브 (f) 와플 슬래브

그림 9.1 슬래브의 형식(계속)

9.1.1 1방향 슬래브(One way slab) 및 2방향 슬래브(Two way slab)

일반적으로 철근콘크리트 구조로 바닥판에 가장 많이 사용되는 형식이다. 1방향 슬래브와 2방향 슬래브의 구분은 다음과 같이 한다.

일방향 슬래브 : $l_y/l_x > 2$

이방향 슬래브 : $l_y/l_x \leq 2$

여기서 l_x는 단변을, l_y는 장변을 나타낸다. 즉, 일방향 슬래브는 한 방향의 내력근으로 하중을 부담하는 바닥판이고 2방향 슬래브는 두 방향의 내력근으로 하중을 부담하는 바닥판이다. 이러한 1방향 및 2방향 슬래브의 장점 및 단점은 다음과 같다.

(1) 장점

① 바닥판의 두께가 비교적 얇다.
② 불규칙한 평면에 대해서도 적용성이 높다.
③ 설비배관에도 융통성이 있어 감쇄성, 차음성, 단열성이 크다.

(2) 단점

① 비교적 짧은 경간 밖에 수용능력을 갖지 못한다.

9.1.2 플랫 슬래브(Flat slab)

보가 사용되지 않고 슬래브가 직접 기둥에 지지되는 구조로, 기둥과 슬래브의 접촉면에 발생할 수 있는 펀칭전단에 대한 대책으로 지판(Drop panel)과 주두(Column Capital)를 사용한 슬래브이다.

(1) 장점

① 구조와 시공이 간단하다.
② 실내 이용률이 높다. 즉, 설비 등 배관이 자유롭다.
③ 층고를 낮게 할 수 있다.
④ 거푸집 공사가 단순하여 공기를 단축할 수 있다.

(2) 단점

① 양방향 기둥 간격비 등의 평면구성상의 제한이 있어 장경간 구조가 불가능하다.
② 계산이 다소 복잡하다.
③ 슬래브의 강성에 단점이 있어서 큰 집중하중을 받는 곳에는 부적당하며, 진동하기 쉽다.
④ 바닥판이 두꺼워서 고정하중이 증대된다.
⑤ 대규모의 바닥판 개구부 설치가 어렵다.
⑥ 수평하중 작용시에 강성저하가 현저하고 층간변형이 크다.

(3) 배근 방식

2방향식, 3방향식, 4방향식, 원형식이 있으며, 우리나라에서는 2방향식이 사용되고 있다.

(4) 구조 제한

① 슬래브 두께

슬래브 두께는 15cm 이상으로 한다. 다만, 지붕슬래브는 보-슬래브의 구조제한에 따를 수 있다.

② 기둥의 최소 단면치수 : 다음 중 큰 값으로 한다.

- 30cm 이상
- 기둥 중심거리 l_x, l_y의 1/20 이상
- 층고 h의 1/15 이상

③ 주두

슬래브에 대한 경사가 45°이하의 주두 부분은 응력분담을 하지 않는 것으로 한다.

④ 지판

지판의 슬래브 아래로 돌출한 두께는 돌출부를 제외한 슬래브 두께의 1/4 이상으로 하고, 지판은 받침부 중심선에서 각 방향 받침부 중심간 경간의 1/6 이상을 각 방향으로 연장시켜야 한다. 지판 부위의 슬래브 철근량 계산시 슬래브 아래로 돌출한 지판의 두께는 지판의 외단부에서 기둥이나 기둥머리면까지 거리의 1/4 이하로 취하여야 한다.

9.1.3 플랫 플레이트 슬래브(Flat plate slab)

플랫 슬래브와 같이 보가 사용되지 않고 슬래브가 직접 기둥에 지지하는 구조로 기둥과 슬래브의 접촉면에 지판과 주두를 사용하지 않는 것이 플랫 슬래브와 다른 점이다. 따라서 플랫 플레이트 슬래브는 플랫 슬래브보다 거푸집 공사 등의 시공성은 좋아지나, 경간 간격 및 지지할 수 있는 하중은 줄어든다.

9.1.4 장선 슬래브(Joist, Ribbed Slab)

좁은 간격의 장선(Joist, Rib)과 얇은 슬래브를 일체화시킨 바닥구조로 슬래브는 장선에 지지되고 장선은 보나 벽체에 지지된다.

(1) 장점

① 장경간이 가능한 형식으로 전체 중량이 적다.
② 설비시스템을 위한 공간확보와 소규모 관통이 용이하다.

(2) 단점

① 거푸집이 합리적으로 계획되지 않는다면 비용이 다른 슬래브 구조에 비해 비싸진다.
② 큰 개구부를 갖는 경우에는 적용하기 어렵다.
③ 지지점의 배치가 불규칙한 경우에 적용이 곤란하다.

(3) 구조 제한

① 장선의 폭은 10cm 이상, 장선의 높이는 폭의 3.5배 이하, 장선의 간격은 75cm 이하로 한다.
② 장선 슬래브의 두께는 4cm 이상 또는 장선 순 간격의 1/12 이상으로 한다.
③ 슬래브의 인장철근은 $\phi 9(D10)$ 이상 또는 6mm 이상으로 하며 최소 철근비는 0.2% 이

상이다. 슬래브의 배근 간격은 5 t 또한 45cm 이하이다.

④ 슬래브에 배관이 있을 때에는 배관 높이에 2.5cm를 더한 것보다 커야 한다.

⑤ 장선의 전단 응력도는 일반 보에서 보다 10% 큰 값으로 하며, 전단 내력은 장선의 단부를 크게 하거나 철근으로 보강한다.

9.1.5 와플 슬래브(Waffle slab)

장선 슬래브의 장선을 직교하여 구성한 우물 반자 형태로 된 2방향 장선 슬래브구조로써, 슬래브는 2방향의 장선에 지지되고 2방향의 장선은 지지 보 없이 기둥 위의 단단한 패널을 통하여 기둥에 직접 놓인다.

(1) 보통 슬래브 구조보다 기둥의 가격을 더 넓게 할 수 있다.

(2) 거푸집은 작은 돔 형태의 철판제, 합성수지제 등의 규격제품이 있다.

(3) 기둥 상부의 드롭 패널은 기둥간격의 1/3 이상으로 한다.

9.1.6 Slab on Grade

지반 위에 직접 놓이는 슬래브 구조로서, 창고·공장 등 하중이 크고 기둥 간격이 넓을 때 많이 적용된다.

표 9.1 슬래브의 형식 비교

바닥 구조형식	경간 (m)	하중 (Mpa)	용도	덕트	비고	거푸집	내화 성능	상호 연관성
플랫 플레이트 슬래브	7.3~7.9 (프리스트 레스트일 때 10.66)	<30	모텔, 호텔 병원 기숙사 아파트	많은 조정을 필요로 함	최소 층고 노출가능	간단하고 경제적	우수	나쁨
와플 슬래브	<15.2	<50	관공서 도서관	설치가 매우 힘듬	노출가능	비싸다	우수	좋음
플랫 슬래브	<9.1	<250	창고, 업무용 건축물	설치가 힘듬	지판, 주두 등이 있음	비싸다	우수	나쁨
이방향 슬래브	<4.6	<50	특수건축물, 주거용 경량구조물	설치가 힘듬	두방향 벽체 에는 부적절 함	중간 정도	우수	나쁨
일방향 슬래브	최대두께 0.2~0.7 최장경간 7.3	<100	병원, 호텔 주거용 주차장 업무시설	설치가 힘듬	융통성이 없으며, 보를 사용할 경우 층고 증대	형태가 다양, 지속적으로 사용되어옴	우수	좋음
장선 슬래브	4.6~12.2	<50	사무실 학교	손쉽게 설치 가능	균열이 발생되기 쉽다	재사용 가능	방화문 설치 요구	좋음

9.2 1방향 슬래브

9.2.1 모멘트 계수를 사용한 1방향 슬래브의 해석

(1) 제한 조건

① 두 경간 이상일 때

② 서로 인접한 두 경간 길이의 차가 20% 이하일 때

③ 등분포하중일 때

④ 활하중이 고정하중의 3배 이하일 때

⑤ 부재의 단면 크기가 일정할 때

(2) 휨모멘트

부재 단부 및 중앙부의 휨모멘트는 다음과 같다.

$$M_u = \text{모멘트계수} \times w_u l_n^{\,2} \tag{9.1}$$

여기서, 모멘트계수는 그림 9.2와 같고 w_u는 계수하중, l_n은 순 경간이다.

(3) 전단력

① 최외단 경간의 연속 단부 : $1.15 w_u l_n / 2$ (9.2a)

② 그 외의 단부 : $w_u l_n / 2$ (9.2b)

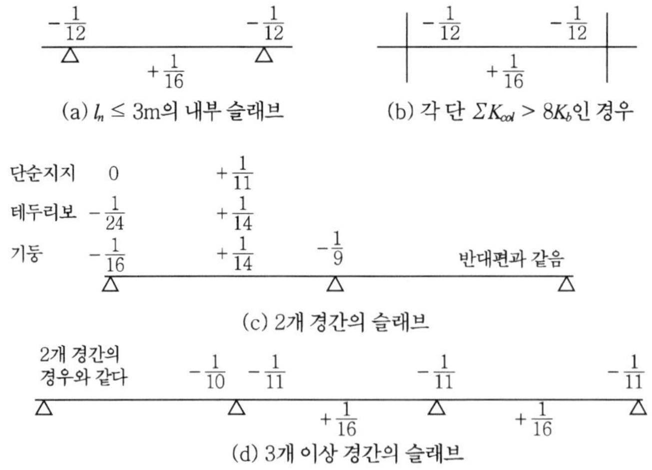

그림 9.2 모멘트 계수

9.2.2 슬래브의 구조제한

(1) 건조수축 및 온도철근

수축, 온도철근으로 배근되는 이형철근은 어떤 경우에 있어서도 철근비는 0.0014 이상이어야 하며 다음 철근비 이상이어야 한다.

① $f_y \leqq$ 400MPa 인 이형철근

$$\rho_{\min} = 0.0020 \tag{9.3a}$$

② 0.0035 항복변형률에서 측정한 f_y가 400MPa을 초과하는 철근

$$\rho_{\min} = 0.0020 \times 400/f_y \tag{9.3b}$$

③ 건조수축과 온도철근의 최대간격 : 슬래브 두께의 5배 또는 450mm 중 작은 값 이하

(2) 주근

① 최소철근량 : 건조수축 및 온도철근
② 최대간격 : 슬래브 두께의 3배, 450mm 이하
③ 슬래브의 정, 부모멘트 철근의 중심간격은 최대 휨모멘트가 일어나는 단면에서는 슬래브 두께의 2배 이하이어야 하고, 또한 300mm 이하로 하여야 한다. 기타의 단면에서는 위의 ②항에 따른다.

(3) 부근

① 최소철근량 : 건조수축 및 온도철근
② 최대간격 : 슬래브 두께의 5배, 450mm 이하

(4) 슬래브 두께

1방향 슬래브의 두께는 7.2.3절에 따르며, 그렇지 않을 때는 처짐 검토를 한다. 또한, 슬래브 두께는 100mm 이상으로 하여야 한다.

9.2.3 1방향 슬래브의 설계

(1) 설계절차

① 슬래브 두께 가정 : 위의 (4)항에 따른다.

② 단위 폭에 대한 슬래브 모멘트 계산 : 모멘트 계수법을 사용한다.

③ 철근량 및 배근간격 계산 : 보에서와 동일하게 하며, 슬래브의 구조제한에 따라 최소 철근량 및 최대 배근간격을 검토한다.

④ 전단 검토

(2) 배근방법

보의 배근방법에 따른다(그림 4.9와 4.10 참조).

예제 9.1

아래 그림과 같은 경간이 3.6m인 연속 1방향 슬래브를 설계하라. 슬래브의 고정하중은 자중과 $3kN/m^2$이며, 활하중은 $3kN/m^2$이다. 콘크리트는 일반 콘크리트로서 기준 압축강도 $f_{ck}=21MPa$이며, 철근의 기준 항복강도 $f_y=400MPa$이다. 단, 슬래브는 과도한 처짐에 의해 손상되기 쉬운 비구조 요소를 지지하지 않는다.

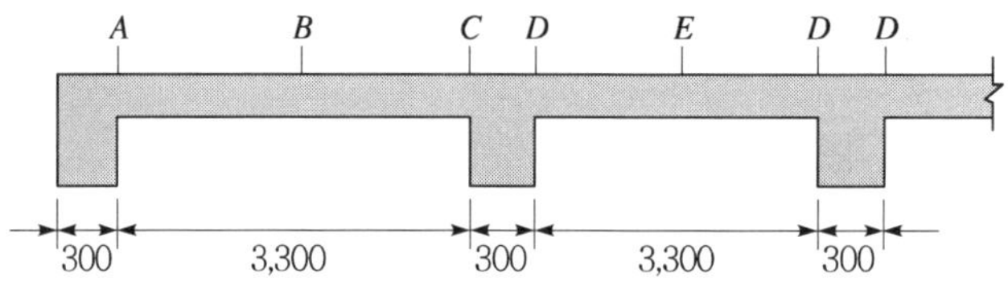

풀이

1. 슬래브 두께 가정

처짐을 계산하지 않아도 좋은 슬래브의 최소 두께는

$h=\frac{l}{24}=\frac{3.6}{24}=0.15m$이다.

2. 단위폭에 대한 하중계산

$W_D=24\times 0.15+3=6.6kN/m$

$W_U=1.2W_D+1.6W_L=1.2\times 6.6+1.6\times 3=12.72kN/m$

3. 실용해법에 의하여 모멘트(M_u) 계산

$M_u = (\text{모멘트 계수}) \times W_u l_n^2$

$= (\text{모멘트 계수}) \times 12.72 \times 3.3^2$

여기서, 모멘트 계수는 그림 9.2(d)와 같다.

4. 단변 방향의 철근량 및 배근간격 계산

$d = 150 - 20 - 13/2 = 123.5\text{mm}$

내단부 C점의 모멘트 $M_u = 13.9\text{kN}\cdot\text{m}$에 대하여,

$$R_n = \frac{M_u}{\phi b d^2} = \frac{13.9 \times 10^6}{0.85 \times 1{,}000 \times 123.5^2} = 1.07\text{MPa}$$

$$\rho = \frac{0.85 f_{ck}}{f_y}\left(1 - \sqrt{1 - \frac{2R_n}{0.85 f_{ck}}}\right)$$

$$= \frac{0.85 \times 21}{400}\left(1 - \sqrt{1 - \frac{2 \times 1.07}{0.85 \times 21}}\right) = 0.00276$$

$A_s = \rho b d = 0.00276 \times 1{,}000 \times 123.5 = 340.86\text{mm}^2/\text{m}$

나머지에 대해서도 동일한 방법으로 철근량을 구한다. 배근간격은

$$s = \frac{1{,}000 a_1}{A_s}$$

으로 구한다. 여기서, a는 철근 1개의 단면적이다.

지점	계수	M_u=(계수)×($Wuln^2$)	A_s (mm^2)	간격(mm)		
				D10	D10 + D13	D13
A	$-\frac{1}{24}$	-5.8	139.8	507	708	708
B	$\frac{1}{14}$	9.9	239.6	296	413	530
C	$-\frac{1}{10}$	-13.9	340.9	208	290	372
D	$-\frac{1}{11}$	-12.6	308.8	229	320	411
E	$\frac{1}{16}$	8.7	211.2	336	468	601
배근 제한		온도철근 및 배근간격	300	450	450	450

최소 철근량 및 최대 배근간격 검토

최소 철근량 $= 1{,}000 \times 150 \times 0.002 = 300\text{mm}^2/\text{m}$

최대 배근간격 $= 450\text{mm}$ 이하

5. 장변 방향의 철근량 및 배근간격 계산

장변방향 단부의 부모멘트는 부록 A.4의 표에서 2방향 슬래브의 $m = 5$일 때의 값을 취한다.

주변 지지조건이 가장 불리한 경우의 슬래브에 대해 모멘트를 구하면

$M_u = C \times W_u l_2{}^2$ (단, $l_2 = 2\times$ 단변 순경간)

$= -0.01 \times 13.9 \times (2 \times 3.3)^2$

$= -6.1\text{kN} \cdot \text{m/m}$

$d = 150 - 20 - 13 - 10/2 = 112\text{mm}$

단변방향의 경우와 동일한 방법으로 하면

$\rho = 0.0012$

$A_s = 0.0012 \times 1{,}000 \times 112 = 135\text{mm}^2/\text{m} \rightarrow$ D10@500

최소 철근량 및 최대 배근간격 검토

최소 철근량$= 1{,}000 \times 150 \times 0.002 = 300\text{mm}^2/\text{m}$

최대 배근간격$= 450\text{mm}$ 이하

6. 전단 검토

최대 전단력은 첫 번째 내측지점인 C 단면에서 거리 d만큼 떨어진 곳에서 생기고 그 크기는

$$V_u = 1.15\,\frac{W_u(l_n - 2d)}{2} = 1.15 \times \frac{12.72 \times (3.3 - 2 \times 0.1235)}{2} = 22.33\text{kN/m}$$

$$\phi V_c = \phi\,\frac{1}{6}\lambda\,\sqrt{f_{ck}}\,bd$$

$$= 0.75 \times \frac{1}{6} \times 1.0 \times \sqrt{21} \times 1{,}000 \times 123.5 \times 10^{-3}$$

$$= 70.7\text{kN/m} > 22.33\text{kN/m} \qquad \therefore \text{ 적합함}$$

9.3 2방향 슬래브

9.3.1 개요

2방향 슬래브는 기둥에 의해 지지되는 2방향 슬래브와 보에 의해 지지되는 2방향 슬래브가 있다. 기둥에 의해 지지되는 2방향 슬래브를 설계할 때에는 슬래브의 모멘트가 기둥선에 집중되는 현상을 고려하여 그림 9.3과 같이 슬래브를 주열대와 중간대로 나누어 구조해석을 한다. 기둥지지 2방향 슬래브의 구조해석 방법은 직접설계법과 등가골조법이 있다.

보에 의하여 지지되는 슬래브에서는 보와 슬래브의 강성비에 의하여 모멘트 분포와 처짐이 달라진다. α를 슬래브 휨강성에 대한 보 휨강성의 비로 정의하면 다음과 같이 된다.

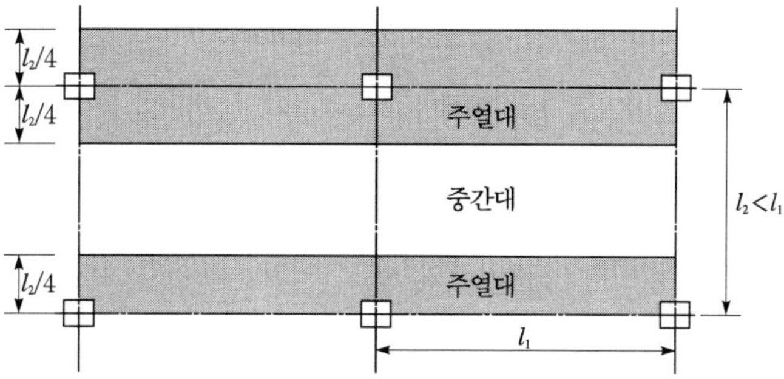

(a) 긴 변 방향 ($l_2<l_1$)

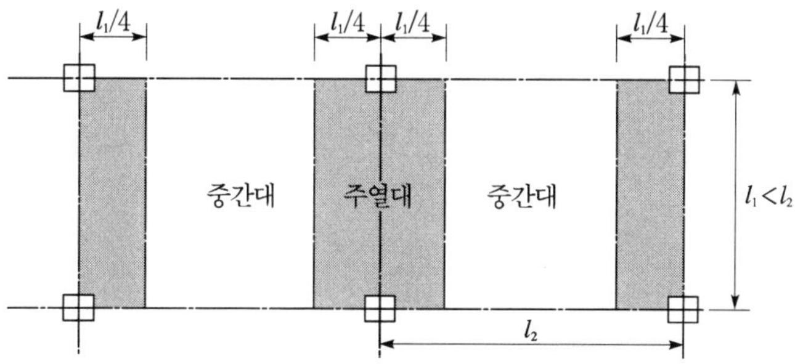

(b) 짧은 변 방향 ($l_1<l_2$)

그림 9.3 설계대의 정의

$$\alpha = \frac{4\,E_{cb}\,I_b/l}{4E_{cs}\,I_s/l} = \frac{E_{cb}\,I_b}{E_{cs}\,I_s} \tag{9.4}$$

여기서, E_{cb}, E_{cs} : 보와 슬래브 콘크리트의 탄성계수

I_b , I_s : 균열이 생기지 않은 상태에서 보와 슬래브의 단면2차모멘트

위의 식에서 I_b 계산은 그림 9.4와 같이 보에 슬래브의 일부를 포함한 단면으로 하며, I_s 계산은 보 사이의 중심간 길이와 슬래브 두께를 대상 단면으로 한다.

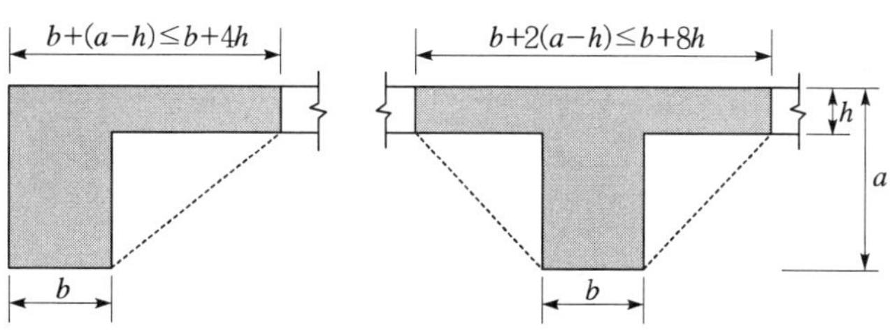

그림 9.4 I_b 계산용 보의 단면

9.3.2 직접설계법

(1) 적용범위

직접설계법은 다음의 조건에 맞는 연속슬래브에만 적용할 수 있으며, 이러한 조건에 맞지 않는 슬래브에는 등가골조법을 적용한다.

① 각 방향으로 3경간 이상 연속되어야 한다.

② 장변이 단변의 2배 이하인 직사각형이어야 한다.

③ 각 방향으로 연속한 경간길이는 긴 경간의 1/3 이상 차이가 나서는 안된다.

④ 연속한 기둥 중심선으로부터 기둥의 이탈은 이탈 방향 경간의 10%까지 허용된다.

⑤ 모든 하중은 등분포 연직하중으로, 활하중은 고정하중의 2배 이하이어야 한다.

⑥ 보가 모든 변에서 슬래브판을 지지할 경우, 직교하는 두 방향에서 보의 상대강성 $(\alpha_1 l_2^{\ 2})/(\alpha_2 l_1^{\ 2})$은 0.2 이상 5.0 이하로 한다.

(2) 전체 정적 계수모멘트(M_0) 계산

$$M_0 = \frac{w_u l_2 l_n^{\ 2}}{8} \tag{9.5}$$

여기서, l_2 : 모멘트가 계산되는 방향의 직각방향 슬래브의 중심간격

l_n : 모멘트가 계산되는 방향의 순 경간길이

(3) 정 및 부 모멘트 분배

1) 내부 경간의 경우 M_0의 분배율

$$\text{부 계수모멘트 } M_u^{\ -} = 0.65\,M_0 \tag{9.6a}$$

$$\text{정 계수모멘트 } M_u^{\ +} = 0.35\,M_0 \tag{9.6b}$$

2) 단부 경간의 경우 M_0의 분배율

	구속되지 않은 외단	모든 지지부 사이에 보가 있는 슬래브	내부 지지부 사이에 보가 없는 슬래브		완전 구속된 외단
			가장자리 보가 없는 경우	가장자리 보가 있는 경우	
내단의 부 계수모멘트	0.75	0.70	0.70	0.70	0.65
정 계수모멘트	0.63	0.57	0.52	0.50	0.35
외단의 부 계수모멘트	0.00	0.16	0.26	0.30	0.65

(4) 주열대 및 중간대의 모멘트 분배

1) 주열대에서의 계수 모멘트 분담률(%)

<table>
<tr><td colspan="3" rowspan="2"></td><td colspan="3">l_2/l_1</td></tr>
<tr><td>0.5</td><td>1.0</td><td>2.0</td></tr>
<tr><td colspan="3">내단의 부모멘트
$(\alpha_1 l_2/l_1) = 0$
$(\alpha_1 l_2/l_1) \geqq 1.0$</td><td>
75
90</td><td>
75
75</td><td>
75
45</td></tr>
<tr><td rowspan="4">외단의
부모멘트</td><td rowspan="2">$(\alpha_1 l_2/l_1) = 0$</td><td>$B_t = 0$</td><td>100</td><td>100</td><td>100</td></tr>
<tr><td>$B_t \geqq 2.5$</td><td>75</td><td>75</td><td>75</td></tr>
<tr><td rowspan="2">$(\alpha_1 l_2/l_1) \geqq 1.0$</td><td>$B_t = 0$</td><td>100</td><td>100</td><td>100</td></tr>
<tr><td>$B_t \geqq 2.5$</td><td>90</td><td>75</td><td>45</td></tr>
<tr><td colspan="3">중앙부 정모멘트
$(\alpha_1 l_2/l_1) = 0$
$(\alpha_1 l_2/l_1) \geqq 1.0$</td><td>
60
90</td><td>
60
75</td><td>
60
45</td></tr>
</table>

- 위의 값 사이에서는 직선 보간법 적용
- l_1 : 모멘트가 결정되는 방향의 중심 경간길이

  l_2 : l_1에 직각방향의 중심 경간길이

  α_1 : α의 l_1 방향의 값

  β_t : 가장자리 보의 슬래브에 대한 비틀림 강성비

$$\beta_t = \frac{E_{cb} C}{2 E_{cs} I_s} \tag{9.7}$$

$$C = \Sigma \left[\left(1 - 0.63 \frac{x}{y}\right) \frac{x^3 y}{3} \right] \tag{9.8}$$

식 (9.8)에서 x 는 장방형 단면의 짧은 변, y는 긴 변을 나타내며, 보의 단면은 그림 9.4의 I_b 계산용 단면과 같이 한다.

- 외부지지부가 조적조일 경우는 $\beta_t = 0$
- 외부지지부가 슬래브와 일체로 된 비틀림 저항이 매우 큰 콘크리트 벽 체일 경우는 $\beta_t = 2.5$로 할 수 있다.

2) 중간대에서의 계수모멘트 분담률

주열대가 분담하고 난 나머지를 중간대로 할당한다.

(5) 기둥과 벽체의 계수모멘트

1) 내부 기둥 및 벽체의 설계 모멘트

$$M = 0.07[(w_d + 0.5w_l)l_2 l_n^{\,2} - w_d' l_2' (l_n')^2] \tag{9.9}$$

여기서, w_d', l_2, l_n'는 짧은 경간에 대한 값이다.

2) 외부 기둥 및 벽체의 설계모멘트

슬래브의 전 외부 계수모멘트가 기둥이나 벽체로 전달된다.

9.3.3 등가골조법

(1) 개요

① 3차원의 건물 구조체가 기둥 중심선을 따라 종방향과 횡방향으로 2차원의 등가골조로 분할된다.

② 각 골조는 등가기둥과 기둥을 중심으로 양쪽 패널을 반분하는 슬래브-보로 구성된다.

③ 등가 골조법에서 부재모멘트를 계산하는 데는 모멘트 분배법이 사용되며, 따라서 부재의 휨강성($K = kEI/l$), 전달률 COF, 분배율 DF 및 고정단 모멘트 FEM 등이 계산되어야 한다.

(2) 부재의 단면성능 계산

1) 슬래브-보의 휨강성 계산 : K_{sb}

등가 골조에서 슬래브-보는 수평부재의 총칭으로 슬래브, 지판이 있는 슬래브, 보가 있는 슬래브 등이 포함된다

2) 등가기둥의 휨강성 계산

$$\frac{1}{K_{ec}} = \frac{1}{\Sigma K_c} + \frac{1}{K_t}$$

여기서, K_{ec} : 기둥의 유효 휨강성

K_c : 기둥의 휨강성

K_t : 기둥에 가로로 접합된 비틀림 부재의 비틀림 강성

등가골조에서 슬래브의 회전변형은 기둥의 휨강성과 기둥에 가로로 부착된 비틀림 부재의 비틀림 강성에 의하여 억제된다. 비틀림 부재의 비틀림 강성이 무한히 큰 경우에는 기둥의 휨강성에 의하여 슬래브의 휨변형이 구속되나, 실제에 있어서는 비틀림 부재의 비틀림 강성이 유한하기 때문에 슬래브의 평균 회전변형은 기둥면에서의 회전변형보다 커진다. 따라서 슬래브의 평균 회전에 관련된 기둥의 유효 휨강성의 K_{ec}는 기둥의 휨강성 K_c보다 작은 값을 가지며, 유효 휨강성 K_{ec}를 가지는 기둥을 등가기둥이라 한다.

(3) 골조해석 : 모멘트 분배법을 사용하여 설계모멘트를 계산한다.

(4) 주열대와 중간대의 설계모멘트 분배 : 직접 설계법과 동일하다.

(5) 패턴재하의 영향 검토

① $\dfrac{D}{L} > \dfrac{3}{4}$ 이면 패턴재하의 영향 무시

② $\dfrac{D}{L} \leq \dfrac{3}{4}$ 이면 패턴재하의 영향 고려

- 정모멘트 계산 : 계수 고정하중이 전 패널에 작용하는 위에 계수 활하중의 3/4이 그 패널과 한 경간씩 건너 패널에 작용하는 경우를 대상으로 한다.
- 부모멘트 계산 : 계수 활하중의 3/4이 그 지지부에 인접한 두 패널에만 작용할 때를 고려한다.

9.3.4 휨모멘트 계수법

4변이 보에 의하여 지지된 2방향 슬래브의 모멘트, 전단력 등을 모멘트, 전단력 계수표에 의한 계수를 적용하여 구하는 방법이다.

(1) 휨모멘트

$$M_a = C w_u {l_1}^2 \tag{9.10a}$$

$$M_b = C w_u {l_2}^2 \tag{9.10b}$$

여기서, M_a : l_1 방향 경간에서의 휨모멘트

M_b : l_2 방향 경간에서의 휨모멘트

l_1 : 단변 방향으로의 순 경간 길이

l_2 : 장변 방향으로의 순 경간 길이

C : 부록 A.4의 표에 주어진 2방향 슬래브에 대한 모멘트계수

(2) 전단력

슬래브에서의 전단응력은 하중이 부록 A.4의 표에 따라서 지점에 등분포된다고 가정하여 계산할 수 있다.

예제 9.2

다음 그림과 같이 단변의 길이가 6m, 장변의 길이가 7m인 직사각형 슬래브의 모서리에 위치한 슬래브판에 생기는 휨모멘트를 휨모멘트 계수법을 사용하여 구하라. (단, 고정하중은 $W_D = 6\text{kN/m}^2$이고, 활하중 $W_L = 5\text{kN/m}^2$이다. $f_{ck} = 21\text{MPa}$, $f_y = 400\text{MPa}$, 모든 보폭은 400mm이다.)

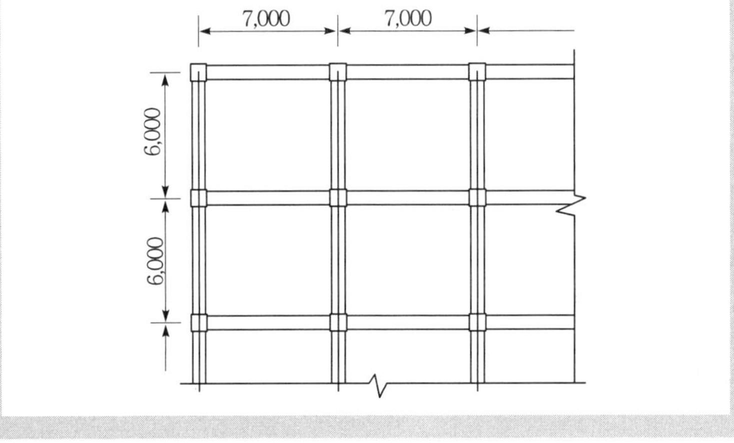

풀이

1. 장변에 대한 단변의 비 및 계수하중의 산정

① 장변에 대한 단변의 비($m = l_1/l_2$)

단변 방향의 순경간 $l_1 = 6{,}000 - 400 = 5{,}600\text{mm}$

장변 방향의 순경간 $l_2 = 7{,}000 - 400 = 6{,}600\text{mm}$

$m = 5{,}600/6{,}600 = 0.85$

② 계수하중

$W_u = 1.2 \times 6 + 1.6 \times 5 = 15.2\text{kN/m}^2$

2. 중간대의 부(−)모멘트의 계산

중간대의 부(−) 모멘트에 대한 계수를 구할 때는 부록 A.4에서 (1)의 경우 4를 이용한다.

단변 방향에 대한 계수

$C_{A,\ neg} = 0.066$

장변 방향에 대한 계수

$C_{B,\ neg} = 0.034$

단변 방향의 부모멘트

$M_a = C_{A,\ neg} \times W_u \times l_1{}^2 = 0.066 \times 15.2 \times 5.6^2 = 31.5\text{kN} \cdot \text{m/m}$

장변 방향의 부모멘트

$M_b = C_{B,\ neg} \times W_u \times l_2{}^2 = 0.034 \times 15.2 \times 6.6^2 = 22.5\text{kN} \cdot \text{m/m}$

3. 중간대의 정(+)모멘트의 계산

중간대의 정(+)모멘트에 대한 계수를 구할 때는 고정하중에 대해서는 A.4에서 (2)의 경우 4를 이용하고, 활하중에 대해서는 (3)의 case 4를 이용한다.

단변 방향에 대한 계수 $C_{A,\ DL} = 0.036$, $C_{A,\ LL} = 0.043$

장변 방향에 대한 계수 $C_{B,\ DL} = 0.019$, $C_{B,\ LL} = 0.023$

단변 방향의 정모멘트

$$M_a = C_{A,\ DL}(1.2W_D)l_1{}^2 + C_{A\ ,LL}(1.6W_L)l_1{}^2$$
$$= 0.036(1.2 \times 6) \times 5.6^2 + 0.043(1.6 \times 5) \times 5.6^2 = 18.9\text{kN} \cdot \text{m/m}$$
$$M_b = C_{B,\ DL}(1.2W_D)l_2{}^2 + C_{B,\ LL}(1.6W_L)l_2{}^2$$
$$= 0.019(1.2 \times 6) \times 6.6^2 + 0.023(1.6 \times 5) \times 6.6^2 = 14.0\text{kN} \cdot \text{m/m}$$

4. 불연속단의 부모멘트 계산

불연속단에서 부모멘트 크기는 정모멘트의 1/3을 사용하므로 다음과 같다.

단변 방향의 부모멘트 $M_a = (1/3)(18.9) = 6.3\text{kN} \cdot \text{m/m}$

장변 방향의 부모멘트 $M_b = (1/3)(14.0) = 4.7\text{kN} \cdot \text{m/m}$

5. 주열대의 정·부모멘트 계산

주열대의 단변 방향에 대한 휨모멘트는 중간대와의 경계선에서는 M_a이며, 판의 단부로 가면서 직선적으로 감소하여 단부에서는 $M_a/3$가 되므로 주열대의 평균 휨모멘트는

$(M_a + M_a/3)/2 = 2/3M_a$

가 된다. 장변 방향에 대해서도 마찬가지로 평균 휨모멘트는

$(M_b + M_b/3)/2 = 2/3M_b$

이므로 주열대에 대한 평균 휨모멘트는 다음과 같다.

단변 방향 부모멘트는

끝단 : $M_a = 6.3 \times 2/3 = 4.2\text{kN} \cdot \text{m/m}$

연속단 : $M_a = 31.5 \times 2/3 = 21.0\text{kN} \cdot \text{m/m}$

장변 방향 부모멘트는

끝단 : $M_b = 4.7 \times 2/3 = 3.1\text{kN} \cdot \text{m/m}$

연속단 : $M_b = 22.5 \times 2/3 = 15.0\text{kN} \cdot \text{m/m}$

단변 방향 정모멘트

$M_a = 18.9 \times 2/3 = 12.6\text{kN} \cdot \text{m/m}$

장변 방향 정모멘트

$M_b = 14.0 \times 2/3 = 9.3\text{kN} \cdot \text{m/m}$

9.3.5 2방향 슬래브의 설계

(1) 설계절차

1) 슬래브 형식 결정

건축적, 시공적 측면을 고려하여 적절한 형식을 선택한다.

2) 슬래브 두께 결정

슬래브 두께는 7.2.3절에 따라서 결정한다.

3) 설계방법 결정

제한사항 내에 있으면 직접설계법을 사용하고 그 외의 경우는 등가골조법을 사용한다.

4) 슬래브의 모멘트 계산

5) 슬래브 모멘트를 주열대와 중간대로 분배

6) 철근량 및 배근간격 계산

최소 철근량 및 최대 배근간격 검토(1방향 슬래브와 동일함)

7) 전단 검토

(2) 철근배근 방법

1) 기둥지지 2방향 슬래브

규준에서 정하는 철근의 연장, 절단 및 굽힘의 최소길이는 그림 9.5에 나타낸 바와 같다.

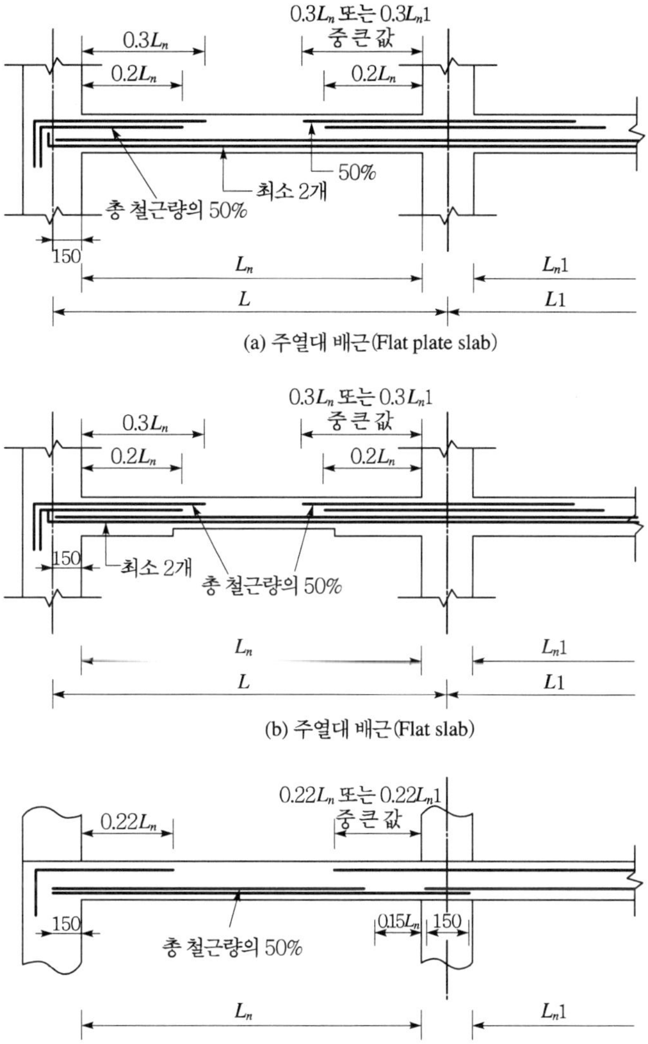

그림 9.5 기둥지지 2방향 슬래브의 철근배근 상세

2) 보지지 2방향 슬래브

규준에서 정하는 철근배근 방법은 그림 9.6에 나타내었다.

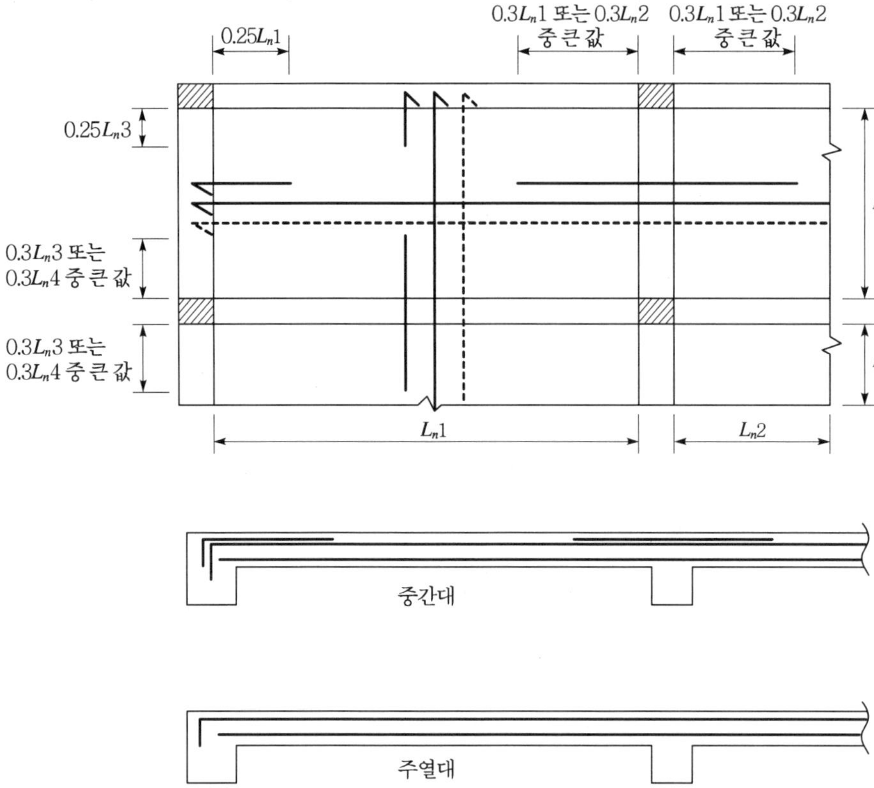

그림 9.6 보지지 2방향 슬래브의 철근배근 상세

9.4 슬래브의 개구부

9.4.1 슬래브의 개구부 크기

(1) 구조해석 결과 설계강도가 소요강도 이상이고, 처짐 한계를 포함한 모든 사용성을 만족할 경우 어떤 크기의 개구부도 슬래브 내에 둘 수 있다.

(2) 보가 없는 슬래브의 경우 규준에서 요구되는 특별한 해석을 하지 않고도 다음 항에 따라 개구부를 둘 수 있다.

① 양방향의 중간대가 겹치는 부분은 개구부가 없을 때의 소요 철근량을 유지한다면

어떤 크기의 개구부도 둘 수 있다.

② 양방향의 주열대가 겹치는 부분에서 어느 쪽의 경간에서나 주열대 폭의 1/8 이상이 개구부에 의해 차단되지 않아야 한다. 개구부에 의해 감소된 철근량은 개구부 주변에 추가 배근해야 한다.

③ 한 개의 주열대와 한 개의 중간대가 겹치는 부분에서 어느 설계대에서도 그 설계대의 1/4 이상의 철근이 개구부에 의해 절단되지 않아야 한다. 개구부에 의해 감소된 철근량은 개구부 주변에 추가 배근해야 한다.

④ 전단에 대한 규정을 만족시켜야 한다.

9.4.2 개구부 보강

(1) 개구부 크기가 슬래브 판 크기에 비해 작을 경우 그림 9.7과 같이 개구부에 의해 절단되는 철근과 같은 단면적의 철근을 개구부 양쪽에 보강하여야 한다.

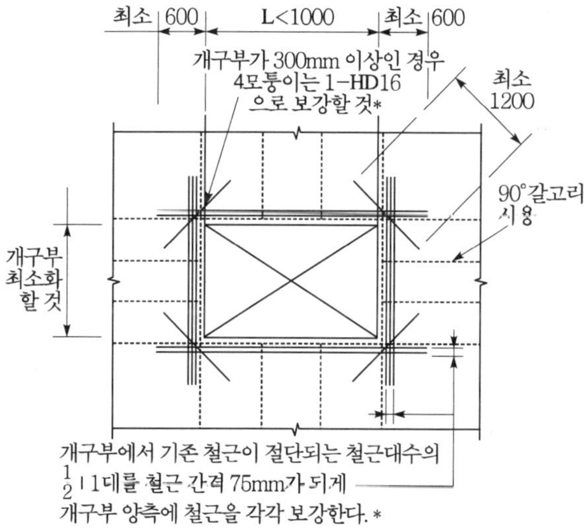

주기

1. 개구부의 길이가 1000mm 이상일 경우에 도면에 철근배근 상세도가 없으면 시공자는 구조감리자의 승인을 받은 후 시공한다.
2. *표는 기존의 철근배근이 단배근이면 단배근으로 복배근이면 복배근으로 한다.
3. 철근의 크기가 표시되지 않은 철근은 기존 배근과 같은 크기의 철근을 사용한다.
4. --- : 기존 슬래브 배근임.

그림 9.7 슬래브 개구부 보강 상세

(2) 개구부가 슬래브 판 크기에 비해 큰 경우 각 변에서 캔틸레버 슬래브로 가정하여 설계하여 보강한다.

(3) 개구부가 크고 한쪽으로 치우쳐서 위치한 경우 3변 고정이고 1변 자유인 슬래브로 취급할 수 있다.

9.5 슬래브의 2방향 전단설계

9.5.1 뚫림 전단(Punching shear) 또는 2방향 전단(Two way shear)

플랫 슬래브와 같이 보 없이 직접 기둥에 지지되는 구조나 기초판 같이 기둥을 지지하는 구조에서는 집중하중의 작용에 의하여 기둥주위에 그림 9.8에 나타낸 바와 같이 슬래브의 하부로부터 경사지게 균열이 발생하여 구멍이 뚫리는 형태로 전단파괴 되는 경우이다. 이 때 파괴면의 수평에 대한 경사각 θ는 콘크리트의 강도나 철근보강에 따라 20°~ 45°가 된다.

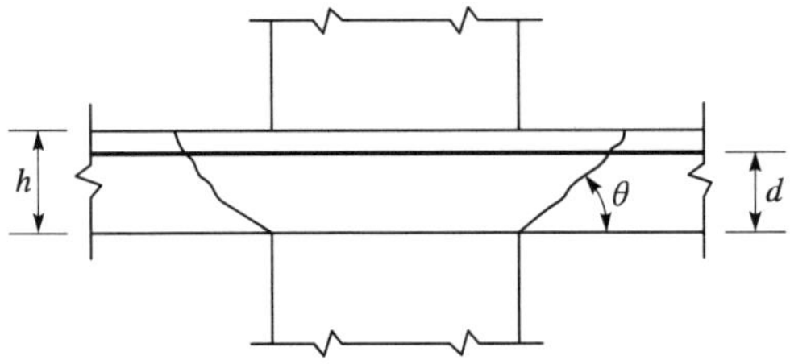

그림 9.8 전단 균열

9.5.2 규준에 의한 2방향 설계 전단강도

규준에 의한 콘크리트의 2방향 설계 전단강도는 다음과 같고 공칭전단강도 V_c는 $0.58 f_{ck} b_o c_u$ 이하이어야 한다.

$$\phi V_c = \phi v_c b_o d \tag{9.11a}$$

$$v_c = \lambda k_s k_{bo} f_{te} \cot\psi (c_u/d) \tag{9.11b}$$

여기서, v_c : 콘크리트의 공칭전단응력강도

b_o : 위험단면의 둘레길이

f_{te} : 압축대 콘크리트의 인장강도

λ : 경량 콘크리트 계수

ψ : 슬래브 휨 압축대의 균열강도

k_s : 슬래브의 두께 계수

c_u : 슬래브 위험단면 압축대 깊이의 평균값이고 f_{cc}는 위험단면의 압축대에 작용하는 평균압축응력

k_{bo} : 위험단면 둘레길이의 영향계수

$$k_s = (300/d)^{0.25} \leq 1.1 \tag{9.11c}$$

$$k_{bo} = 4/\sqrt{\alpha_s (b_o/d)} \leq 1.25 \tag{9.11d}$$

$$f_{te} = 0.2\sqrt{f_{ck}} \tag{9.11e}$$

$$\cot\psi = \sqrt{f_{te}(f_{te} + f_{cc})}/f_{te} \tag{9.11f}$$

$$c_u = d\left[25\sqrt{\rho/f_{ck}} - 300(\rho/f_{ck})\right] \tag{9.11g}$$

$$f_{cc} = (2/3)f_{ck} \tag{9.11h}$$

여기서, k_s의 하한값은 0.75임.

α_s : 내부기둥의 경우 1.0, 외부기둥의 경우 1.33, 모서리 기둥의 경우 2.0임

ρ : $\rho \leq 0.03$의 범위에서 사용할 수 있으며 $\rho \leq 0.005$의 경우 0.005를 사용할 수 있음.

9.5.3 슬래브 뚫림 전단의 위험단면

뚫림 전단의 위험단면은 그림 9.9에 나타낸 바와 같이 기둥주변으로부터 $d/2$ 만큼 떨어져 슬래브에 수직한 면으로 한다.

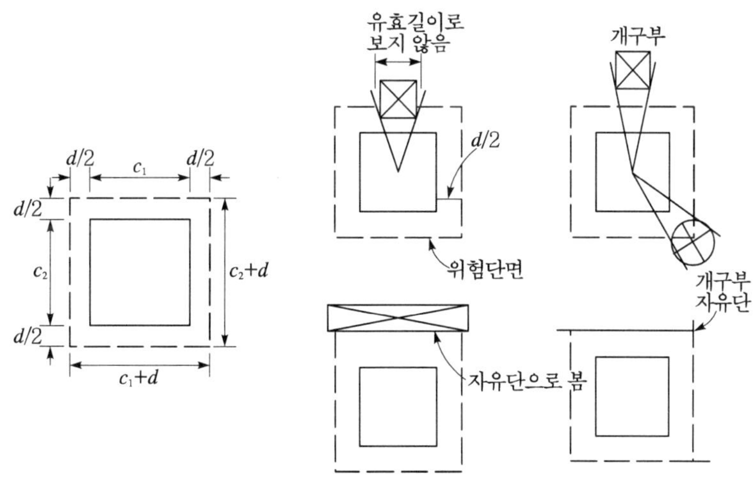

그림 9.9 슬래브의 위험 단면

9.5.4 슬래브의 전단보강

식 (9.11)에 의하여 얻어지는 2방향 설계 전단강도 ϕV_c가 위험단면에서 계수하중에 의한 전단력 V_u보다 작은 경우에는 슬래브의 두께를 크게 하거나, 지판 또는 주두를 사용하여 $b_o d$의 값을 크게 함으로써 $\phi V_c \geqq V_u$의 설계식을 만족시킬 수 있다. 그러나 어떤 제약에 의하여 슬래브의 두께를 크게 할 수 없고 지판이나 주두의 사용이 불가능한 경우에는 그림 9.10과 같은 방법으로 기둥 주위의 슬래브를 전단보강하여야 한다.

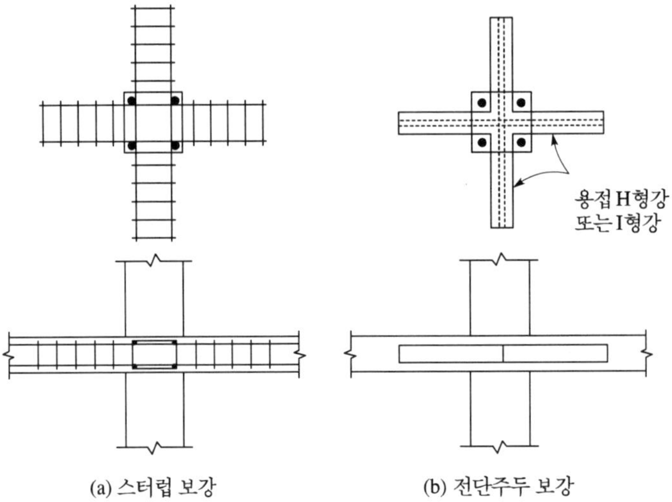

그림 9.10 슬래브의 뚫림전단 보강

(1) 슬래브의 스터럽 보강법

스터럽으로 보강하는 경우 슬래브의 2방향 전단강도 V_n은 다음과 같다.

$$V_n = V_c + V_s \tag{9.12}$$

여기서, $V_n \leqq 0.58 f_{ck} b_o c_u$ (9.13)

$$V_c = v_c b_o d$$

$$V_s = \frac{0.5 A_v f_{yt} d}{s} \quad (f_{yt} \leq 400\text{MPa})$$

$b_o =$ 각 방향 마지막 스터럽에서 바깥쪽으로 $d/2$ 떨어진 지점을 연결하는 선으로 한다(그림 9.11).

이 방법은 얇은 슬래브에는 적용하기 어려우며, 두께 150mm 이상이고 전단철근의 지름의 16배 이상인 슬래브에 사용하는 것이 바람직하다.

(2) 전단주두 보강법

형강을 그림 9.10(b)와 같이 '+' 형으로 제작한 후 피복두께를 유지하면서 교차부분이 기둥머리에 위치하도록 슬래브 내에 설치하며, 인장철근의 상단철근은 형강 위를 지나 연속되게 하고 하단철근은 형강 가까운 위치에서 끝나도록 배근하다.

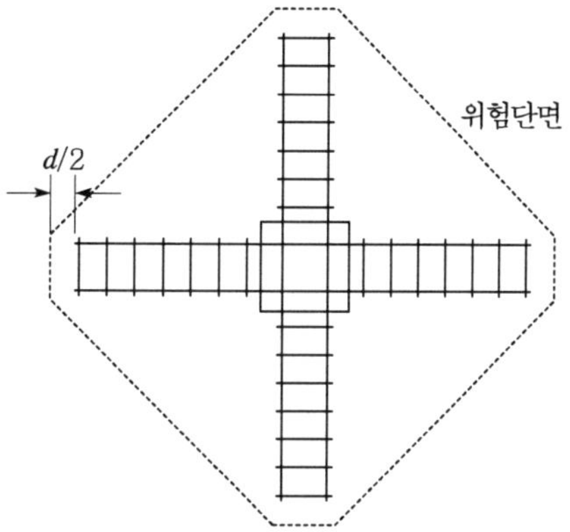

그림 9.11 스터럽 보강 슬래브의 위험단면

연습문제

9.1 500mm×500mm 정사각형 기둥에 지지되는 $l_1 = l_2 = 5.4\ \mathrm{m}$ 슬래브에 계수 등분포 하중 $w_u = 15.2\ \mathrm{kN/m^2}$이 작용할 때, 보가 없는 경우와 $b = 300\ \mathrm{mm}$, $h = 500\ \mathrm{mm}$ 보에 지지되는 경우 이 하중을 지지할 수 있는 최소한의 슬래브 두께를 계산하라. $f_{ck} = 24\ \mathrm{MPa}$ $f_y = 400\ \mathrm{MPa}$로 한다.

9.2 400mm×400mm 정사각형 기둥에 지지되는 4.8m×5.4m의 내부 플랫 슬래브에 $w_u = 13\ \mathrm{kN/m^2}$이 작용할 때 전단을 검토하고 모멘트를 직접설계법으로 계산하라. $f_{ck} = 24\ \mathrm{MPa}$, $f_y = 400\ \mathrm{MPa}$로 한다.

9.3 문제 9.1의 슬래브에서 짧은 경간 방향이 외단에 면하고 테두리보가 없을 때 슬래브의 두께와 긴 경간 방향 모멘트를 직접설계법으로 계산하라.

9.4 폭 300mm 중심 간격 3.6m인 보에 지지되는 1방향 연속 슬래브를 설계하라. 슬래브에 작용하는 고정하중은 자중을 포함하여 $5.0\ \mathrm{kN/m^2}$, 활하중은 $4.0\ \mathrm{kN/m^2}$이며, $f_{ck} = 21\ \mathrm{MPa}$, $f_y = 400\ \mathrm{MPa}$이다.

9.5 강도설계법에 의한 철근콘크리트 슬래브 설계에서 다음 그림과 같은 슬래브의 단위 폭 1m에 필요한 최소철근량을 구하라. 단, $f_{ck} = 24\mathrm{MPa}$, $f_y = 400\mathrm{MPa}$로 한다.

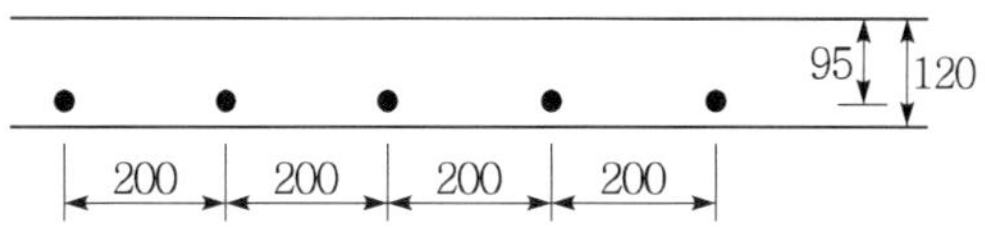

REINFORCED CONCRETE STRUCTURES

제10장 기초설계

제10장

REINFORCED CONCRETE STRUCTURES

기초설계

10.1 개요

구조물 상부로부터 전달되어 내려오는 하중을 지반이 안전하게 지지하도록 설계된 구조물을 기초라 한다. 안전하게 잘 설계된 기초에 있어서도 상부하중이 작용하면 얼마간 지반의 침하를 피할 수는 없다. 따라서 기초의 설계에서 가장 우선적으로 고려되어야 하는 것은 전체 침하량을 가급적이면 작게 국한시키는 것과 부동침하가 생기지 않도록 하는 것이다. 이중에서도 부동침하는 구조체에 예상할 수 없는 높은 응력과 균열 등 부작용을 일으키기 때문에 설계 시에 특히 주의를 기울여야 한다.

10.1.1 침하량을 적게 하기 위한 사항

① 충분한 지내력을 가진 지반층에 기초를 설치한다.
② 기초면적을 크게 하여 지반의 지압을 작게 한다.
③ 말뚝을 사용하여 기초에 전달된 하중을 암반층 등에 전달한다.

10.1.2 부동침하를 가급적 적게 하기 위한 사항

① 지반에 일어나는 압축력을 균등하게 한다.
② 기초공법은 동일한 것으로 한다.
③ 같은 종류의 말뚝을 사용한다.
④ 압밀작용이 있다. 모래 및 자갈의 경우에는 압밀작용이 단시간에 일어나고 점토층인 경

우에는 서서히 일어난다.

10.1.3 기초의 형태에 영향을 주는 요인

① 지반에서 여러 가지 토압의 지층의 압축성과 강도
② 기둥 하중의 크기
③ 지하수면의 위치
④ 지하실의 필요성
⑤ 인접건물의 기초깊이

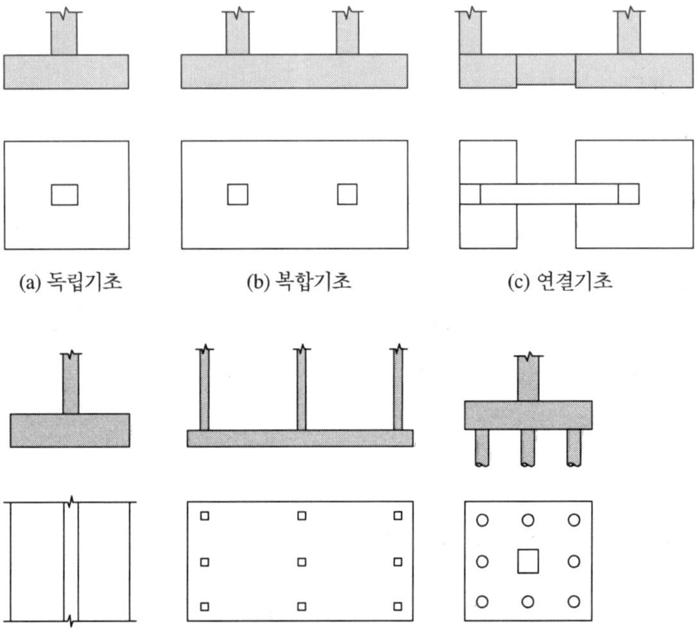

(a) 독립기초 (b) 복합기초 (c) 연결기초

(d) 줄기초 (e) 전면기초 (f) 말뚝기초

그림 10.1 기초의 종류

10.1.4 기초의 형태

(1) 줄기초(연속기초)

줄기초는 내력벽 또는 조적벽을 지지하는 기초, 또는 기둥을 연결한 건물 주위의 한 줄기의 기초로 벽체 양 옆에 켄틸레버 작용으로 하중을 분산시킨다.

(2) 독립기초

독립기초는 개개의 기둥을 독립적으로 지지하는 정방형 또는 장방형의 2방향 슬래브로, 확대기초라고도 한다. 독립기초는 기초의 침하가 고르지 않고 지진 같은 것에 각기 상하로 움직일 수 있으므로 지중보의 설치가 필요하다. 따라서 콘크리트와 철근의 물량은 적게 들지만, 거푸집 공사 등 시공은 번거롭다.

(3) 말뚝기초

말뚝기초는 독립기초와 같은 형태이나 말뚝에 의하여 지지되는 기초이다. 특히, 고층 건물의 기초에 사용된다.

(4) 복합기초

복합기초는 2개 이상의 기둥을 지지하는 긴 장방형의 기초로, 기둥들이 가까이 있거나 또는 외부기둥이 대지경계선 가까이 있을 때 사용된다.

(5) 전면기초

전면기초는 지층에 설치되는 모든 구조를 지지하는 두꺼운 슬래브 구조로 지반에 내력이 약하여 독립기초나 말뚝기초로 적당하지 않을 때 사용된다. 허용지내력이 분배된 응력의 2배 이하이면 전면기초가 독립기초보다 경제적이고 허용지내력이 분배된 응력의 4배 이상이면 독립기초가 더 경제적이다.

10.2 토압

10.2.1 기초하부의 토압분포

사질토와 같이 점착력이 약한 지반에서는 상부하중이 작용하면 기초 주위의 흙들이 바깥쪽으로 약간 이동하기 때문에 토압은 그림 10.2(a)와 같이 기초중심에서 증가하고 주변에서는 감소하는 분포를 보인다. 이와 반대로 점토질 지반에서는 강한 점착력으로 지반이 하중을 받더라도 이동을 하지 않고 기초의 주변에는 평균 토압에 더하여 전단저항이 형성되어 토압의 분포는 그림 10.2(b)와 같이 기초 중심부가 작고 주변이 큰 형태가 된다. 그러나 실제 설계에서는 토압이 균등하게 분포되는 것으로 하고 있다.

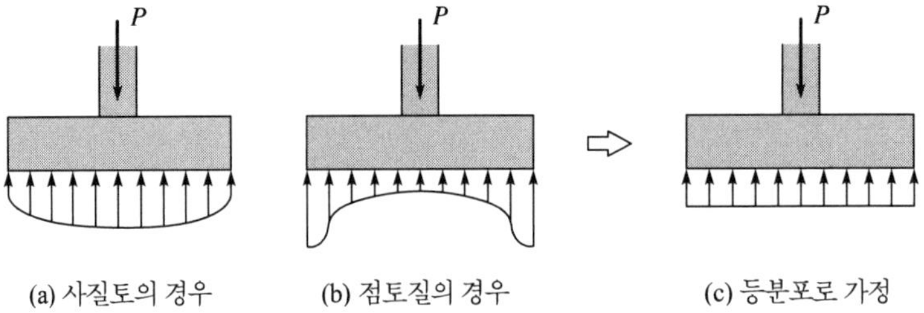

그림 10.2 기초 하부의 토압 분포

10.2.2 허용지내력

지내력은 지반의 지지력과 침하의 정도를 통틀어서 나타내는 성질이다. 지반은 상부구조와 이에 응하는 하중에 의해 파괴가 일어나지 않을 정도의 전단강도, 즉 충분한 지지력이 있어야 하며 상부구조에 해를 줄 정도의 침하가 일어나지 않아야 한다.

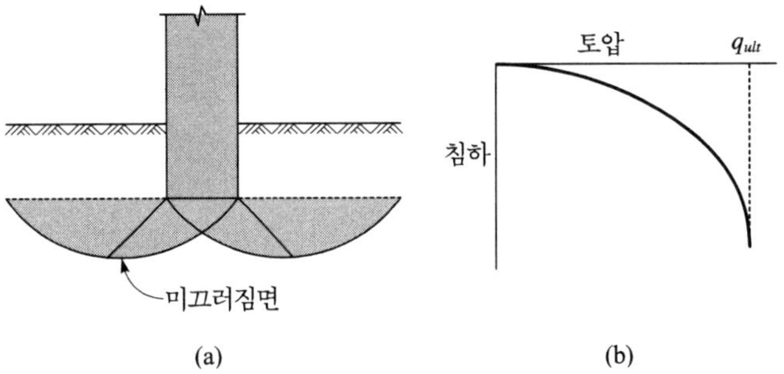

그림 10.3 기초 하부 지반의 파괴상태

기초의 지압파괴는 그림 10.3과 같이 기초하부의 지반이 아래와 바깥쪽으로 미끌어져 이동하여 일어나고, 또 다른 형태의 기초파괴는 구조물 전체의 과도한 침하 및 인접기초에 과도한 차이가 나는 부동침하이다. 지반의 장기 허용지내력은 다음의 식으로 산정한다.

$$q_a = \frac{1}{3}(\alpha \cdot C \cdot N_c + \beta \cdot \gamma_1 \cdot B \cdot N_r + \gamma_2 \cdot D_f \cdot N_q) \tag{10.1}$$

여기서, q_a : 장기허용 지내력(kN/m^2)

C : 기초저면 하부지반의 점착력(kN/m^2)

γ_1 : 기초저면 하부지반의 단위체적중량(kN/m^2)

γ_2 : 기초저면 상부지반의 단위체적중량(kN/m^2)

(γ_1, γ_2 : 지하수위 밑에 있는 경우는 수중단위체적 중량을 택한다.)

α, β : 표 10.1에 표시한 형상계수

표 10.1 허용지내력

기초저면의 형상	연속	정방형	장방형	원형
α	1.0	1.3	1.0+0.3B/L	1.3
β	0.5	0.4	0.5−0.1B/L	0.3

B : 장방형의 단변길이, L : 장방형의 장변길이

N_c, N_r, N_q : 표 10.2에 표시한 지지력 계수, 내부마찰각 φ의 함수

표 10.2 지지력계수

ϕ	N_c	N_c	N_g
0°	5.7	0.0	1.0
5°	7.3	0.5	1.6
10°	9.6	1.2	2.7
15°	12.9	2.5	4.4
20°	17.7	5.0	7.4
25°	25.1	9.7	12.7
30°	37.2	19.7	22.5
35°	57.8	42.4	41.4
40°	95.7	100.4	81.3
45°	172.3	297.5	173.3
48°	258.3	780.1	287.9
50°	347.5	1153.2	415.1

D_f : 기초에 근접한 최저지반에서 기초저면까지의 깊이(m)

인접대지에서 흙파기를 시행할 경우가 예상될 때에는 그 영향을 고려해야 한다.

B : 기초저면의 최소폭(m), 원형일때에는 지름

위의 식에서 허용지내력은 3가지 요소에 의하여 결정된다. 즉, 첫째 항은 지반의 점착력에 의한 지지력이고, 두 번째 항은 기초폭에 따른 지지력이며, 세 번째 항은 기초근입 깊이에 따른 지지력을 나타내는 것이다.

또한, 허용지내력은 평판재하 시험 및 표준관입 시험으로도 구할 수 있다.

(3) 평판재하 시험

① 평판재하 시험은 기초지반의 지내력 등을 추정할 경우에 행하는 시험이며, 재하판에 하중을 실어서 침하량을 측정하여 하중–침하 곡선을 그리고 그 결과로 지내력을 판정하는 것이다.

② 실제로 기초를 설치할 위치까지 파고 시험용 철판 30cm 각을 깔아 놓는다.

③ H형강, 레일, 벽돌 등을 위에 쌓아서 극한지내력의 약 3배의 재하를 한다.

④ 힘을 가할 수 있는 오일잭, 침하량을 측정할 수 있는 다이얼 게이지 등을 철판 위에 설치한다.

⑤ 5~10회에 구분하여 잭을 움직여 가력하되 침하가 중지하였을 때마다 가력에 의한 하중과 침하량을 측정한다.

⑥ 하중을 가하여도 침하만 늘고 하중 증가가 별로 없는 상태가 되면 가력을 중지하며, 이때의 하중을 극한하중으로 본다. 애매할 때는 일반적으로 재하철판 폭의 10%의 침하량에 달한 때의 하중을 극한하중으로 본다.

⑦ 장기허용지내력은 재하시험의 최대접지압(q_{test})을 근거로 하여 지지력계수 ($C \cdot N_c$ 또는 $\gamma_1 \cdot N_r$)를 식 (10.2)와 식 (10.3)에 의해 산출한 후 기초의 치수효과와 근입효과를 고려하여 식 (10.1)로 산정할 수 있다.

점토지반의 경우

$$C \cdot N_c = q_{test}/\alpha_t \tag{10.2}$$

사질지반의 경우

$$\gamma_1 \cdot N_r = q_{test}/\beta_t \cdot B_t \tag{10.3}$$

여기서, α_t, β_t : 시험에 사용한 재하판의 형상계수

B_t : 재하판의 폭(m)

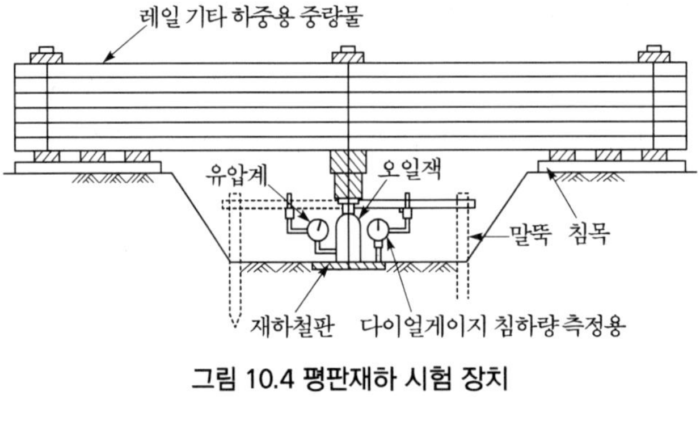

그림 10.4 평판재하 시험 장치

(4) 표준관입 시험

표준관입 시험은 표준관입 시험용 시료채취기를 보오링 구멍에 집어넣고 표준해머 63.5kg으로 표준낙하높이 76cm의 자유낙하로 박아 관입깊이 30cm에 대한 타격횟수 N을 측정하여 흙 층의 밀도 및 강도를 조사하는 현장시험방법이다. 값은 토질조사보고서에서 시험위치의 각 깊이에 대한 토질의 변화와 아울러 토질 주상도로 보고된다(그림 10.5).

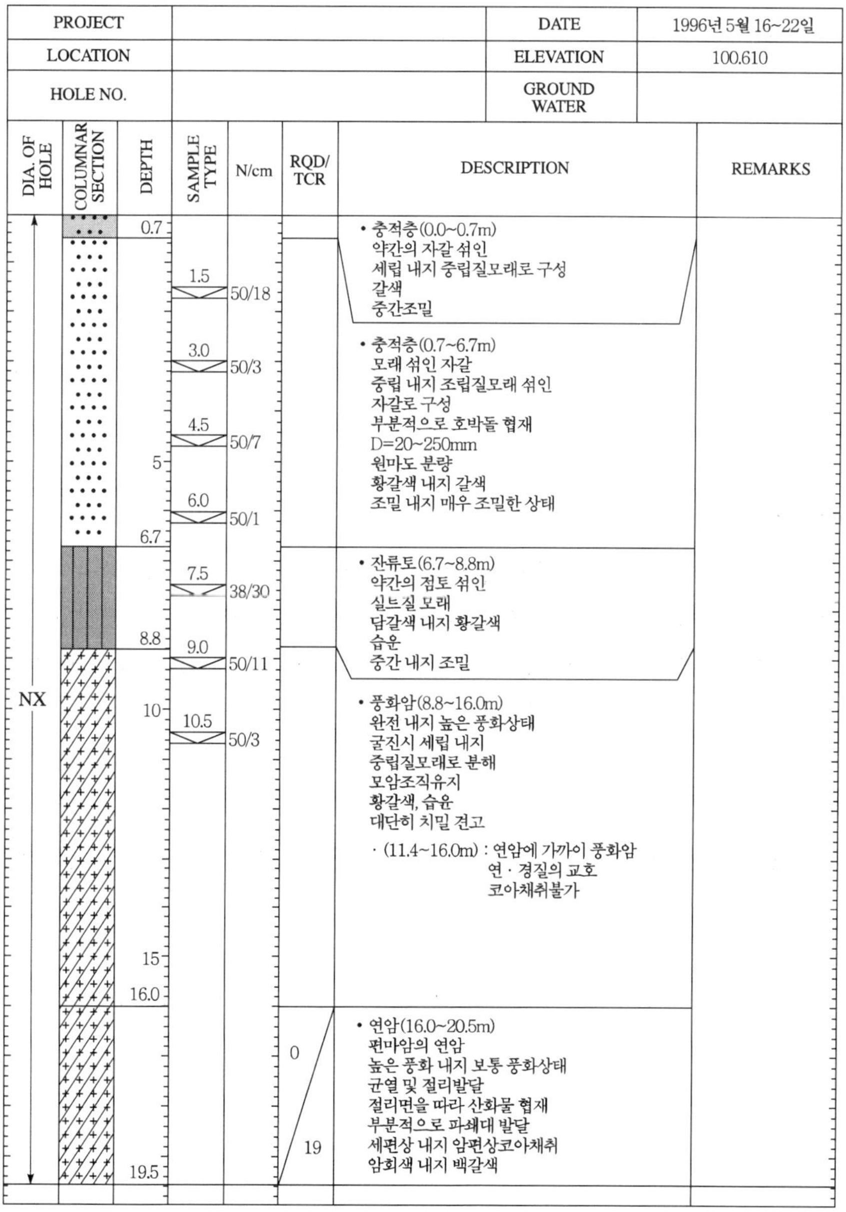

그림 10.5 토질 주상도

10.3 지하수위

10.3.1 설계용 지하수위

지반조사 보고서에 기록된 시추 공내 지하수위는 시추당시 땅에 구멍을 뚫고 물을 채워 안정된 후 물의 깊이를 잰 값이므로 장마 때의 값과는 크게 다를 수 있다. 따라서, 지하수위를 설계용 지하수위로 잘못 가정하여 사고를 일으키는 일이 없도록 하여야 하며, 설계용 지하수위는 주변 지층이나 환경을 살펴서 결정해야 한다.

10.3.2 지하수 부력 감소방식

(1) 자연배수

경사지반에 지하실을 짓는 경우 지하실 외벽밖에 배수로(유공관)를 설치하여 낮은 쪽으로 유도하면 장마철 일시적인 표면수 유입이 있다 해도 저절로 배수되어 아무런 문제가 없게 된다.

(2) 강제배수(De-watering)

지하수위가 높아 건물이 부상의 우려가 있거나 또는 수압에 의해 지하벽체가 지나치게 커질 수 있을 때, 지하 최하 바닥판에 너무 큰 수압이 작용할 경우 지하수를 강제로 배수하여 지하수위를 적정한 레벨로 낮추거나 Sump-pit 등에 물이 모이게 하여 배수해 내는 것을 강제배수라 한다. 이러한 강제배수 공법을 건물설계에 적용하기 위한 전제조건은 다음과 같다.

① 유입되는 수량보다 용량이 큰 펌프 설치 또는 예비펌프 추가

② 비상발전기 준비

③ 최악의 경우에는 넘치는 물이 지하실에 들어가도록 하여 구조체 자체의 파괴를 막을 것

④ 비상저수조 마련

⑤ 지하수를 계속 배수하더라도 지반이동에 의한 건물의 침하 등 하자 발생이 없을 것

10.4 독립기초의 설계

10.4.1 기초의 면적 산정

기초의 면적은 다음과 같은 식으로 구하다.

$$A = \frac{D + L + (D_b + D_s)}{q_a} \tag{10.4a}$$

여기서, A : 기초의 면적

q_a : 허용지내력

D : 고정하중

L : 활하중

D_b : 기초의 자중

D_s : 기초 위에 채워지는 흙 등의 상재하중

또는, 순 허용지내력을 사용하면 식 (10.4a)는 다음과 같이 된다.

$$A = \frac{D + L}{q_e} \tag{10.4b}$$

여기서, q_e = 허용지내력 − (흙과 콘크리트의 평균중량 + 상재하중)

10.4.2 설계용 토압계산

$$q_u = \frac{1.2D + 1.6L}{A} \tag{10.5}$$

10.4.3 기초두께 가정

기초판 상단에서 하단 철근까지의 깊이는 흙에 놓이는 기초의 경우 15cm 이상, 말뚝기초의 경우 30cm 이상이어야 한다. 또한 기초판은 다우얼의 정착을 위한 최소 깊이를 가져야 한다.

10.4.4 전단검토

$V_u \leqq \phi V_c$ 를 만족하여야 한다. 만약, 이 식을 만족시키지 못하면 기초두께를 키워야 하며, ϕV_c가 V_u보다 너무 크면 이 식을 만족하는 범위 내에서 기초두께를 줄일 필요가 있다.

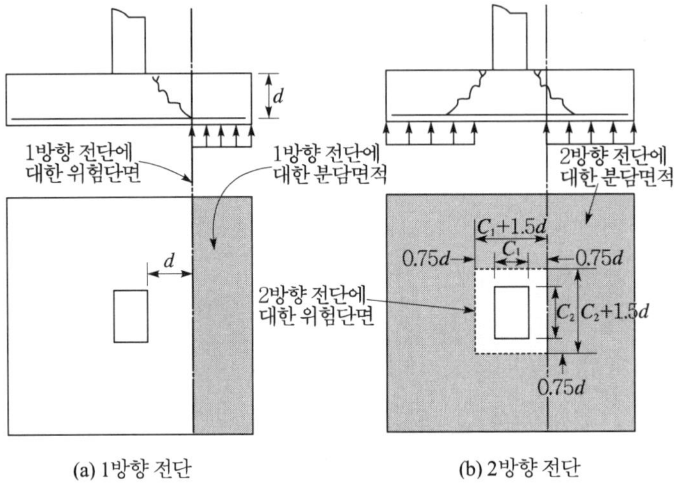

그림 10.6 기초판의 전단에 대한 분담면적과 위험단면

(1) 2방향 전단 검토

$$V_u = q_u \times A \tag{10.6}$$

ϕV_c 는 다음 식과 같다.

$$\phi V_c = \phi v_c b_o d \tag{10.7a}$$

$$v_c = \lambda k_s k_{bo} f_{te} \cot\psi(c_u/d) \tag{10.7b}$$

여기서, v_c : 콘크리트의 공칭전단응력강도

b_o : 위험단면의 둘레길이

f_{te} : 압축대 콘크리트의 인장강도

λ : 경량 콘크리트 계수

ψ : 슬래브 휨 압축대의 균열강도

k_s : 슬래브의 두께 계수

c_u : 슬래브 위험단면 압축대 깊이의 평균값이고 f_{cc}는 위험단면의 압축대에 작용

하는 평균압축응력

k_{bo} : 위험단면 둘레길이의 영향계수

$$k_s = (300/d)^{0.25} \le 1.1 \quad (10.7c)$$

$$k_{bo} = 4/\sqrt{\alpha_s (b_o/d)} \le 1.25 \quad (10.7d)$$

$$f_{te} = 0.2\sqrt{f_{ck}} \quad (10.7e)$$

$$\cot\psi = \sqrt{f_{te}(f_{te} + f_{cc})}/f_{te} \quad (10.7f)$$

$$c_u = d\left[25\sqrt{\rho/f_{ck}} - 300(\rho/f_{ck})\right] \quad (10.7g)$$

$$f_{cc} = (2/3)f_{ck} \quad (10.7h)$$

여기서, k_s의 하한값은 0.75임.

α_s : 내부기둥의 경우 1.0, 외부기둥의 경우 1.33, 모서리 기둥의 경우 2.0임

ρ : $\rho \le 0.03$의 범위에서 사용할 수 있으며 $\rho \le 0.005$의 경우 0.005를 사용할 수 있음.

(2) 1방향 전단 검토

$$V_u = q_u \times A \quad (10.8)$$

$$\phi V_c \leqq 0.75 \times \frac{1}{6}\lambda\sqrt{f_{ck}}\, b_w d \quad (10.9)$$

10.4.5 휨모멘트 계산

$$M_u = \frac{q_u l^2}{2} \quad (10.10)$$

여기서, l은 위험단면으로부터 기초판 끝까지 거리이며, 기초판의 휨모멘트 계산 시 위험단면은 다음과 같이 하도록 규정되어 있다.

① 콘크리트 기둥, 페데스탈 또는 벽체를 지지하는 기초에서는 기둥, 페데스탈 또는 벽체의 면

② 조적조 벽체를 지지하는 기초에서는 벽체 중심과 벽체 면과의 중심

③ 강재 베이스플레이트를 갖는 기둥을 지지하는 기초에서는 기둥의 면과 베이스플레이트 단부와의 중앙

10.4.6 철근량 계산

(1) 휨모멘트에 의한 소요철근량

$$R_n = \frac{M_u}{\phi b d^2}$$

$$\rho = \frac{0.85 f_{ck}}{f_y}\left(1 - \sqrt{1 - \frac{2R_n}{0.85 f_{ck}}}\right)$$

$$A_s = \rho b d$$

(2) 최소 휨철근량

$$\rho_{\min} \geq 0.002(\text{전체 단면적에 대해})$$

$$\rho_{\min} \geq \frac{1.4}{f_y} \text{ 또는 } \frac{4}{3}\rho \text{ 중 작은 값}$$

(3) 최대 휨철근량

$$\rho_{\max} = 0.75\rho_b$$

10.4.7 철근배근

(1) 정방형 기초판

전체 철근을 기초 전체 폭에 균등히 배근

(2) 장방형 기초판

긴 변 방향으로는 철근을 균등하게 배근하나, 짧은 변 방향으로는 기둥면에서 거리가 멀어짐에 따라 모멘트가 감소됨을 고려하여 긴 변을 그림 10.7과 같이 3구간으로 나누어 기둥부근에 더 많은 철근을 배근한다.

$$\frac{\text{중앙부에 배근되는 철근량}}{\text{짧은 변 방향의 전체 철근량}} = \frac{2}{(\beta + 1)} \tag{10.11}$$

위의 식으로 구한 중앙부 철근은 중앙부의 짧은 변 폭 B의 구간에 균등하게 배근하고 나머지 철근은 양쪽의 $(l - B)/2$의 폭에 균등하게 배근한다.

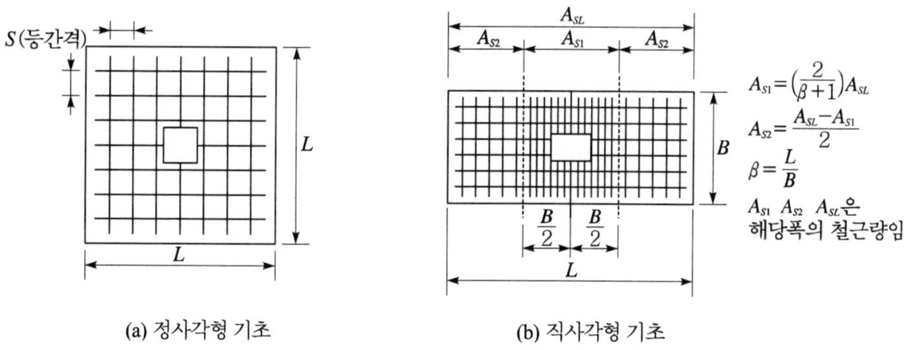

그림 10.7 휨철근의 분배

10.4.8 지압력 검토

콘크리트의 설계지압강도(ϕP_n)가 계수 축하중(P_u)보다 커야 한다.

$$\phi P_n = \phi 0.85 f_{ck} A_1 \left(\sqrt{\frac{A_2}{A_1}} \right) \leq \phi 0.85\, f_{ck} (2A_1) \tag{10.12}$$

여기서, $\phi = 0.65$이고 A_1, A_2 는 그림 10.8에 나타낸 바와 같다.

10.4.9 철근의 정착길이 검토

기둥 면에서 단부로 뻗은 보강철근의 길이가 인장철근의 정착길이 이상 되어야 한다.

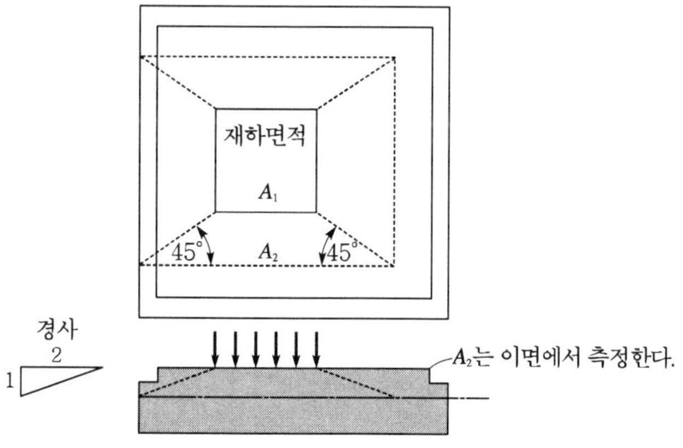

그림 10.8 기초의 지압면적

예제 10.1 다음 조건의 정사각형 독립기초를 설계하라.

고정하중 : $P_D = 3{,}200\text{kN}$

활하중 : $P_L = 1{,}900\text{kN}$

상재하중 : 5kN/m^2

흙과 콘크리트의 평균중량 : 21kN/m^3

장기 허용지내력 : $q_a = 300\text{kN/m}^2$

기둥 크기 : 600mm × 600mm

$f_{ck} = 21\text{MPa}$, $f_y = 400\text{MPa}$

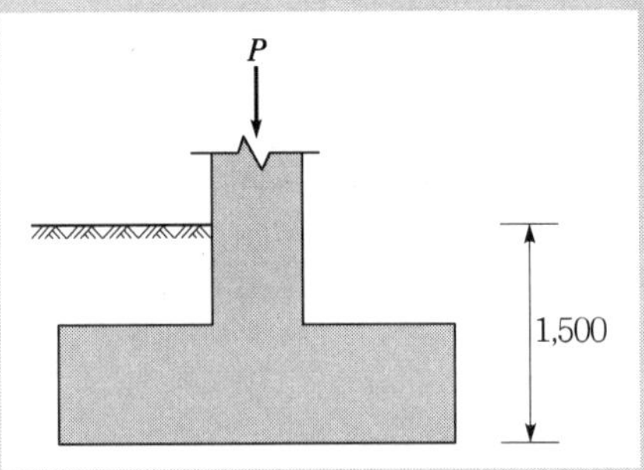

풀이

1. 기초판의 저면적 결정

① 순 허용지내력

q_e =허용지내력−(흙과 콘크리트의 평균 중량+상재하중)

$= 300 - (21 \times 1.5 + 5) = 263.5\text{kN/m}^2$

② 기초판의 저면적 산정

기초판의 저면적을 사용할 때는 사용하중을 사용한다.

$$A = \frac{3{,}200 + 1{,}900}{263.5} = 19.35\text{m}^2$$

따라서, 4.5m × 4.5m 정사각형 기초($A = 20.25\text{m}^2$)로 한다.

2. 설계용 하중과 지반 반력

기초판의 깊이와 배근을 설계할 때에는 계수하중을 사용한다.

$P_u = 1.2 \times 3{,}200 + 1.6 \times 1{,}900 = 6{,}880\text{kN}$

$$q_u = \frac{P_u}{A} = \frac{6{,}880}{20.25} = 340\text{kN/m}^2$$

3. 기초판의 깊이 설계

① 기초 두께 가정

일반적으로 기초 두께는 전단강도에 의하여 결정되며 기초의 전단강도는 1방향 전단 및 2방향 전단에 대하여 모두 $V_u \le \phi V_c$가 되도록 하여야 한다.

기초 두께를 950mm로 가정하면 유효깊이는

$d = 950 - 80$(피복 두께)$- 25/2 = 857.5\text{mm}$

따라서, 기초 두께를 950mm, 유효 깊이를 850mm로 가정한다.

② 전단 검토

- 1방향 전단 검토

$V_u = q_u \times A$

$= 340 \times 4.5 \times (4.5/2 - 0.3 - 0.85) = 1{,}683\text{kN}$

$\phi V_c = \phi \times \frac{1}{6} \lambda \sqrt{f_{ck}}\, b_w d$

$= 0.75 \times \frac{1}{6} \times 1.0 \times \sqrt{21} \times 1.0 \times 4{,}500 \times 850 \times 10^{-3}$

$= 2{,}191\text{kN} > \text{V}_\text{u} = 1{,}683\text{kN}$ 적합

- 2방향 전단 검토

$V_u = q_u \times A$

$= 340 \times (4.5 \times 4.5 - 1.875 \times 1.875) = 5{,}689\text{kN}$

$\phi = 0.75$

$\lambda = 1.0$

$k_s (300/850)^{0.25} = 0.77$

$k_{bo} = 4/\sqrt{1.0(4 \times 1{,}875/850)} = 4/\sqrt{8.82} = 1.35 \le 1.25$이므로

$k_{bo} = 1.25$

$f_{te} = 0.2\sqrt{21} = 0.92\text{MPa}$

$f_{cc} = (2/3) \times 21 = 14\text{MPa}$

$c_{ot\psi} = \sqrt{0.92(0.92 + 14)}/0.92 = 4.03\text{MPa}$

$c_u = 850[25\sqrt{0.005/21} - 300(0.005/21)] = 267\text{mm}$

$v_c = 1.0 \times 0.77 \times 1.25 \times 0.92 \times 4.03(267/850) = 1.12$

$\phi V_c = 0.75 \times 1.12 \times (4 \times 1{,}875) \times 850 \times 10^{-3} = 5{,}355\text{kN} < V_u = 5{,}689\text{kN}$ 부적합

따라서, 기초두께를 1,000mm, 유효깊이를 900mm로 다시 가정한다.

$v_c = 1.0 \times 0.76 \times 1.25 \times 0.92 \times 4.03(283/900) = 1.11$

$\phi V_c = 0.75 \times 1.11 \times (4 \times 1{,}950) \times 900 \times 10^{-3} = 5{,}844 > 5{,}689\text{kN}$ 적합

4. 휨모멘트 계산

$$M_u = \frac{q_u l^2}{2} = \frac{4.5 \times 340 \times 1.95^2}{2} = 2{,}909\text{kN} \cdot \text{m}$$

5. 철근량 계산

① 휨모멘트에 의한 소요 철근량

$$R_n = \frac{M_u}{\phi b d^2} = \frac{2{,}909 \times 10^6}{0.85 \times 4{,}500 \times 900^2} = 0.94\text{MPa}$$

$$\rho = \frac{0.85 f_{ck}}{f_y}\left(1 - \sqrt{1 - \frac{2R_n}{0.85 f_{ck}}}\right)$$

$$= \frac{0.85 \times 21}{400}\left(1 - \sqrt{1 - \frac{2 \times 0.94}{0.85 \times 21}}\right)$$

$$= 0.00242$$

$A_s = 0.00242 \times 4{,}500 \times 900 = 9{,}801\text{mm}^2$

② 최소 휨철근량

$A_{s(\min)} = 0.002 \times 4{,}500 \times 1{,}000 = 9{,}000\text{mm}^2$

$A_{s(\min)} = 1.4/400 \times 4{,}500 \times 900 = 14{,}175\text{mm}^2$

$A_{s(\min)} = \dfrac{4}{3} \times 0.00242 \times 4{,}500 \times 900 = 13{,}068\text{mm}^2$ (지배)

③ 최대 휨철근량

$\rho_{\max} = 0.75\rho_b$

$= 0.75 \times 0.85 \times \beta_1 \dfrac{f_{ck}}{f_y} \times \dfrac{600}{600 + f_y} = 0.0171 > \rho$ 적합

6. 철근 배근

정사각형 기초판이므로 전체 철근을 기초 전체 폭에 균등히 배근한다.

26−D25($A_s = 13{,}182\text{mm}^2$)를 양방향으로 균등히 배근한다.

7. 철근의 정착길이 검토

정착에 대한 위험단면은 모멘트에 대한 위험단면과 동일한 기둥면으로서 D25 철근의 정착을 검토한다.

$l_{db} = \dfrac{0.6 d_b f_y}{\lambda \sqrt{f_{ck}}} = \dfrac{0.6 \times 25 \times 400}{1.0 \times \sqrt{21}} = 1{,}309\text{mm}$

철근 배근 위치, 에폭시 도막 여부에 따른 보정계수

D25 = 1.0, $\alpha = \beta = 1.0$이므로

$l_{d(req)} = \alpha \beta l_{db} = 1{,}309\text{mm}$

$l_d = (4{,}500 - 600)/2 - 80 = 1{,}870\text{mm} > l_{d(req)}$ 적합

8. 배근 단면도

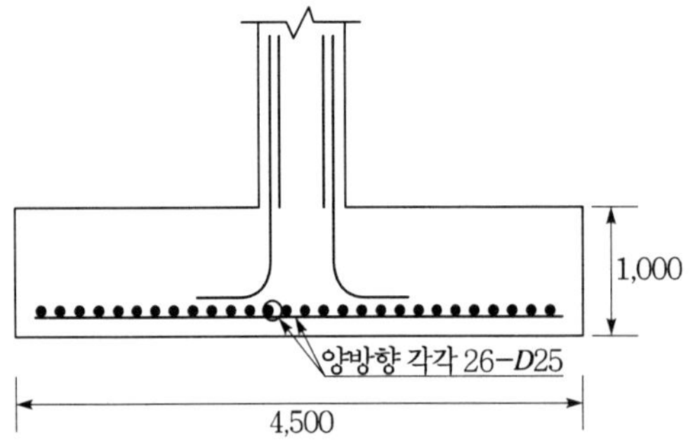

10.5 줄기초의 설계

(1) 휨모멘트의 위험단면

① 내력벽 : 벽면

② 조적벽 : 벽체 중심과 벽면과의 중앙

(2) 1방향 전단의 위험 단면 : 벽면에서 $d/2$ 만큼 떨어진 위치

(3) 2방향 전단은 검토할 필요 없다.

(4) 기초의 폭 결정 : 단위폭 1m에 대하여 식 (10.4)를 적용하여 계산한다.

(5) 위의 (1)~(4)를 제외한 나머지는 독립기초와 동일한 방법으로 결정한다.

10.6 복합기초

(1) 복합기초는 보통 다음의 두 가지 경우에 사용된다.

① 두 기둥이 가까이 있어 독립기초로 하면 두 기초가 맞닿기 때문에 시공의 편이성과 경제성을 고려하여 하나의 기초로 하는 경우

② 외부 기둥이 대지 경계선에 가까이 있어 독립기초로는 균형을 유지할 수 없기 때문에 내부기둥과 복합기초로 하여 균형을 취하는 경우

(2) 두 기둥에 작용하는 하중의 합력과 작용점의 위치를 구하고 합력의 작용점이 도심이 되도록 양쪽으로 같은 거리를 잡아 기초의 길이로 한다. 이와 같이 하면 편심이 생기지 않아 지반의 토압이 기초에 균등하게 작용하고 기초가 기울지 않는다.

(3) 휨모멘트와 1방향 전단력은 등분포하중(토압)을 받는 보로써 산정하고 단면 및 배근은 독립기초와 같은 방법으로 결정한다.

10.7 전면기초

전면기초의 설계는 토압을 등분포하중으로 받는 플랫 플레이트 슬래브의 경우와 동일하게 한다.

10.8 말뚝기초

10.8.1 각 말뚝의 비교

표 10.3 각 말뚝의 비교

종류	나무말뚝	기성콘크리트말뚝	제자리콘크리트말뚝	강재말뚝
기초밑판 위치	상수면 이하	임의	임의	가능한 상수면 이하, 불가능한 경우에는 부식방지처리를 한다.
길이제한	보통 6m 최대 10m	보통 10m 최대 12m	최대 30m	보통 30m 최대 70m
말뚝간격	최소 60cm 이상 2.5D 이상	최소 75cm 이상 2.5D 이상	최소 90cm 이상 2.5D 이상	최소 75cm 이상 2.0D 이상
말뚝지름	15~20 cm	20~50 cm	50~60 cm	임의
1개당 지지력	보통 50kN 내외 최대 100kN 내외	지름 20cm : 100kN 내외 지름 50cm : 500kN 내외	400~500kN	보통 500kN 내외 최대 1000kN 내외
특색	상수면이 얕고 비교적 경량건물에 적당	•중량건물에 적당 •장대한 것은 운반곤란 •지질이 고르지 않아 박히는 길이가 다를 수 있으므로 말뚝이어박기, 또는 솟아나온 말뚝 제단 등 공사비의 추가 발생원인이 된다. •현장 주위의 소음 및 진동으로 인해 민원 발생의 원인이 된다.	•굳은 층이 지하 깊게 있고 장대한 박기가 곤란할 때 현장에서 지반을 기둥 모양으로 파서 그 안에 콘크리트를 부어 말뚝을 만드는 방법 •지중에 구근을 형성하므로 지지력이 크나 우리나라에서는 잘 쓰이지 않음 •소요길이 및 크기를 자유로이 할 수 있다. •운송비가 필요없다. •완성된 상태를 확인할 수 없다.	•인장, 압축에 대한 강도가 크다. •이음이 용접 등으로 용이하다. •관입성이 양호하며 말뚝상부의 파손이 없다. •깊은 연약층에 지지말뚝으로 중량건물에 적당

10.8.2 말뚝기초 산정상의 유의사항

① 말뚝기초의 허용지지력 산정은 말뚝만이 힘을 받는 것으로 계산한다. 기초는 힘을 받지 않는 것으로 한다.

② 하중의 편심을 고려하여 3개 이상의 말뚝을 박는 것을 원칙으로 한다. 만일 1개만을 박을 때는 지중보를 크게 하는 등의 대책을 세워야 한다.

③ 발전기 등에 의한 진동의 영향으로 액상화의 우려가 없는 지반인지를 조사한다.

④ 동일 건물에 지지말뚝과 마찰말뚝을 혼용하지 말고 말뚝종류를 혼용하지 말아야 부동침하를 방지할 수 있다.

10.8.3 말뚝기초의 설계

(1) 말뚝 개수 산정

$$n = \frac{(D + D_b + D_s) + L}{R_a} \tag{10.13}$$

여기서, R_a는 말뚝 1개의 허용지지력이며, 말뚝의 허용지지력은 말뚝 재하시험이나 지지력 산정식에서 얻은 극한 지지력을 안전율 3으로 나눈 값으로 한다.

(2) 말뚝기초의 면적

말뚝 배치간격을 고려하여 결정한다.

(3) 말뚝기초의 전단력 및 휨모멘트

독립기초와 동일한 방법으로 구한다.

예제 10.2

그림과 같은 말뚝기초에 대해 기초(말뚝 캡)의 깊이를 결정하라.

말뚝 한 개당 하중

$P_D = 200\text{kN}$, $P_L = 100\text{kN}$

말뚝 지름 $d_p = 400\text{mm}$

기둥 크기 $= 500\text{mm} \times 500\text{mm}$

$f_{ck} = 24\text{MPa}$

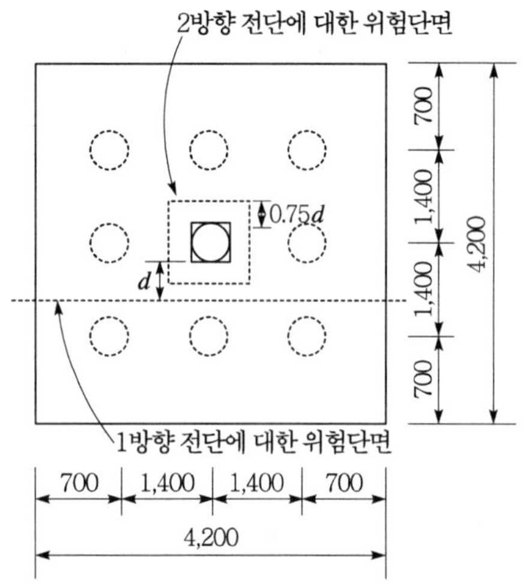

풀이

1. 설계용 말뚝하중

설계용 하중은 계수하중을 사용한다.

$P_u = 1.2 \times 200 + 1.6 \times 100 = 400\text{kN}$

2. 기초판에 대한 전단 검토

기초의 깊이를 800mm, 유효깊이를 650mm로 가정한다.

① 1방향 전단 검토

분담면적 안에 3개의 말뚝이 있다.

$V_u = 3 \times 400 = 1{,}200\text{kN}$ (기초 자중을 무시함)

$$\phi V_c = \phi \frac{1}{6} \lambda \sqrt{f_{ck}}\, b_w d$$

$$= 0.75 \times \frac{1}{6} \times 1.0\sqrt{24} \times 3{,}600 \times 650 \times 10^{-3} = 1{,}433\text{kN}$$

$V_u < \phi V_c$ 　　적합

② 2방향 전단 검토

분담면적 안에 8개의 말뚝이 있다.

$V_u = 8 \times 400 = 3{,}200\text{kN}$

$\phi = 0.75$

$\lambda = 1.0$

$k_s = (300/650)^{0.25} = 0.82$

$k_{bo} = 4/\sqrt{1.0(4 \times 1{,}475/650)} = 4/\sqrt{9.08} = 1.33 \le 1.25$이므로

$k_{bo} = 1.25$

$f_{te} = 0.2\sqrt{24} = 0.98\text{MPa}$

$f_{cc} = (2/3) \times 24 = 16\text{MPa}$

$\cot\psi = \sqrt{0.98(0.98+16)}/0.98 = 4.16\text{MPa}$

$c_u = 650[25\sqrt{0.005/24} - 300(0.005/24)] = 194\text{mm}$

$v_c = 1.0 \times 0.82 \times 1.25 \times 0.98 \times 4.16(194/650) = 1.25\text{MPa}$

$\phi V_c = 0.75 \times 1.25 \times (4 \times 1{,}475) \times 650 \times 10^{-3} = 3{,}595\text{kN}$

$V_u < \phi V_c$ 적합

③ 말뚝 주위의 뚫림전단 검토

$d_p + d = 400 + 975 = 1{,}375\text{mm}$ 이므로 중심간격 1,400mm로 배치한 말뚝의 위험단면은 겹치지 않는다.

$V_u = 400\text{kN}$/말뚝

$\phi = 0.75$

$\lambda = 1.0$

$k_s = (300/650)^{0.25} = 0.82$

$k_{bo} = 4/\sqrt{1.0(\pi \times 1{,}375/650)} = 4/\sqrt{6.64} = 1.55 \le 1.25$이므로

$k_{bo} = 1.25$

$f_{te} = 0.2\sqrt{24} = 0.98\text{MPa}$

$f_{cc} = (2/3) \times 24 = 16\text{MPa}$

$\cot\psi = \sqrt{0.98(0.98+16)}/0.98 = 4.16\text{MPa}$

$c_u = 650[25\sqrt{0.005/24} - 300(0.005/24)] = 194\text{mm}$

$v_c = 1.0 \times 0.82 \times 1.25 \times 0.98 \times 4.16(194/650) = 1.25\text{MPa}$

$\phi V_c = 0.75 \times 1.25 \times (\pi \times 1{,}375) \times 650 \times 10^{-3} = 2{,}632\text{kN}$

$V_u < \phi V_c$ 적합

10.9 기초의 설치 및 산정상의 유의사항

(1) 기초는 상부구조의 하중을 충분히 지중에 전달할 수 있는 구조이어야 한다.

(2) 지하실은 가급적 건물 전체에 균등히 설치하여 침하를 줄이는데 유의한다.

(3) 지중보를 충분히 크게 하여 강성을 높여 부동침하를 방지하도록 한다.

(4) 기초의 밑면은 그 지방의 동결선 이하에 설치한다.

(5) 다른 형태의 기초나 말뚝을 동일 건물에 혼용하면 부동침하의 위험성이 많다.

(6) 말뚝 공사로 인근건물이 밀려나지 않도록 유의한다.

(7) 땅속의 경사가 심한 굳은 지반에 올려놓은 기초나 말뚝은 슬라이딩의 위험성이 있다.

연습문제

10.1 $P_D = 1{,}600\ \text{kN}$, $P_L = 1{,}250\ \text{kN}$을 받는 600mm×600mm 정사각형의 기둥을 지지하는 기초를 설계하라. 기초의 윗면은 지하 1.0m에 위치하며, $q_a = 200\ \text{kN/m}^2$, $f_{ck} = 21\ \text{MPa}$, $f_y = 400\ \text{MPa}$로 한다.

10.2 문제 10.1의 기초에서 기둥으로부터의 지압을 검토하고 장부철근을 설계하라.

10.3 문제 10.1의 기초를 말뚝기초로 설계하라. 말뚝의 지름은 400mm이고 허용지지력은 500kN으로 한다.

10.4 그림과 같은 독립 기초에서 중심하중 100kN, 휨모멘트 50kN·m를 받는 기초의 끝부분 접지압이 0이 되도록 하는데 필요한 기초의 나비를 구하라.

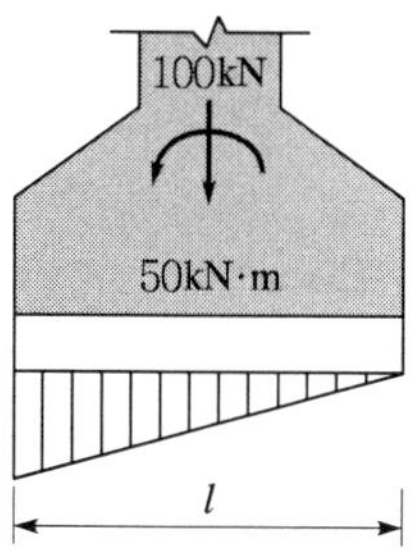

10.5 기초 설계에 있어 장기 450kN(자중포함)의 하중을 받을 경우 장기 허용지내력도 100kN/m^2의 지반에서 적당한 기초판의 크기를 구하라.

10.6 그림과 같은 독립기초에서 뚫림전단(punching shear) 응력도를 계산할 때 검토하는 저항면적을 구하라.

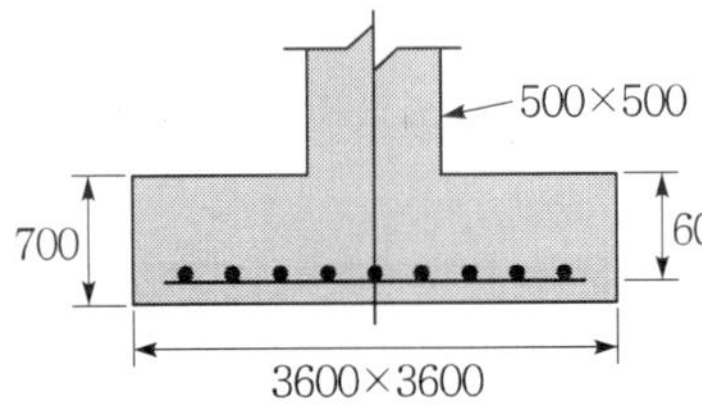

제11장 옹벽설계

제11장

옹벽설계

11.1 개요

옹벽은 굴토(掘土), 절토(切土) 또는 흙의 채움 등에 의하여 지반의 경사면에 변화가 생겼을 때 토압에 저항하여 흙의 붕괴를 막고 안정성을 유지할 목적으로 설치되는 벽체이다. 그리고 건물의 지하벽체도 토압에 저항하는 구조물로서 옹벽의 범위에 속하게 된다.

11.2 옹벽의 종류

11.2.1 중력식 옹벽

옹벽 자체 무게만으로 토압에 저항하여 안정을 유지하는 벽체로 높이가 비교적 낮은 경우에 무근콘크리트나 조적조 등으로 만들어진다(그림 11.1(a)). 중력식 옹벽은 높이 3m 이내의 범위에서 하는 것이 유리하다.

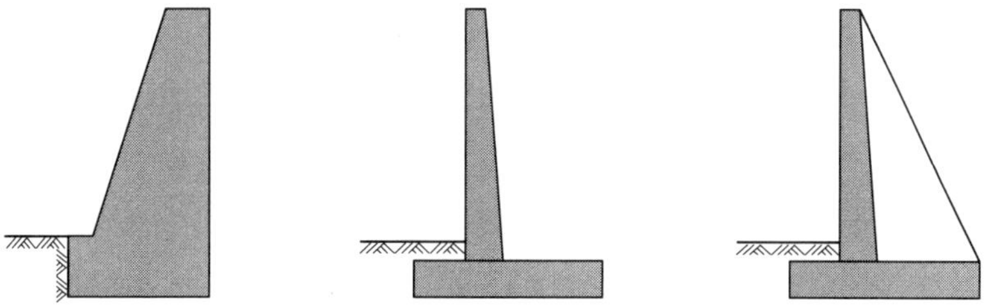

(a) 중력식 옹벽 (b) 캔틸레버식 옹벽 (c) 부축벽식 옹벽

그림 11.1 옹벽의 형태

11.2.2 캔틸레버 옹벽

토압에 저항하기 위해 기초나 기초 바닥판에 고정된 수직벽으로 구성된다(그림 11.1(b)). 옹벽의 무게와 함께 뒷판에 채워지는 흙의 무게가 토압에 의한 모멘트에 균형을 이루어 안정을 유지한다. 캔틸레버 옹벽은 높이 3~8m 범위에서 경제적이다.

11.2.3 부축벽식 옹벽

캔틸레버 옹벽에 부축벽이 추가된 형태이다(그림 11.1(c)). 높이 8m 이상에서는 부축벽식 옹벽으로 하는 것이 경제적이다.

11.3 횡방향 토압

11.3.1 횡방향 토압 및 토압계수

(1) 주동토압 및 주동토압계수

흙이 팽창이 가능한 상태에서 옹벽을 밀어내는 압력을 가하는 경우의 압력을 주동토압이라 한다.

주동토압계수는 주동토압의 작용하에서 수직압력에 대한 수평압력의 비로 정의되며, 지표면이 수평이고 벽배면이 수직일 때 다음과 같은 Rankine의 주동토압계수가 많이 사용된다.

$$K_A = \frac{1-\sin\phi}{1+\sin\phi} < 1.0 \qquad (11.1)$$

여기서, ϕ : 흙의 내부 마찰각

Rankine의 이론은 모래나 자갈과 같은 점착력이 없는 흙에 효과가 있지만, 부합하는 조정으로 점착력이 있는 흙에도 사용할 수 있다.

(2) 수동토압 및 수동토압계수

흙이 횡압으로 인하여 수축되고 위로 떠밀려 오르는 상태가 되는 경우의 흙이 나타내는 저항력을 수동토압이라 한다.

수동토압계수는 수동토압의 작용하에서 수평압력에 대한 수직압력의 비로 다음과 같이 주동토압계수의 역수가 된다.

$$K_p = \frac{1+\sin\phi}{1-\sin\phi} \tag{11.2}$$

(3) 정지토압 및 정지토압계수

흙이 팽창도 수축도 하지 않는 정지상태에서 횡방향으로 작용하는 토압을 정지토압이라 하며, 이러한 정지토압 상태에서 수직압력에 대한 수평압력의 비를 정지토압계수라 한다.

지하벽과 같이 강성이 매우 크고, 토압에 의해 이동하지 않을 때의 토압계수는 흙의 성질에 관계없이 0.5로 할 수 있다.

11.3.2 옹벽에 작용하는 토압

(1) 옹벽의 단위 폭에 작용하는 토압

$$p_A = K_A \gamma h_o + K_A s \tag{11.3}$$

여기서, K_A : 주동토압계수

γ : 흙의 중량

h_0 : 지면으로부터의 깊이

s : 상재 하중

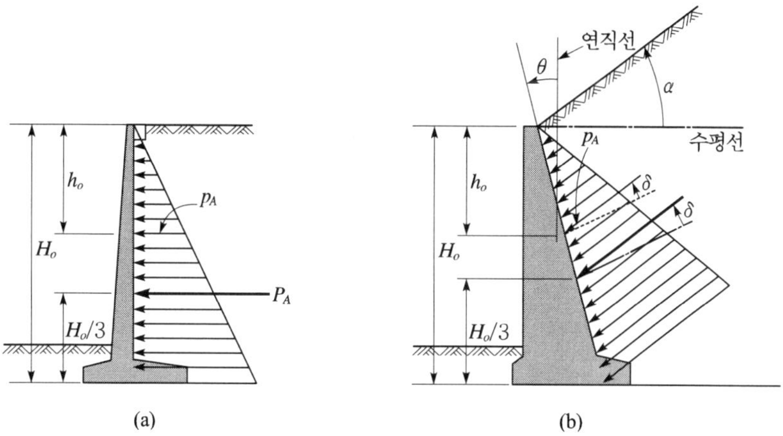

그림 11.2 옹벽에 작용하는 토압

(2) 옹벽의 단위 폭에 작용하는 토압의 합력

$$P_A = \frac{1}{2} K_A \gamma H_o{}^2 + K_A s H_o \tag{11.4}$$

여기서, H_o : 옹벽의 수직 높이

(3) 규준에서 정하는 설계자료

규준에서 정하는 설계자료는 표 11.1~표 11.4에 나타낸 바와 같다.

표 11.1 내부마찰각 및 주동토압계수

토질종류	내부 마찰각 ϕ	주동토압계수 K_A
연질롬	2°~4°	0.95~0.9
경질롬	6°~12°	0.8~0.65
실트(습한 것)	10°	0.7
모래(소량의 롬을 포함한 것)	30°	0.33
모래(건조한 것)	34°	0.29
고정된 모래 또는 자갈	34°	0.29

표 11.2 벽배면이 수직일 때 주동토압계수

내부마찰각 ϕ		20°			30°		
지표면 경사각 α		0°	10°	20°	0°	10°	20°
벽배면 마찰각δ	0°	0.49	0.57	0.88	0.33	0.37	0.43
	10°	0.45	0.53	0.90	0.31	0.35	0.42
	20°	0.43	0.51	0.93	0.30	0.34	0.40

표 11.3 벽배면토의 설계정수

벽배면토의 종류	내부마찰각 $\phi°$	점착력 c(kN/m²)	단위체적중량 γ(kN/m²)
고투수성, 미세 입자 없는 모래 및 자갈	35	–	18
실트 또는 점토를 포함한 투수성 사질토	30	–	18
점토를 다량 포함한 사질토	24	–	17.5
연질의 유기질 실트 또는 실트질 점토	0	–	16
사질점토	0	12	17

표 11.4 기초판 저면과 지지 지반과의 마찰계수 μ의 상한치

실트 또는 점토를 포함하지 않는 조립토	0.55 (ϕ≒29°)
실트를 포함한 조립토	0.45 (ϕ≒24°)
실트 또는 점토(기초판 밑에 두께 약 10cm의 흙을 굵은 모래 또는 자갈층으로 바꾼 것)	0.35 (ϕ≒19°)

11.4 옹벽의 안정성 검토

11.4.1 전도에 대한 안정성 검토

(1) 전도모멘트

토압이 옹벽의 앞 끝을 중심으로 옹벽을 뒤집으려는 모멘트

$$M_0 = P_A \cdot \frac{H_o}{3} \tag{11.5}$$

(2) 저항모멘트(안정모멘트)

옹벽자체의 무게, 옹벽 위의 흙과 상재하중 등이 전도모멘트에 대하여 반대방향으로 저항하는 모멘트

$$M_r = W_1 l_1 + W_2 l_2 + W_3 l_3 \tag{11.6}$$

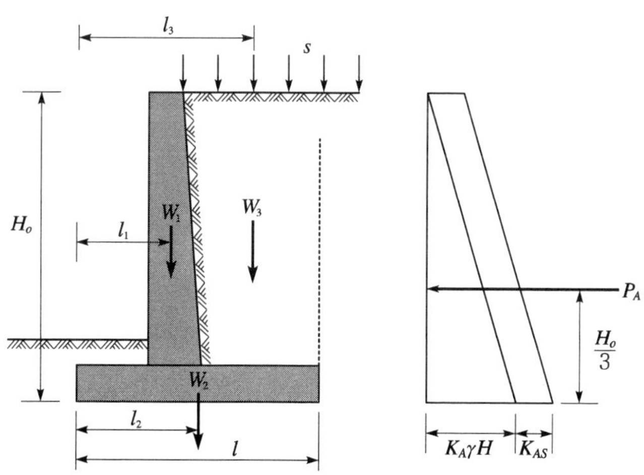

그림 11.3 옹벽의 전도모멘트와 안정모멘트

(3) 옹벽이 전도에 대한 안정성을 유지하기 위하여서는 다음의 식을 만족하도록 옹벽의 크기를 결정한다.

$$M_r \geqq 2.0\,M_o \tag{11.7}$$

여기서, 2.0은 안전율이다.

11.4.2 미끄러짐(Sliding)에 대한 안정성 검토

(1) 미끄러짐

주동토압에 의하여 옹벽이 횡방향으로 밀리는 형상

(2) 옹벽이 미끄러짐에 저항하는 요소

- 옹벽 바닥판과 지반과의 마찰력($W\mu$)
- 수동토압(P_v)

(3) 옹벽이 미끄러짐에 대하여 안정성을 유지하기 위하여서는 다음의 식을 만족하도록 옹벽의 크기를 결정하면 된다.

$$(W\mu + P_v) \geqq 1.5\,P_h \tag{11.8}$$

여기서, W : 옹벽의 무게와 그 위에 실리는 흙의 무게

μ : 옹벽 바닥판과 지반과의 마찰 계수

P_v : 수동토압(배수로 공사 등으로 흙이 교란되는 경우가 많으므로 지표면에서 300~500mm 두께 부분의 흙은 무시하는 것이 좋다.)

P_h : 주동토압의 수평성분

11.4.3 접지압에 대한 검토

① 옹벽 기초판에 작용하는 접지압이 허용지내력 이하여야 한다.

② 단위 폭에 대한 설계용접지압

$$q = \frac{\alpha\,W}{A} \leqq q_a \tag{11.9}$$

여기서, α : 하중의 편심과 저면의 형상에 의해 결정되는 계수

$$e = 0 \text{ 일 때 } \alpha = 1$$

$$e \leqq l/6 \text{ 일 때 } \alpha = 1 + \frac{6e}{l} \tag{11.10}$$

$$e > l/6 \text{ 일 때 } \alpha = \frac{2}{3\left(\frac{1}{2} - \frac{e}{l}\right)} \tag{11.11}$$

11.5 옹벽을 이루는 각 부재의 설계

옹벽을 이루는 각 부재의 설계는 보 및 일방향 슬래브와 동일하다.

예제 11.1

다음 조건의 캔틸레버 옹벽을 설계하라.(단, 적절한 배수계통을 설치하여 옹벽배면에 수압은 작용하지 않는 것으로 가정한다.)

$H_0 = 5{,}000\text{mm}$ $H = 5{,}500\text{mm}$ $D = 1{,}500\text{mm}$

$D_c = 500\text{mm}$ $L = 3{,}500\text{mm}$ $f_{ck} = 24\text{MPa}$

$f_y = 400\text{MPa}$

허용지지력 $q_a = 150\text{kN/m}^2$

ϕ : 흙의 내부 마찰각 γ : 흙의 단위체적 중량 c : 점착력

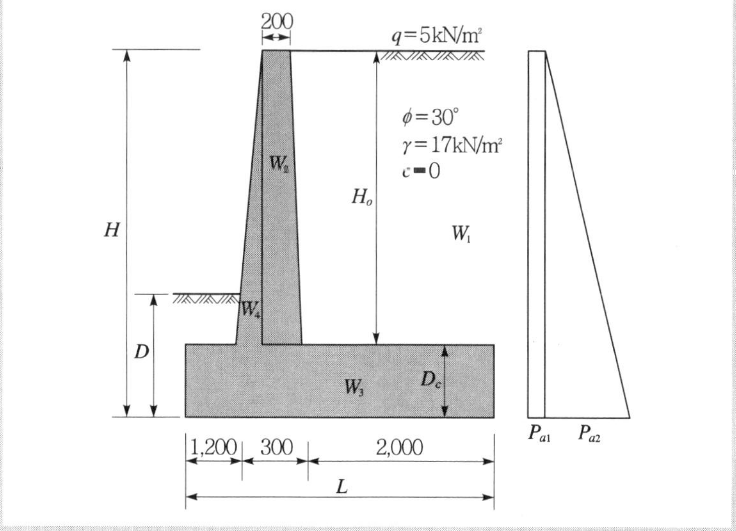

풀이

1. 토압산정

캔틸레버 옹벽은 벽체 상단의 이동이 가능하므로 주동 토압계수를 적용하되 본 예제에서는 Rankine의 주동토압을 적용한다.

$$K_a = \frac{1-\sin\phi}{1+\sin\phi} = \frac{1-\sin 30^\circ}{1+\sin 30^\circ} = 0.33$$

$$P_{a1} = K_a \cdot q = 0.33 \times 5 = 1.65\text{kN/m}^2$$

$$P_{a2} = K_a \cdot \gamma \cdot H = 0.33 \times 17 \times 5.5 = 30.8\text{kN/m}^2$$

2. 안정성 검토

① 전도에 대한 검토

전도모멘트 $M_0 = 1.65 \times \frac{5.5^2}{2} + 30.8 \times \frac{5.5^2}{6} = 180.2\text{kN}\cdot\text{m}$

저항모멘트 $M_r = W_1 l_1 + W_2 l_2 + W_3 l_3 + W_4 l_4$

작용력	앞굽판에서의 팔길이	저항모멘트
$W_1 = 17 \times 2 \times 5 = 170$kN	2.5m	425kN·m
$W_2 = 24 \times 0.2 \times 5 = 24$ kN	1.3m	31.2kN·m
$W_3 = 24 \times 3.5 \times 0.5 = 42$ kN	1.75m	73.5kN·m
$W_4 = 24 \times 0.1 \times 5/2 = 6$ kN	1.27m	7.6kN·m
$\Sigma W = 242$ kN		$\Sigma M = 537.3$ kN·m

전도에 대한 안전율 = 저항모멘트/전도모멘트

= 537.3/180.2 = 2.98 > 2.0 적합

② 미끄러짐에 대한 검토

횡토압의 합 $P_h = 1.65 \times 5.5 + 30.8 \times 5.5/2 = 93.8\text{kN}$

밑면 마찰력 $= \mu \cdot W = 0.5 \times 242 = 121\text{kN}$

수동토압(P_v)(지표면에서 500mm 두께 부분의 흙은 무시)

수동토압계수 $K_p = \frac{1+\sin\phi}{1-\sin\phi} = 3$

$P_v = 3 \times 17 \times 1/2 = 25.5\text{kN}$

미끄러짐에 대한 안전율$= \frac{146.5}{93.8} = 1.56 > 1.5$ 적합

③ 접지압에 대한 검토

$\Sigma W = 242\text{kN}$

$x = (537.3 - 180.2)/242 = 1.48\text{m}$

$e = L/2 - x = 3.5/2 - 1.48 = 0.27\text{m} < L/6 = 0.58\text{m}$

$$\alpha = 1 + \frac{6e}{L} = 1 + \frac{6 \times 0.27}{3.5} = 1.46$$

$$q_{max} = \frac{\alpha W}{A} = \frac{1.46 \times 242}{3.5} = 101\text{kN/m}^2 < q_a = 150\text{kN/m}^2 \qquad \text{적합}$$

3. 기초판 설계

① 뒷굽판 설계

상재하중 : $1.6 \times 5 \times 1.0 = 8.0\text{kN/m}^2$

상부 흙 : $1.6 \times 17 \times 5.0 = 136\text{kN/m}^2$

기초자중 : $1.2 \times 24 \times 0.5 = 14.4\text{kN/m}^2$

$$W_u = 158.4\text{kN/m}^2$$

윗굽단 설계시 상향 접지압에 의한 감소효과는 무시한다.

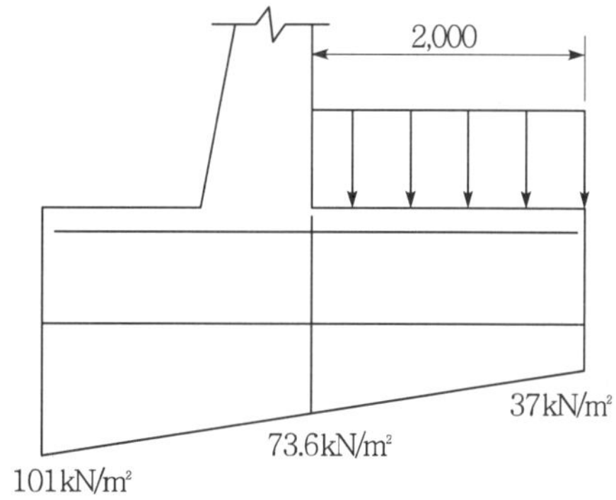

- 작용력

$M_u = W_u l^2/2 = 158.4 \times 2^2/2 = 316.8\text{kN} \cdot \text{m}$

$V_u = W_u \cdot l = 158.4 \times 2 = 316.8\text{kN}$

- 전단검토

$$\phi V_c = \phi \frac{1}{6} \lambda \sqrt{f_{ck}} b_w d$$

$$= 0.75 \times \frac{1}{6} \times 1.0 \times \sqrt{24} \times 1,000 \times 420 \times 10^{-3} = 257.2\text{kN} > V_u = 316.8\text{kN}$$

- 철근량 산정

$$R_n = \frac{M_u}{\phi b d^2} = \frac{316.8 \times 10^6}{0.85 \times 1,000 \times 420^2} = 2.11\text{MPa}$$

$$\rho = \frac{0.85 \times 24}{400}\left[1 - \sqrt{1 - \frac{2 \times 2.11}{0.85 \times 24}}\right] = 0.0056 \qquad \text{(지배)}$$

$$\rho_{min} = \frac{14}{f_y} = \frac{1.4}{400} = 0.0035$$

$A_s = 0.0056 \times 1,000 \times 420 = 2,352\text{mm}^2 \rightarrow$ D22@150

② 앞굽판 설계

압굽판 두께는 시공편의상 뒷굽판 두께로 통일한다.

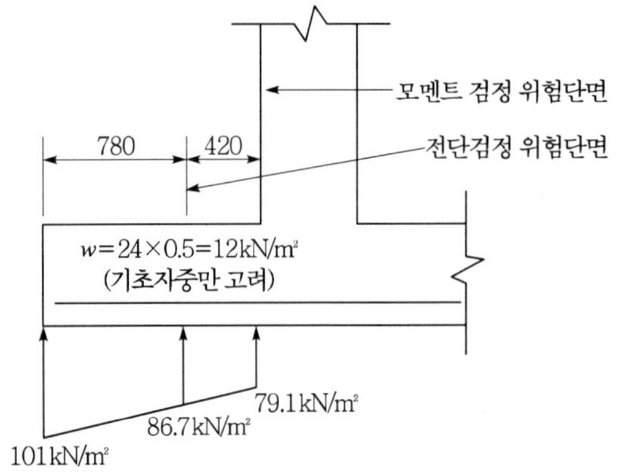

• 작용력

$$M_u = 1.6\times\left[79.1\times\frac{1.2^2}{2}+(101-79.1)\times\frac{1.2^2}{3}\right]-1.2\times12\times\frac{1.2^2}{2}$$

$$= 97.6\text{kN}\cdot\text{m}$$

$$V_u = 1.6\times\frac{101+86.7}{2}\times0.78-1.2\times12\times0.78 = 105.9\text{kN}$$

• 전단 검토

$$\phi V_c = \phi\frac{1}{6}\lambda\sqrt{f_{ck}}\,bd$$

$$= 0.75\times\frac{1}{6}\times1.0\times\sqrt{24}\times1{,}000\times420\times10^{-3} = 257\text{kN} > V_u \qquad \text{적합}$$

• 철근량 산정

$\rho = 0.0017$

$$\rho_{\min} = \frac{1.4}{f_y} = 0.0035$$

$$\rho_{\min} = \frac{4}{3}\times\rho = 0.0027 \qquad (\text{지배})$$

$A_s = 0.0027\times1{,}000\times420 = 1{,}134\text{mm}^2 \rightarrow$ D16@150

5. 전면벽(STEM) 설계

① 작용력

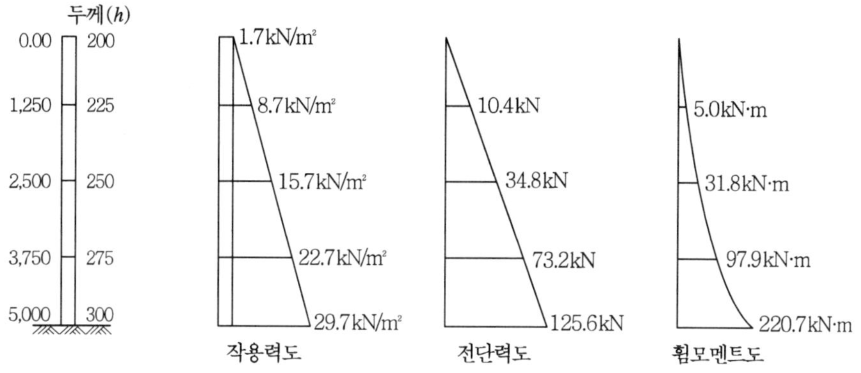

② 전단검토

피복은 5cm로 가정한다.

위치(m)	벽두께(h)	작용전단력(V_u)	전단강도(ϕV_c)	비고
0.00	200 mm	0 kN	91.9 kN	적합
1.25	225 mm	10.4kN	107.2 kN	적합
2.50	250 mm	34.8 kN	122.5 kN	적합
3.75	275 mm	73.2 kN	137.8 kN	적합
5.0	300 mm	125.6 kN	153.1 kN	적합

③ 배근 섬토

위치(m)	작용모멘트M_u(kN · m)	벽두께 h(mm)	배근내용	ϕM_n(kN · m)	비고
0	0	200	D22@400	40.5	적합
1.25	5.0	225	D22@400	48.3	적합
2.50	31.8	250	D22@200	106.2	적합
3.75	97.9	275	D22@100	216.0	적합
5.0	220.7	300	D22@100	251.0	적합

최소 철근량 배근

수평철근 전체 $A_{sh} = 0.002 \times 1{,}000 \times 300 = 600\text{mm}^2$

외측면 수평철근 $1/2 \sim 2/3 A_{sh} = 300 \sim 400\text{mm}^2 \rightarrow$ D13@400($A_s = 317.5\text{mm}^2$)

내측면 수평철근 $A_{sh} - 317.5 = 282.5\text{mm}^2 \rightarrow$ D13@400($A_s = 317.5\text{cm}^2$)

수직철근 전체 $A_{sv} = 0.0012 \times 1{,}000 \times 300 = 360\text{mm}^2$

외측면 수직철근 $1/2 \sim 2/3 A_{sv} = 180 \sim 240\text{mm}^2 \rightarrow$ D10@300($A_s = 236\text{mm}^2$)

내측면 수직철근 $A_{sv} - 236 = 123.3\text{mm}^2 \rightarrow$ D22@400($A_s = 967\text{mm}^2$)

6. 배근도

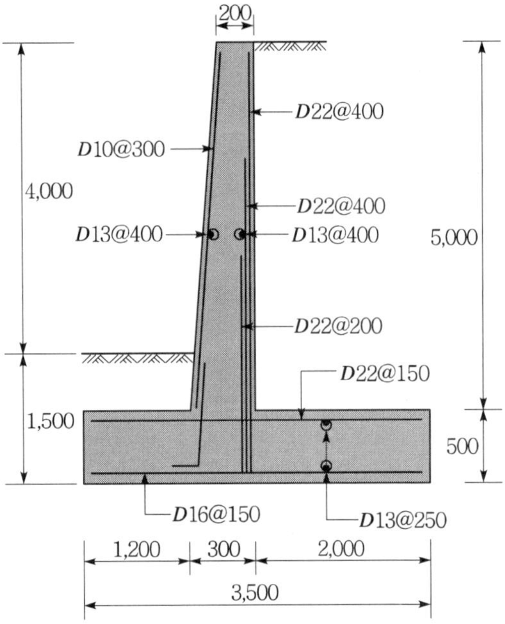
200
D22@400
D10@300
4,000
D22@400
D13@400
D13@400
5,000
D22@200
D22@150
1,500
500
D16@150
D13@250
1,200
300
2,000
3,500

연습문제

11.1 지면에서 4.0m 높이의 뚝을 바닥이 지표면에서 1.0m 묻힌 캔틸레버 옹벽으로 설계하라. 단, 설계조건은 예제 11.1과 같다.

11.2 문제 11.1의 흙의 내부 마찰각 ϕ의 값이 25°일 때 전도모멘트와 미끄러짐에 대한 안정성을 검토하라.

11.3 문제 11.1의 흙의 내부 마찰각 ϕ의 값이 25°일 때 옹벽의 뒷굽판 길이를 정하고 접지압에 대하여 검토하라.

11.4 다음 그림과 같은 옹벽의 배근도에서 휨모멘트에 저항하지 않는 철근은 어느 것이며, 그 이유를 설명하라.

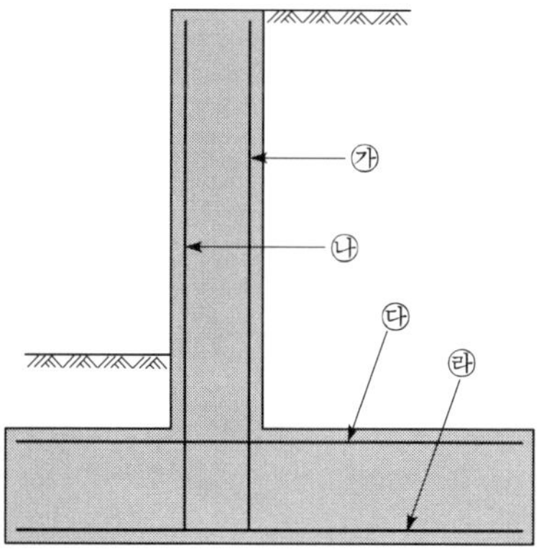

제12장 벽체설계

제12장

REINFORCED CONCRETE STRUCTURES

벽체설계

12.1 벽체의 종류

(1) 칸막이 벽

내화성능을 가지면서 공간을 구획하는 벽으로 벽돌이나 콘크리트 블록이 많이 사용되고 있다. 칸막이 벽은 자중을 지지하는 정도의 강도를 가지며 대부분 다른 골조에 의하여 지지된다.

(2) 외벽

건물의 내외를 구획하는 벽이며, 외벽은 자중을 지지하는 이외에 풍압을 견딜 수 있는 강도를 가져야 한다.

(3) 내력벽

자중과 더불어 수직하중을 지지하는 구조기능을 가진 벽으로, 아파트, 소형 상업용 건물에서 내력벽 구조로 하면 경제적이고 공간의 효율을 높일 수 있다.

(4) 전단벽

수직하중과 함께 바람, 지진 등에 의한 수평하중도 지지할 수 있게 설계된 콘크리트 벽이다. 저층건물에서는 수평하중을 골조구조가 지지하도록 할 수 있으나 층수가 높아짐에 따라 수평하중의 영향이 커지므로 계단실, 외벽 또는 내벽의 일부를 전단벽으로 하면 높은 휨강성으로 수평하중을 저항하는 데 매우 경제적이고 효율적인 구조가 된다.

12.2 내력벽의 설계

12.2.1 내력벽 설계의 기본사항

(1) 집중하중에 대한 벽체의 유효 수평길이는 하중사이의 중심거리 또는 지압폭에 벽체 두께의 4배를 합한 값 이하로 한다.

(2) 최소철근비 및 철근배근은 표 12.1에 나타낸 바와 같다.

표 12.1 최소철근비 및 철근배근

	$f_y \geq$ 400MPa인 D16 이하의 이형철근, 지름 16mm 이하의 용접철망	기타
최소 수직철근비	0.0012	0.0015
최소 수평철근비	$0.0020 \times 400/f_y$	0.0025
배근간격 제한	벽두께의 3배 이하 또는 450mm 이하	

(3) 벽체의 최소 두께

① 수직 또는 수평 지점간의 거리 중 작은 값의 1/25 이상

② 100mm 이상

③ 지하실 외벽이나 기초벽체 두께는 200mm 이상

④ 내력벽을 압축재 설계방법으로 설계하는 경우에는 위의 제한을 받지 않는다.

⑤ 비내력벽의 최소두께는 100mm 이상 또는 수평지지거리의 1/30 이상

12.2.2 실용설계법에 의한 벽체설계

벽체의 단면이 직사각형이고 설계하중의 합력이 벽체 두께의 중앙 1/3 이내의 위치에 작용하는 경우 벽체의 설계축하중은 다음 식으로 간단히 구할 수 있다.

$$\phi P_{nw} = 0.55\phi f_{ck} A_g \left[1 - \left(\frac{k l_c}{32 h}\right)^2\right] \tag{12.1}$$

여기서, $\phi = 0.65$

f_{ck} : 콘크리트의 설계 압축강도

A_g : 전 단면적

l_c : 지지점간의 수직길이

h : 벽체의 두께

0.55 : $h/6$에 해당하는 편심을 고려한 계수

$1-(kl_c/32h)^2$: 세장효과를 고려한 함수

k : 좌굴에 대한 유효길이 계수로 다음과 같다.

(1) 횡구속 벽체의 경우

① 상, 하 양단부 중 한쪽이나 양쪽의 회전이 구속되어 있을 때 : $k = 0.8$

② 상, 하 양단부의 회전이 구속되어 있지 않을 때 : $k = 1.0$

(2) 비횡구속 벽체 : $k = 2.0$

12.2.3 압축재 설계법에 의한 벽체설계

벽체의 단면이 직사각형이 아니거나 편심이 $h/6$를 넘는 경우에는 압축재로 설계한다.

예제 12.1

다음과 같은 콘크리트 내력벽을 실용설계법으로 설계하라. 콘크리트 내력벽이 3.3m 간격으로 폭 300mm의 철근콘크리트 보를 지지하고 있다. 이 벽체는 높이가 3.6m이고, 상단에서 횡방향의 이동이 구속되어 있다. 보에서 전달되는 하중은 $P_D = 80\text{kN}$, $P_L = 50\text{kN}$이며, $f_{ck} = 21\text{MPa}$, $f_y = 400\text{MPa}$이다. 단, 설계 축하중의 합력은 벽 두께의 중앙 1/3 이내에 위치하며, 벽의 자중은 무시한다.

풀이

1. 최소 벽두께 검토

$$h_{\min} = \frac{l_c}{25} = \frac{3,600}{25} = 144\text{mm} > h_{\min} = 100\text{mm}$$ 이므로 벽두께 $h = 150\text{mm}$로 한다.

2. 계수 축하중 산정

$$P_u = 1.2P_D + 1.6P_L$$
$$= 1.2 \times 80 + 1.6 \times 50 = 176\text{kN}$$

3. 철근콘크리트 보에 의한 지압 검토

$$\phi P_n = \phi(0.85 f_{ck} A_1)$$
$$= 0.65(0.85 \times 21 \times 300 \times 150) \times 10^{-3}$$
$$= 522\text{kN} > P_u \quad \text{적합}$$

4. 벽체의 축하중 강도 산정

집중하중에 대한 벽체의 유효 수평길이는

$b_e = b + 4h = 300 + 4 \times 150 = 900\text{mm} <$ 하중중심거리 3,300mm

따라서, $b_e = 900\text{mm}$로 한다.

$$\phi P_{nw} = 0.55 \phi f_{ck} A_g \left[1 - \left(\frac{kl_c}{32h} \right)^2 \right]$$

$$= 0.55 \times 0.65 \times 21 \times 900 \times 150 \times \left[1 - \left(\frac{0.8 \times 3,600}{32 \times 150} \right)^2 \right] \times 10^{-3}$$

$$= 648\text{kN} > P_u \qquad \text{적합}$$

5. 배근 설계

수직 철근량 $A_{vn} = 0.0012 \times 1,000 \times 150 = 180\text{mm}^2/\text{m}$ → D10@350

수평 철근량 $A_{vh} = 0.0020 \times 1,000 \times 150 = 300\text{mm}^2/\text{m}$ → D10@200

최대 배근 간격 $s = 450\text{mm} > 350\text{mm}$ 적합

12.3 전단벽 설계

12.3.1 전단벽의 거동

전단벽은 수직하중에 의한 축력을 기초에 전달하는 역할을 한다. 그리고 바람이나 지진과 같은 수평하중이 전단벽 구조에 작용하면, 슬래브가 깊은 보와 같이 작용하여 수평하중을 전단벽으로 전달하고 이 전단벽은 하중을 기초로 전달하는 단부가 고정된 캔틸레버처럼 작용한다.

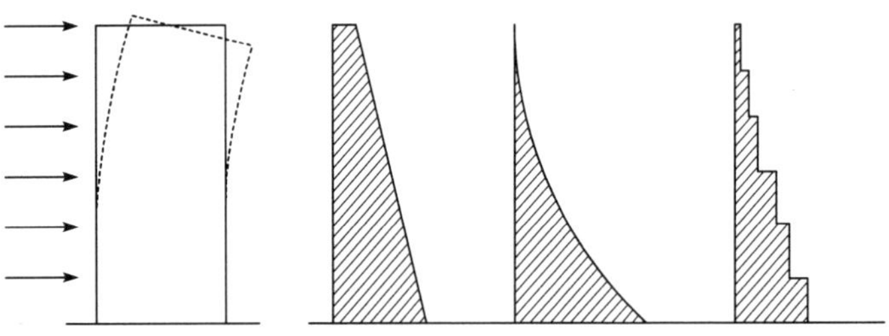

(a) 전단벽 (b) 전단력 (c) 모멘트 (d) 축하중

그림 12.1 전단벽의 거동

전단벽은 (1) 아래 끝에서 최고가 되는 변하는 전단력 (2) 하중이 가해지는 쪽에서는 인장력 그리고 다른 반대쪽에서는 압축력을 일으키는 모멘트 (3) 구조물의 일반적인 중력하중에 의한 수직압축력 등에 저항한다(그림 12.1).

12.3.2 벽체의 전단설계

(1) 전단벽의 전단 설계식

$$V_u \leqq \phi V_n \tag{12.2}$$

$$V_n = V_c + V_s \leqq \frac{5}{6} \lambda \sqrt{f_{ck}}\, hd \tag{12.3}$$

여기서, $\phi = 0.75$

V_c : 콘크리트의 전단강도

V_s : 철근의 전단강도

h : 전단벽의 두께

d : 전단벽의 유효깊이(전단벽의 수평길이 l_w의 0.8배)

λ : 경량 콘크리트 계수(6.4.1.(3) 참조)

1) 콘크리트의 전단강도

① 벽체에 압축력이 작용하는 경우

$$V_c = \frac{1}{6} \lambda \sqrt{f_{ck}}\, hd \tag{12.4}$$

② 벽체에 인장력이 작용하는 경우

$$V_c = \frac{1}{6} \left(1 + \frac{N_u}{3.5 A_g} \right) \lambda \sqrt{f_{ck}}\, hd \tag{12.5}$$

여기서, N_u : 계수 축하중으로 인장력의 경우는 (−)이다.

A_g : 벽체 수평단면적

λ : 경량 콘크리트 계수(6.4.1.(3) 참조)

③ 위의 두 식보다 좀더 자세하게 콘크리트의 전단강도를 구할 때는 다음의 두 식에 의한 값 중 작은 값으로 할 수 있다.

$$V_c = 0.28\lambda\sqrt{f_{ck}}\,hd + \frac{N_u d}{4l_w} \tag{12.6}$$

$$V_c = [0.05\lambda\sqrt{f_{ck}} + \frac{l_w(0.10\lambda\sqrt{f_{ck}} + 0.2N_u / l_w h)}{M_u / V_u - l_w/2}]hd \tag{12.7}$$

여기서, N_u 가 인장력이면 (−)로 하고, $(M_u / V_u - l_w/2)$가 (−)이면 두 번째 식은 적용되지 않는다. 첫 번째 식은 전단벽 단면의 도심에서 전단력과 축하중에 의한 주인장응력이 약 0.33 $\sqrt{f_{ck}}$이 되었을 때 복부의 전단균열이 발생함을 예측하는 식이고, 두 번째 식은 벽체 밑면으로부터 $l_w/2$ 위치의 단면에서 휨인장력이 0.33 $\sqrt{f_{ck}}$에 달했을 때 휨-전단균열이 발생함을 예측하는 식이다.

2) 철근의 전단강도(V_s)

① 계수 전단력 V_u 값이 전단강도 ϕV_c를 초과하면 수평전단 보강근이 배근되어야 한다. 수평전단 보강근의 공칭 전단강도는 다음과 같다.

$$V_s = \frac{A_{vh} f_y d}{s_h} \tag{12.8}$$

여기서, A_{vh} : 수직간격 s_h 내의 수평전단 보강철근의 단면적

s_h : 수평전단 보강철근의 수직간격

f_y : 철근의 항복강도

② 수평전단 보강철근의 단면적

$$A_{vh} = \frac{(V_u - \phi V_c)\, s_h}{\phi f_y d} \tag{12.9}$$

(2) 철근비에 대한 최소규준

계수전단력 V_u 가 $\phi V_c/2$ 미만일 때는 벽체의 철근보강을 내력벽 최소철근비에 따라 할 수 있으나, $\phi V_c/2 < V_u \leq \phi V_c$일 때는 다음의 철근비 및 철근간격에 맞게 하여야 한다.

1) 수평전단 보강근의 전체 수직단면적에 대한 철근비

$$\rho_{h,\min} \geqq 0.0025 \ (f_y = 400\text{MPa 이하}) \quad (12.10a)$$

$$\rho_{h,\min} \geqq 0.0025 \times 400/f_y \ (f_y = 400\text{MPa 초과}) \quad (12.10b)$$

2) 수평전단 보강근의 간격

$$s_h \leqq (l_w/5,\ 3h,\ 450\text{mm})\text{ 중 최소치}$$

3) 수직전단 보강근의 전체 수평단면적에 대한 철근비

$$\rho_n \geqq \rho_{h,\min} + 0.5\left(2.5 - \frac{h_w}{l_w}\right)(\rho_h - \rho_{h,\min}) \quad (12.11)$$

$$\rho_{n,\min} \geqq 0.0025 \ (f_y = 400\text{MPa 이하})$$

$$\rho_{n,\min} \geqq 0.0025 \times 400/f_y \ (f_y = 400\text{MPa 초과})$$

4) 수직전단 보강근의 간격

$$s_n \leqq (l_w/3,\ 3h,\ 450\text{mm})\text{ 중 최소치}$$

$V_u > \phi V_c$ 일 때 수평 전단철근이 부담하는 전단강도 V_s는 다음 식으로 산정한다.

$$V_s = \frac{V_u}{\phi} - V_c \quad (12.12)$$

예제 12.2

다음 조건을 가진 전단벽의 전단보강설계를 하라.

벽두께 : $h = 200\text{mm}$
벽길이 : $l_w = 3{,}000\text{mm}$
벽높이 : $l_c = 3{,}800\text{mm}$
콘크리트 설계기준강도 : $f_{ck} = 24\text{MPa}$
철근 설계기준항복강도 : $f_y = 400\text{MPa}$
전단력 : $V_u = 850\text{kN}$

풀이

1. 전단강도 검토

$V_u = 850\text{kN}$

$d = 0.8l_w = 0.8 \times 3{,}000 = 2{,}400\text{mm}$

$$\phi V_c = \phi \frac{1}{6} \lambda \sqrt{f_{ck}}\, hd$$

$$= 0.75 \times \frac{1}{6} \times 1.0 \times \sqrt{24} \times 200 \times 2{,}400 \times 10^{-3}$$

$= 294\text{kN} < V_u$ 전단 보강이 필요함

2. 수평 전단보강 철근의 산정

$$V_s = \frac{V_u - \phi V_c}{\phi} = \frac{850 - 294}{0.75} = 741\text{kN}$$

$$V_s = \frac{A_{vh} f_y d}{s_h}$$

$$s_h = \frac{A_{vh} f_y d}{V_s} = \frac{(2 \times 71) \times 400 \times 2{,}400}{741} \times 10^{-3} = 183\text{mm}$$

2−D10@150으로 한다.

최소 철근비 검토

$\rho_h = \dfrac{2 \times 71}{200 \times 150} = 0.00473 > 0.0025$ 적합

철근 배근 간격 검토

$l_w/5 = 3{,}000/5 = 600\text{mm} > s_h = 150\text{mm}$

$3h = 3 \times 200 = 600\text{cm} > s_h = 150\text{mm}$

$450\text{mm} > s_h = 150\text{mm}$ 적합

3. 수직전단보강 철근의 산정

$$\rho_n = 0.0025 + 0.5\left(2.5 - \frac{h_w}{l_w}\right)(\rho_h - 0.0025)$$

$$= 0.0025 + 0.5\left(2.5 - \frac{3{,}800}{3{,}000}\right)(0.00473 - 0.0025) = 0.00388$$

$0.0025 < \rho_n < \rho_h$ 따라서 $\rho_n = 0.00388$

$A_{vn} = 0.00388 \times 1{,}000 \times 200 = 776\text{mm}^2$

2−D10@150으로 한다.

철근 배근 간격 검토

$l_w/3 = 3{,}000/3 = 1{,}000\text{mm} > s_h = 150\text{mm}$

$3h = 600\text{mm} > s_h = 150\text{mm}$

$450\text{mm} > s_h = 150\text{mm}$ 적합

12.4 철근배근

벽체의 교차부 및 개구부 보강철근 상세는 그림 12.2와 그림 12.3에 나타낸 바와 같다.

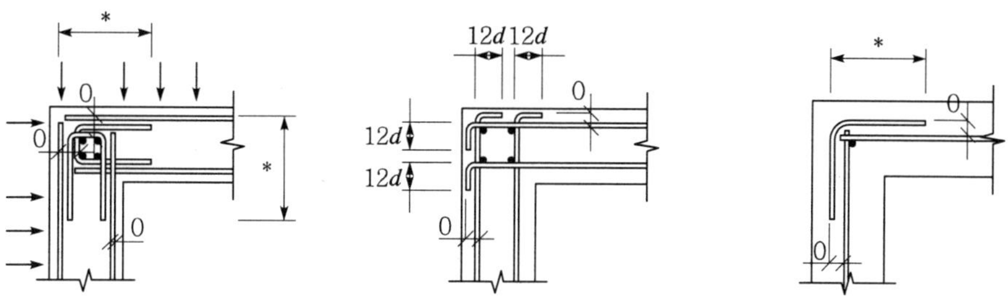

(a) 외부 모서리 부분

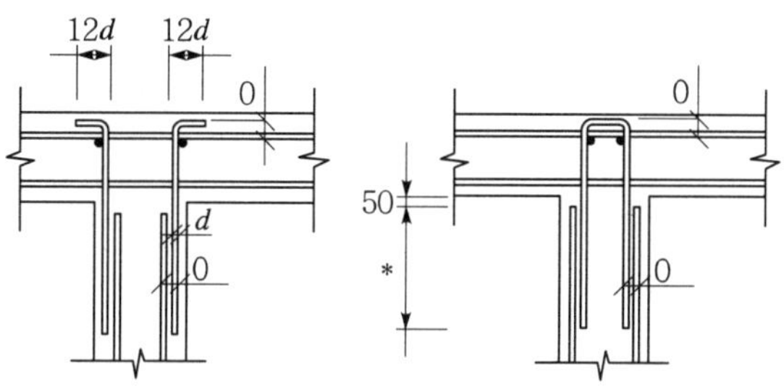

(b) 교차되는 부분(복배근)

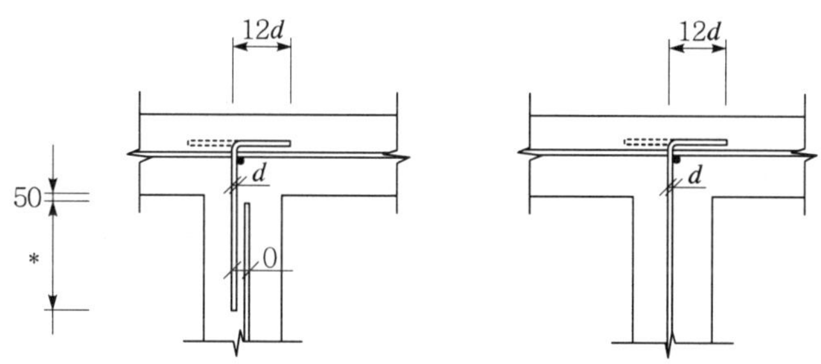

(c) 교차되는 부분

주) * 표기의 치수는 6 철근의 정착과 이음에서 이음길이 및 정착길이를 적용한다.

그림 12.2 벽체 교차부 배근 상세

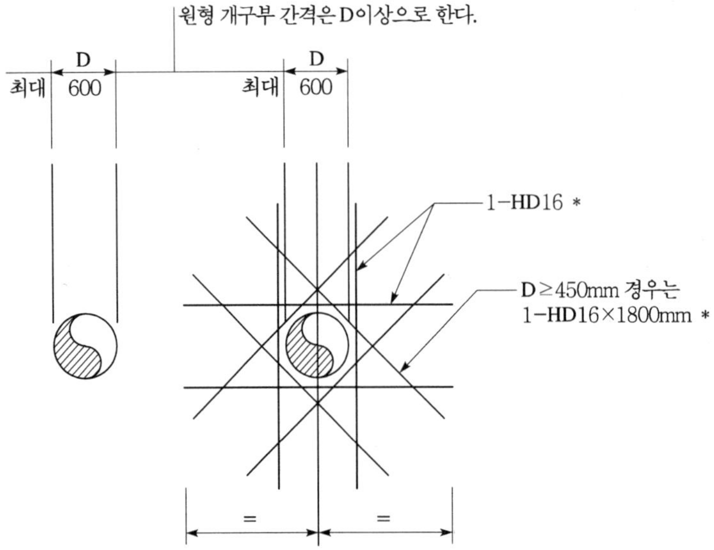

(a) 원형 개구부

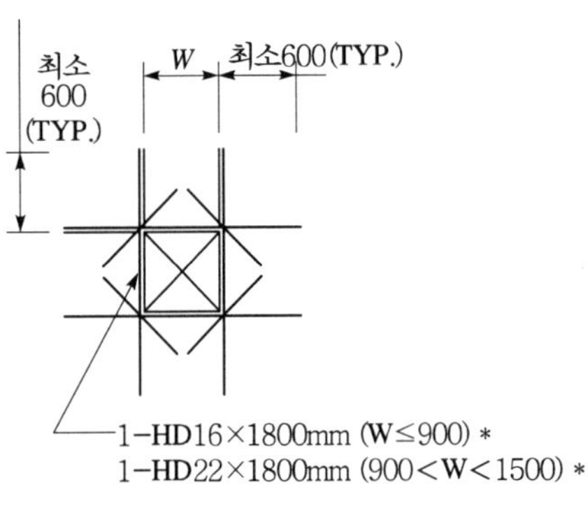

(b) 각형 개구부

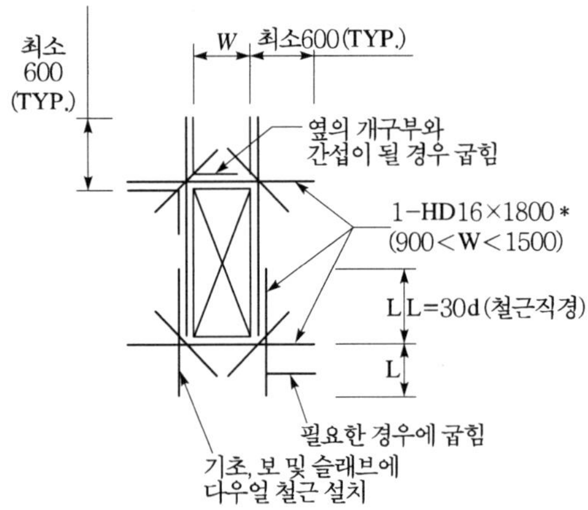

(c) 출입구

주) 1. 개구부 크기가 D<150mm 경우는 수직 및 수평 철근은 생략한다.
2. * 표는 기존 철근 배근이 단배근이면 단배근으로 하고 복배근이면 복배근으로 한다.

그림 12.3 벽체 개구부 보강 철근 상세

연습문제

12.1 3.0m 간격의 폭이 300mm인 철근콘크리트 보를 지지하는 철근콘크리트 벽체를 실용설계법으로 설계하라. 단, 벽체의 높이는 3600mm이고 보에서 전달되는 $P_D = 200\ \text{kN}$, $P_L = 100\ \text{kN}$이며, 벽체의 수평이동은 구속되어 있지 않다.

12.2 다음과 같은 조건의 벽체에 수평하중 $P_H = 1000\ \text{kN}$이 작용하는 전단벽을 설계하라. 단, 벽두께 200mm, 벽길이 $l_w = 250\text{mm}$, 벽높이 $l_c = h_w = 3500\text{mm}$, $f_{ck} = 21\ \text{MPa}$, $f_y = 400\ \text{MPa}$이다.

제13장 내진설계

내진설계

13.1 지진하중

13.1.1 지진발생의 원인

지진이란 지각이 압축 또는 인장을 받아 장시간 축적된 에너지가 견딜 수 있는 한계를 넘어서는 부분에서 순간적으로 방출됨에 따라 급격한 단층운동이 일어나 그 충격으로 생긴 파동, 즉 지진파가 지표면까지 전해져 지반이 진동하는 현상이다.

지진의 직접적인 원인은 암석권에 있는 판의 움직임이다. 판을 움직이는 힘은 다양한 형태로 나타나는데, 암석권 밑이 상부 맨틀에 비해 차고 무겁기 때문에 침강지역에서 파고 들어가려는 힘, 밑에서 상승하여 좌우로 넓어지려는 힘, 지구내부의 열대류가 판의 밑 부분을 끌고 가는 힘 등이라고 생각할 수 있으나, 이것들이 어느 정도의 비율로 작용하는가는 정확히 알 수 없다.

(1) 판구조론(Plate tectonics)

1960년대에 제창된 이론으로 지진대의 문제가 이 이론에 의해 간신히 설명되었다. 판 구조이론이란 지구의 표면이 평균 두께 약 100km 정도의 몇 개의 지각판으로 이루어져 있으며, 이 지판들이 그 하부 연약권(Asthenosphere)에서 일어나는 맨틀 대류에 의하여 상대적으로 이동할 때 경계부에서 화산 활동과 지진 활동 및 조산 운동 등의 지각 변동이 일어난다는 이론이다.

전 세계적으로 대부분의 지진활동이 판 경계에서 일어나며, 판의 내부에서는 소규모 지진활동이 일어난다.

그림 13.1 세계의 주요 판

13.1.2 지진의 요소

(1) 진원시(Origin time)

어떤 지점에서 지진동을 느꼈을 때 이 지진동이 전파하기 시작한 시각, 즉 지진파가 처음 발생한 시각을 진원시라고 한다. 이것은 어떤 지점에서 지진동이 감지되거나 지진계에 기록되는 시각에서 지진파가 전파해온 시간인 주행시간(Travel time)만큼 빠르다. 지진파는 일정한 속도를 가지고 있기 때문에 거리에 비례하여 도착한다.

(2) 진원(Hypocenter)

지진이 발생할 때 지반의 파괴가 시작된 곳으로 지진파가 발생한 지점을 의미하며, 거리와 깊이의 의미가 포함되어 있다. 진원거리는 지진을 관측한 장소에서 지하의 지진이 발생한 지점까지의 거리이다.

(3) 진앙(Epicenter)

진원으로부터 연직 방향에 있는 지표상의 지점으로 진앙지는 인근 지명을 사용하여 붙여진다.

13.1.3 지진파

(1) 실체파

지구의 내부를 관통하여 주행하는 지진파를 실체파라 한다. 실체파는 매질에 나타나는 변형의 형태에 따라 P파와 S파의 두 가지 종류가 있다.

① P파(종파)

- 파의 진행방향과 나란하게 진동을 일으키며 매질의 부피변화를 수반하다.
- 속도가 가장 빠르기 때문에 항상 지진기록에 가장 먼저 나타나며 S파(횡파)의 속도보다 약 1.7배의 속도를 가진다.
- 음파와 같은 소밀파로서 모든 매질에서 전파된다.
- P파의 P는 지진파가 도달하는 순서와 특성을 뜻하는 'Primary' 또는 'Push'의 머릿자에 해당한다.

② S파(횡파)

- 파의 진행방향과 수직방향으로 진동을 일으키는 실체파로서 S파의 통과시 매질의 부피변화는 일으키지 않으나 전단변형을 수반한다.
- 상대적으로 속도가 느리기 때문에 항상 지진기록에서 P파의 뒤에 나타난다.
- 일반적으로 P파의 진폭보다 크게 나타난다.
- 진행방향에 수직인 횡운동에 의한 것이므로 액체 내부(지구의 외핵 또는 내핵)는 통과할 수 없다.
- 진동면이 수직방향인 수직횡파와 진동면이 수평방향인 수평횡파의 두 종류가 있다.
- S파의 S는 지진파가 도달하는 순서와 특성을 뜻하는 'Secondary' 또는 'Shake'의 머릿자에 해당한다.

(2) 표면파

실체파가 일정한 지층에 묶여서 그 층을 따라 진행함으로써 만들어지는 파를 표면파라 한다.

① 러브파

러브파는 S파의 수평운동 성분인 파로서 레일리파보다 빠르게 전파되고, 매질의 운동이 수평성분만을 가지므로 수직성분지진계에는 거의 기록되지 않는다.

② 레일리파

P파와 S파의 수직운동 성분인 파가 조합된 성질을 가지며, 지표에서는 수평축이 긴 후방향 타원운동형 진동형태를 보여준다. 종방향성분 지진기록에서 관측이 잘 이루어지

며 러브파의 뒤에 기록된다.

13.1.4 지진의 종류

(1) 발생 원인별 지진의 종류

① 단층지진(Fault earthquakes)

지각변동으로 지반에 축적된 힘이 단층이 생길 때 발산되어 일으키는 지진으로 대규모 지진은 대부분 단층지진이다.

② 화산지진(Volcanic earthquakes)

지구내부에 있는 고온의 마그마가 지표로 이동하면서 생기는 화산폭발시의 진동에 의한 지진이다.

③ 함몰지진(Downfall earthquakes)

지하의 큰 공동(석회동굴 등)이 무너지면서 생기는 지진이다.

④ 인공지진(Man-made earthquakes)

땅속에서 화약을 폭발시키거나 지하 핵 실험 등으로 지진과 유사한 현상이 일어남으로써 생기는 지진이다.

(2) 지진의 깊이에 따른 종류

① 천발지진

진원의 깊이가 70km 이하에서 발생하며, 대부분의 지진이 이에 속한다.

② 중발지진

진원의 깊이가 70~300km에서 발생하는 지진이다.

③ 심발지진

진원의 깊이가 300~700km에서 발생되는 지진으로, 지진대 중에서도 주로 내륙지방에서 잘 나타난다.

13.1.5 규모와 진도

(1) 규모

규모란 지진의 에너지양에 대응되는 수치로 지진계에 기록된 진폭을 진원의 깊이와 진앙까지의 거리 등을 고려하여 지수로 나타낸 것으로 장소에 관계없는 절대적 개념의 지진크기를 말한다. 규모는 지진파의 진폭과 진앙거리 등을 변수로 산출하여 소수 1자리까지 나타낸다.

(2) 진도

진도는 지진이 발생하였을 때 어떤 장소에서 사람이 느끼는 정도와 물체, 구조물 또는 자연에 미치는 영향정도에 따라 정해 놓은 상대적인 개념으로 지진의 크기를 나타내는 가장 오래된 척도이다.

국제적으로는 MM진도(MMI)등급이 가장 널리 통용되고 있으며, 1~12등급으로 나누고 있다(표 13.1). 일본은 8등급으로 구분된 일본기상청진도(JMA)등급을 사용하여 왔으며, 최근에는 일부 등급을 약, 강으로 나누어 설정하고 있다.

표 13.1 진도 등급(MMI)

진도	일어나는 현상
I	민감한 기구에 의해 감지된다.
II	구조물의 상층에 있는 소수의 사람들에 의해서 느껴진다.
III	실내에서 느낄 수 있으며, 지진으로 인식하지 못할 수도 있다.
IV	실내에서는 대부분 느낄 수 있으나 실외에서는 일부 느낄 수 있다. 창문, 그릇이나 문이 흔들리고 정지하고 있는 자동차가 흔들린다.
V	거의 모든 사람들이 느끼며, 잠자는 사람들을 깨운다. 약간의 그릇과 창문이 깨진다.
VI	모두가 느끼며 놀라서 실외로 나온다. 벽의 흙이나 석회 등이 떨어지며 굴뚝이 피해를 입는다.
VII	보통 구조물은 일부 피해를 입는다. 운전 중인 사람이 느낄 수 있다.
VIII	무거운 가구가 넘어지며 굴뚝, 벽 등이 무너진다. 자동차의 운전에 지장을 받는다.
IX	잘 설계된 구조물이 기울어지고, 일반 구조물에 큰 피해를 주고 일부 붕괴된다. 땅은 금이 가고 지하 파이프가 부러진다.
X	대부분의 목조 구조물이 피해를 입고 석조구조물이 무너진다. 땅은 심하게 금이 가고, 철로가 휘어진다. 산사태가 일어난다.
XI	잘 설계된 일부구조물이 남아있고, 다리가 부서지고, 땅에 넓은 균열이 간다. 지하 파이프가 완전히 부서지고 산사태가 일어나며 철로가 심하게 휘어진다.
XII	전면적인 피해가 발생하며, 지표면의 흔들림이 육안으로 보인다. 시야와 수평선이 뒤틀리고 물체가 하늘로 던져진다.

진도와 리히터규모의 상관관계는 표 13.2와 같다.

표 13.2 진도와 리히터규모의 상관관계

Magnitude (RM)	MAX. Intensity (MMI)
2	I – II
3	III
4	V
5	VI – VII
6	VII – VIII
7	IX – X
8	XI

13.2 내진설계

13.2.1 내진설계의 개념

지진은 그 특성상 매우 불확실한 하중으로 지진이 발생하는 경우 예상되는 피해를 최소화하는 것이 내진설계의 근본목표이다. 따라서 구조물의 내진설계의 개념은 지진에 의한 인명과 재산을 보호하는 것으로 표 13.3의 3가지 성능수준을 만족하여야 한다.

표 13.3 내진설계의 개념

재현주기	성능수준	내용
50~100년	즉시거주	• 자주 발생할 수 있는 작은 지진에 대해서는 아무런 피해가 없이 즉시 거주할 수 있도록 설계한다. • 사용한계상태이다.
200년	기능수행	• 가끔 발생하는 지진에 대해서는 구조적인 피해가 없이 건물 고유의 기능을 수행할 수 있도록 설계한다. •손상한계상태이다.
500년 이상	인명안전	• 아주 드물게 발생하는 지진에 대해서는 구조적인 피해가 있더라도 건물의 붕괴를 방지하여 인명의 안전을 확보하도록 설계한다. • 붕괴한계상태이다.

13.2.2 내진설계를 위한 해석방법

내진설계 해석방법은 등가정적해석법과 동적해석법이 있으며, 이에 대한 내용을 간단히 정리하면 표 13.4와 같다.

표 13.4 내진설계 해석방법

종류		내용
등가정적해석법		• 지진력을 정적인 횡력으로 계산하여 건축물의 지진거동을 해석하는 방법이다. • 1차 진동모드가 지배적인 거동을 하는 저층의 정형구조물에 적합한 해석방법이다. • 계산이 간단하고 시간 및 비용이 절감된다.
동적 해석법	응답스펙트럼 해석법	• 다자유도계를 등가단자유도계로 가정하여 구조물의 최대지진응답(변위, 속도, 가속도)을 스펙트럼으로 이용하여 산정하는 방법이다. • 지반가속도 기록을 요구하지 않고 지반운동 특성을 지정하는 합리적인 해석법이다. • 응답스펙트럼은 진동주기와 구조물의 최대응답(변위, 속도, 가속도)의 관계를 그래프로 나타낸 것이다.
	선형시간이력 해석법	• 구조물의 동적특성과 특정의 지반가속도를 이용하여 시간의 변화에 따른 구조물의 거동(변위, 부재력 등)을 선형 수치적분을 통해 산정하는 방법이다. • 정확한 해석법으로 지반가속도가 필요하다. • 인공지진 또는 과거의 지진기록이 사용된다.
	비선형시간이력 해석법	선형 시간이력 해석법과 기본적인 개념은 동일하나 선형해석이 아닌 비선형 수치적분법 등을 통해 구조물의 비선형 응답을 산정하는 방법이다.

13.2.3 내진설계범주 및 해석방법

(1) 내진설계범주

모든 구조물은 내진등급과 설계스펙트럼가속도에 따라 다음 두 가지 표에 의하여 내진설계범주를 결정한다.

표 13.5 단주기 설계스펙트럼가속도(S_{DS})에 따른 내진설계범주

S_{DS}의 값	내진등급		
	특	I	II
$0.50g \leq S_{DS}$	D	D	D
$0.33g \leq S_{DS} < 0.50g$	D	C	C
$0.17g \leq S_{DS} < 0.33g$	C	B	B
$S_{DS} < 0.17g$	A	A	A

표 13.6 주기1초에서 설계스펙트럼가속도(S_{D1})에 따른 내진설계범주

S_{D1}의 값	내진등급		
	특	I	II
$0.20g \leq S_{DS} < S_{D1}$	D	D	D
$0.14g \leq S_{D1} < 0.20g$	D	C	C
$0.07g \leq S_{D1} < 0.14g$	C	B	B
$S_{D1} < 0.07g$	A	A	A

(2) 건물형상

① 평면 비정형성

다음 표 13.7에 나열된 특징 중 하나 또는 그 이상을 가진 건물은 평면 비정형성을 가진 것으로 정의한다.

표 13.7 평면 비정형성의 유형과 정의

번호	유형	정의
1	비틀림 비정형	격막이 유연하지 않을 때 고려함. 어떤 축에 직교하는 구조물의 한 단부에서 우발편심을 고려한 최대 층변위가 그 구조물 양단부 층변위 평균값의 1.2배보다 클 때 비틀림 비정형인 것으로 간주한다.
2	요철형 평면	돌출한 부분의 치수가 해당하는 방향의 평면치수의 15%를 초과하면 요철형 평면을 갖는 것으로 간주한다.
3	격막의 불연속	격막에서 잘려나간 부분이나 뚫린 부분이 전체 격막면적의 50%를 초과하거나 인접한 층간 격막 강성의 변화가 50%를 초과하는 급격한 불연속이나 강성의 변화가 있는 격막.
4	면외 어긋남	수직부재의 면외 어긋남 등과 같이 횡력전달 경로에 있어서의 불연속성.
5	비평행 시스템	횡력저항 수직요소가 전체 횡력저항 시스템에 직교하는 주축에 평행하지 않거나 대칭이 아닌 경우.

② 수직 비정형성

다음 표 13.8에 나열된 특징 중 하나 또는 그 이상을 가진 건물은 수직 비정형성을 가진 것으로 정의한다.

표 13.8 평면 비정형성의 유형과 정의

번호	유형	정의
1	강성 비정형 –연층	어떤 층의 횡강성이 인접한 상부층 횡강성의 70% 미만이거나 상부 3개층 평균 강성의 80% 미만인 연층이 존재하는 경우 강성분포의 비정형이 있는 것으로 간주한다.
2	중량 비정형	어떤 층의 유효중량이 인접층 유효중량의 150%를 초과할 때 중량분포의 비정형인 것으로 간주한다. 단, 지붕층이 하부층보다 가벼운 경우는 이를 적용하지 않는다.
3	기하학적 비정형	횡력저항 시스템의 수평치수가 인접층 치수의 130%를 초과할 경우 기하학적 비정형이 있는 것으로 간주한다.
4	횡력저항 수직저항	요소의 비정형 횡력저항 요소의 면내 어긋남이 그 요소의 길이보다 크거나, 인접한 하부층 저항요소에 강성 감소가 일어나는 경우 수직저항 요소의 면내 불연속에 의한 비정형이 있는 것으로 간주한다.
5	강도의 불연속 –약층	임의 층의 횡강도가 직상층 횡강도의 80% 미만인 약층이 존재하는 경우 강도의 불연속에 의한 비정형이 있는 것으로 간주한다. 각층의 횡강도는 층 전단력을 부담하는 내진요소들의 저항 방향 강도의 합을 말한다.

③ 해석방법

내진설계범주에 따른 해석방법은 표 13.9에 나타낸 바와 같다.

표 13.9 내진설계범주에 따른 해석방법

내진설계범주	동적해석	
A, B	해당없음(등가 정적 해석법)	
C	• 높이 70m 이상 또는 21층 이상의 정형구조물 • 높이 20m 이상 또는 6층 이상의 비정형구조물	
D	1. 3층 이하인 경량골조구조와 각 층에서 유연한 격막을 갖는 2층 이하인 기타 구조로서 내진등급 Ⅱ의 구조물	등가정적해석법 또는 동적해석법
	2. 상기 1항 이외의 높이 70m 미만의 정형구조물	등가정적해석법 또는 동적해석법
	3. 표 13.8에서 유형 1, 2, 3을 제외한 수직비정형성 또는 표 13.7의 유형 1을 제외한 평면비정형성을 가지면서 높이가 5층 또는 20m를 초과하는 구조물	동적해석법
	4. 평면 또는 수직 비정형성을 가지는 기타 구조물 또는 높이가 70m를 초과하는 정형구조물	동적해석법

13.2.4 등가정적해석법

(1) 밑면전단력 산정

$T \leq T_L$인 경우

$$V = \frac{S_{D1}}{(R/I_E)T} W \leq \frac{S_{DS}}{(R/I_E)} W \tag{13.1}$$

$T > T_L$인 경우

$$V = \frac{S_{D1} T_L}{(R/I_E)T^2} W \leq \frac{S_{DS}}{(R/I_E)} W \tag{13.2}$$

여기서, V : 밑면전단력

S_{D1}, S_{DS} : 주기 1초 및 단주기 설계스펙트럼가속도

R : 반응수정계수

I_E : 건축물의 중요도 계수

T : 건축물의 고유주기

W : 건축물의 전 중량

T_L : 5초

이와 같이 구해진 밑면전단력으로 층지진하중(F_x)과 층전단력(V_x), 전도모멘트(M_x), 층간변위(δ_x) 등을 구할 수 있다.

① 지역계수

지역계수의 값은 지진구역에 따라 표 13.10의 값을 적용한다.

표 13.10 지진구역 구분 및 지역계수

지진구역	해정구역	지역계수 S
1	지진구역 2를 제외한 전지역	0.11
2	강원도북부, 전라남도남서부, 제주도	0.07

② 중요도 계수

중요도 계수의 값은 건축물의 용도, 규모 및 대지의 위치에 따라 표 13.11의 값을 적용한다.

표 13.11 내진등급과 중요도계수(I_E)

중요도	중요도(특)	중요도(1)	중요도(2)	중요도(3)
건축물의 용도 및 규모	• 연면적이 1천 제곱미터 이상인 위험물 저장 및 처리시설, 연면적 1천제곱미터 이상인 국가 또는 지방자치단체의 청사·외국공관·소방서·발전소·방송국·전신전화국, 데이터센터, 종합병원, 수술시설이나 응급시설이 있는 병원 • 지진과 태풍 또는 다른 비상시의 긴급대피수용시설로 지정한 건축물 • 중요도(특)으로 분류된 건축물의 기능을 유지하는데 필요한 부속건축물 및 공작물	연면적 1천제곱미터 미만인 위험물저장 및 처리시설, 연면적 1천제곱미터 미만인 국가 또는 지방자치단체의 청사·외국공관·소방서·발전서·방송국·전신전화국, 데이터센터, 연면적이 5천 제곱미터 이상인 관람집회시설·운동시설·운수시설·전시시설·판매시설, 5층 이상인 숙박시설, 오피스텔, 기숙사·아파트·아동관련시설·노인복지설·사회복지시설·근로복지시설, 학교, 수술시설과 응급시설이 모두 없는 병원, 기타 연면적 1천제곱미터 이상인 의료시설로서 중요도(특)에 해당하지 않는 건축물	중요도 특 및 중요도 1, 2에 해당하지 않는 건축물	농업시설물, 소규모창고, 가설구조물
중요도 계수	1.5	1.2	1.0	
내진 등급	특	I	II	

③ 고유주기

건축물의 고유주기 T는 다음의 식 (13.3~13.4)에 따라 산정하거나 고유치석해석법에 의하여 산정한다. 다만, 고유치해석법에 의하여 산정한 고유주기가 식 (13.3~13.4)에 의하여 구한 고유주기에 표 13.12의 주기상한계수를 곱한 값을 초과하지 않도록 한다.

$$T = C_t h_n^x \tag{13.3}$$

여기서, $C_t = 0.0466$, $x = 0.9$: 철근콘크리트모멘트골조

$C_t = 0.0724$, $x = 0.8$: 철근모멘트골조

$C_t = 0.0731$, $x = 0.75$: 철골 편심가새골조 및 철골 좌굴방지가새 골조

$C_t = 0.0488$, $x = 0.75$: 철근콘크리트전단벽구조, 기타골조

h_n : 건축물의 밑면으로부터 최상층까지의 전체높이(m)

철근콘크리트와 철골 모멘트저항골조에서 12층을 넘지 않고 층의 최소높이가 3m 이상일 때 근사고유주기 T는 아래 식에 의하여 구할 수 있다.

$$T = 0.1N \tag{13.4}$$

여기서, N : 층수

표 13.12 주기상한계수, C_u

S_{D1}	C_u
0.4 이상	1.4
0.3	1.4
0.2	1.5
0.15	1.6
0.1 이하	1.7

④ 지반분류

지반분류는 표 13.13의 값을 적용한다.

표 13.13 지반의 분류

<table>
<tr><th rowspan="2">지반종류</th><th rowspan="2">지반종류의 호칭</th><th colspan="2">분류 기준</th></tr>
<tr><th>기반암 깊이
H(m)</th><th>토층평균전단파속도
$V_{s,soil}$ (m/s)</th></tr>
<tr><td>S_1</td><td>암반지반</td><td>1 미만</td><td>-</td></tr>
<tr><td>S_2</td><td>얕고 단단한 지반</td><td rowspan="2">1~20 이하</td><td>260 이상</td></tr>
<tr><td>S_3</td><td>얕고 연약한 지반</td><td>260 미만</td></tr>
<tr><td>S_4</td><td>깊고 단단한 지반</td><td rowspan="2">20 초과</td><td>180 이상</td></tr>
<tr><td>S_5</td><td>깊고 연약한 기반</td><td>180 미만</td></tr>
<tr><td>S_6</td><td colspan="3">부지 고유의 특성평가 및 지반응답해석이 필요한 지반</td></tr>
</table>

⑤ 설계스펙트럼가속도

단주기와 주기 1초의 설계스펙트럼 가속도 S_{DS}, S_{D1}은 다음식에 의하여 산정한다.

$$S_{DS} = S \times 2.5 \times F_a \times 2/3 \tag{13.5}$$

$$S_{D1} = S \times F_V \times 2/3 \tag{13.6}$$

여기서, F_a와 F_V는 표 13.14와 표 13.15의 지반증폭계수이다.

표 13.14 단주기 지반증폭계수, F_a

지반종류	지진지역		
	$S \le 0.1$	$S=0.2$	$S=0.3$
S_1	1.12	1.12	1.12
S_2	1.4	1.4	1.3
S_3	1.7	1.5	1.3
S_4	1.6	1.4	1.2
S_5	1.8	1.3	1.3

*S는 표 13.12의 값이다. 위 표에서 S의 중간 값에 대해서는 직선보간한다.

표 13.15 1초주기 지반증폭계수, F_V

지반종류	지진지역		
	$S \le 0.1$	$S=0.2$	$S=0.3$
S_1	0.84	0.84	0.84
S_2	1.5	1.4	1.3
S_3	1.7	1.6	1.5
S_4	2.2	2.0	1.8
S_5	3.0	2.7	2.4

*S는 표 13.12의 값이다. 위 표에서 S의 중간 값에 대해서는 직선보간한다.

⑥ 반응수정계수

반응수정계수는 구조방식에 따라 표 13.16의 값을 적용한다.

지진의 설계응답가속도 스텍트럼은 다음식에 따라 구한다.

(1) $T \le T_0$일 때, 스텍트럼가속도 S_a는 식 (13.7)에 의한다.

(2) $T_0 < T \le T_S$일 때, 스펙트럼가속도 S_a는 S_{DS}와 같다.

(3) $T_S < T \le T_L$일 때, 스펙트럼가속도 S_a는 식 (13.8)에 의한다.

(4) $T < T_L$일 때, 스텍트럼가속도 S_a는 식 (13.9)에 의한다.

$$S_a = 0.6\frac{S_{DS}}{T_0}T + 0.4S_{DS} \tag{13.7}$$

$$S_a = \frac{S_{D1}}{T_0} \tag{13.8}$$

$$S_a = \frac{S_{D1} T_L}{T^2} \tag{13.9}$$

여기서, T : 구조물의 고유주기(초)

$T_0 = 0.2 S_{D1}/S_{DS}$

$T_S = S_{D1}/S_{DS}$

$T_L = 5$초

표 13.16 지진력저항시스템에 대한 설계계수

기본 지진력저항시스템	설계계수			시스템의 제한과 높이(m) 제한		
	반응수정 계수 R	시스템초과 강도계수 Ω_0	변위증폭 계수 C_d	내진설계 범주 A 또는 B	내진설계 범주 C	내진설계 범주 D
1. 내력벽 시스템						
1-a. 철근콘크리트 특수전단벽	5	2.5	5	–	–	–
1-b. 철근콘크리트 보통전단벽	4	2.5	4	–	–	60
1-c. 철근보강 조적 전단벽	2.5	2.5	1.5	–	60	불가
1-d. 무보강 조적 전단벽	1.5	2.5	1.5	–	불가	불가
2. 건물골조 시스템						
2-a. 철골 편심가새골조(링크 타단 모멘트 저항 접합)	8	2	4	–	–	–
2-b. 철골 편심가새골조(링크 타단 비모멘트 저항접합)	7	2	4	–	–	–
2-c. 철골 특수중심가새골조	6	2	5	–	–	–
2-d. 철골 보통중심가새골조	3.25	2	3.25	–	–	–
2-e. 합성 편심가새골조	8	2	4	–	–	–
2-f. 합성 특수중심가새골조	5	2	4.5	–	–	–
2-g. 합성 보통중심가새골조	3	2	3	–	–	–
2-h. 합성 강판전단벽	6.5	2.5	5.5	–	–	–
2-i. 합성 특수전단벽	6	2.5	5	–	–	–
2-j. 합성 보통전단벽	5	2.5	4.5	–	–	60
2-k. 철골 특수강판전단벽	7	2	6	–	–	–
2-l. 철골 좌굴방지가새골조 (모멘트 저항 접합)	8	2.5	5	–	–	–
2-m. 철골 좌굴방지가새골조 (비모멘트 저항 접합)	7	2	5.5	–	–	–

기본 지진력저항시스템	설계계수			시스템의 제한과 높이(m) 제한		
	반응수정 계수 R	시스템초과 강도계수 Ω_0	변위증폭 계수 C_d	내진설계 범주 A 또는 B	내진설계 범주 C	내진설계 범주 D
2-n. 철근콘크리트 특수전단벽	6	2.5	5	–	–	–
2-o. 철근콘크리트 보통전단벽	5	2.5	4.5	–	–	60
2-p. 철근보강 조적 전단벽	3	2.5	2	–	60	불가
2-q. 무보강 조적 전단벽	1.5	2.5	1.5	–	불가	불가
3. 모멘트-저항골조 시스템						
3-a. 철골 특수모멘트골조	8	3	5.5	–	–	–
3-b. 철골 중간모멘트골조	4.5	3	4	–	–	–
3-c. 철골 보통모멘트골조	3.5	3	3	–	–	–
3-d. 합성 특수모멘트골조	8	3	5.5	–	–	–
3-e. 합성 중간모멘트골조	5	3	4.5	–	–	–
3-f. 합성 보통모멘트골조	3	3	2.5	–	–	–
3-g. 합성 반강접모멘트골조	6	3	5.5	–	–	–
3-h. 철근콘크리트 특수모멘트골조	8	3	5.5	–	–	–
3-i. 철근콘크리트 중간모멘트골조	5	3	4.5	–	–	–
3-j. 철근콘크리트 보통모멘트골조	3	3	2.5	–	–	불가
4. 특수모멘트골조를 가진 이중골조 시스템						
4-a. 철골 편심가새골조	8	2.5	4	–	–	–
4-b. 철골 특수중심가새골조	7	2.5	5.5	–	–	–
4-c. 합성 편심가새골조	8	2.5	4	–	–	–
4-d. 합성 특수중심가새골조	6	2.5	5	–	–	–
4-e. 합성 강판전단력	7.5	2.5	6	–	–	–
4-f. 합성 특수전단벽	7	2.5	6	–	–	–
4-g. 합성 보통전단벽	6	2.5	5	–	–	–
4-h. 철골 좌굴방지가새골조	8	2.5	5	–	–	–
4-i. 철골 특수강판전단벽	8	2.5	6.5	–	–	–
4-j. 철근콘크리트 특수전단벽	7	2.5	5.5	–	–	–
4-k. 철근콘크리트 보통전단벽	6	2.5	5	–	–	–
5. 중간 모멘트골조를 가진 이중골조 시스템						
5-a. 철골 특수중심가새골조	6	2.5	5	–	–	–
5-b. 철근콘크리트 특수전단벽	6.5	2.5	5	–	–	–
5-c. 철근콘크리트 보통전단벽	5.5	2.5	4.5	–	–	60
5-d. 합성 특수중심가새골조	5.5	2.5	4.5	–	–	–
5-e. 합성 보통중심가새골조	3.5	2.5	3	–	–	–

기본 지진력저항시스템	설계계수			시스템의 제한과 높이(m) 제한		
	반응수정 계수 R	시스템초과 강도계수 Ω_0	변위증폭 계수 C_d	내진설계 범주 A 또는 B	내진설계 범주 C	내진설계 범주 D
5-f. 합성 보통전단벽	5	3	4.5	–	–	60
5-g. 철근보강 조적 전단벽	3	3	2.5	–	60	불가
6. 역추형 시스템						
6-a. 캔틸레버 기둥 시스템	2.5	2.0	2.5	–	–	10
6-b. 철골 특수모멘트골조	2.5	2.0	2.5	–	–	–
6-c. 철골 보통모멘트골조	1.25	2.0	2.5	–	–	불가
6-d. 철근콘크리트 특수모멘트골조	2.5	2.0	1.25	–	–	–
7. 전단벽 골조 상호작용시스템	4.5	2.25	4	–	–	60
8. 강구조설계기준의 일반규정만을 만족하는 철골구조시스템	3	3	3	–	–	60

⑦ 전중량의 산정

건축물의 전 중량은 밑면 상부자중의 합계를 사용하되, 건축물의 골조에 정착된 건축설비의 하중을 포함한다. 이 경우 창고 또는 그와 유사한 용도의 건축물에서는 활하중의 25%를 가산한 것으로 한다.

(2) 층지진 하중

층지진하중은 다음의 식에 의하여 산정한다.

$$F_x = C_{vx} V \tag{13.10}$$

$$C_{vx} = \frac{W_x h_x^k}{\sum_{i=1}^{n} W_i h_i^k} \tag{13.11}$$

여기서, C_{vx} : 수직분포계수

k : 건축물 주기에 따른 분포계수

$k=1$: 0.5초 이상의 주기를 가진 건축물

$k=2$: 2.5초 이상의 주기를 가진 건축물

단, 0.5초와 2.5초 사이의 주기를 가진 건축물의 경우

k는 1과 2 사이의 값을 직선보간하여 구한다.

h_i , h_x : 밑면으로부터 i 또는 x층까지의 높이

V : 밑면전단력

W_i , W_x : i 또는 x층 바닥에서의 중량

n : 층수

(3) 층간변위

층간변위는 허용 층간 변위(표 13.17)를 초과할 수 없으며, 각 층에서 변위량은 다음의 산식에 의하여 산정한다.

$$\delta_x = \left(\frac{C_d \, \delta_{xe}}{I_E} \right) \tag{13.12}$$

여기서, δ_x : x층의 층간변위

C_d : 변위증폭계수

δ_{xe} : 탄성해석에 의해 구한 x층의 수평변위

I_E : 건물의 중요도계수

표 13.17 허용층간변위 Δ_a

	내진등급		
	특	I	II
허용층간변위 Δ_a	$0.010h_{sx}$	$0.015h_{sx}$	$0.020h_{sx}$

*h_{sx} : x층 층고

부 록

부 록

A.1 설계하중의 산정

(1) 고정하중(dead load)

① 정의

구조체의 자중을 포함하여 영구히 설치될 모든 건물 구성요소의 무게

② 고정하중 산정 : 체적×비중

건축물에 많이 사용되는 재료의 비중은 표 A.1에 나타내었다.

표 A.1 건축재료의 비중

재 료		중량(kN/m^3)	비 고
흙	건조	13	점토류
	보통	16	
	함수	18	
모래	건조	17	
	함수	20	
자갈	건조	17	
	함수	21	
석재	경석	9	
	응회암	15	
	사암	20	
	안산암	27	
	대리석, 화강암	27	
벽돌	경량벽돌	11	
	공동벽돌	13	
	보통벽돌	19	
	내화벽돌	20	
콘크리트	경량콘크리트	10~18	
	경량콘크리트	16~20	신더콘크리트용
	무근콘크리트	23	
	철근콘크리트	24	
금속	알루미늄	27	
	강재	78.5	
	황동 및 청동	86	
목재	낙엽송, 나왕	6	기건상태
	단풍나무, 느티나무	7	

(2) 활하중(live load)

① 정의

고정하중 이외에 사람, 가구, 사무집기, 저장품 등 건물의 점유에 관련된 모든 하중

② 활하중의 산정

규준에서는 표 A.3 및 표 A.4과 같이 활하중을 산정하도록 하고 있다.

(3) 설하중

설하중은 쌓인 눈의 하중으로 건축물에 대한 설하중은 다음 식에 의하여 산정된다.

$$S = C_s \cdot C_b \cdot C_e \cdot C_t \cdot I_s \cdot S_g \ (\mathrm{kN/m^2}) \tag{A.1}$$

여기서, S : 설하중

S_g : 지상 설하중(표 A.2 참고)

C_s : 지붕 경사도 및 형상에 따른 계수

C_b : 기본 지붕적설하중계수, 일반적으로 0.7 사용

C_e : 노출계수

C_t : 온도계수

I_s : 중요도 계수

표 A.2 지상 설하중의 기본값(S_g)

지역	지상설하중 ($\mathrm{kN/m^2}$)
서울, 인천 수원, 춘천, 서산, 대전, 추풍령, 포항, 군산, 대구, 전주, 울산, 광주, 부산, 충무, 목표, 여수, 제주, 서귀포, 진주, 이천	0.5
속초	2.5
강릉	2.5
울릉도, 대관령	10.0
정읍, 울진	0.65

표 A.3 기본 집중 활하중

건축물의 용도 또는 부분		집중하중 (N)	하중접촉면 (m×m)
교실, 도서관		5,000	0.75×0.75
사무실, 병실, 경공업 공장		10,000	0.75×0.75
주차장	승용차 전용	15,000	0.11×0.11
	트럭, 버스	최대바퀴하중	0.11×0.11
접근이 곤란한 옥상		1,500	0.75×0.75
계단 디딤판(디딤판 중앙에 적용)		1,350	0.05×0.05

표 A.4 기본 등분포 활하중

<table>
<tr><th colspan="2">용도</th><th>건축물의 부분</th><th>활하중(N/m^2)</th></tr>
<tr><td colspan="2" rowspan="2">주택</td><td>가. 주거용 건축물의 거실, 공용실, 복도</td><td>2,000</td></tr>
<tr><td>나. 공동주택의 발코니</td><td>3,000</td></tr>
<tr><td colspan="2" rowspan="2">병원</td><td>가. 병실과 해당 복도</td><td>2,000</td></tr>
<tr><td>나. 수술실, 공용실과 해당복도</td><td>3,000</td></tr>
<tr><td colspan="2" rowspan="2">숙박시설</td><td>가. 객실과 해당복도</td><td>2,000</td></tr>
<tr><td>나. 공용실과 해당복도</td><td>5,000</td></tr>
<tr><td colspan="2" rowspan="4">사무실</td><td>가. 일반 사무실과 해당복도</td><td>2,500</td></tr>
<tr><td>나. 로비</td><td>4,000</td></tr>
<tr><td>다. 특수용도 사무실과 해당복도</td><td>5,000</td></tr>
<tr><td>라. 문서보관실</td><td>5,000</td></tr>
<tr><td colspan="2" rowspan="4">학교</td><td>가. 교실과 해당복도</td><td>3,000</td></tr>
<tr><td>나. 로비</td><td>4,000</td></tr>
<tr><td>다. 일반 실험실</td><td>3,000</td></tr>
<tr><td>라. 중량물 실험실</td><td>5,000</td></tr>
<tr><td colspan="2" rowspan="3">판매장</td><td>가. 상점, 백화점(1층 부분)</td><td>5,000</td></tr>
<tr><td>나. 상점, 백화점(2층 이상부분)</td><td>4,000</td></tr>
<tr><td>다. 창고형 매장</td><td>6,000</td></tr>
<tr><td colspan="2" rowspan="7">집회 및 운동장</td><td>가. 로비, 복도</td><td>5,000</td></tr>
<tr><td>나. 무대</td><td>7,000</td></tr>
<tr><td>다. 식당</td><td>5,000</td></tr>
<tr><td>라. 주방(영업용)</td><td>7,000</td></tr>
<tr><td>마. 극장 및 집회장(고정식)</td><td>4,000</td></tr>
<tr><td>바. 집회장 (이동식)</td><td>5,000</td></tr>
<tr><td>사. 연회장, 무도장</td><td>5,000</td></tr>
<tr><td colspan="2" rowspan="3">체육시설</td><td>가. 체육관 바닥, 옥외경기장</td><td>5,000</td></tr>
<tr><td>나. 스탠드(고정식)</td><td>4,000</td></tr>
<tr><td>다. 스탠드(이동식)</td><td>5,000</td></tr>
<tr><td colspan="2" rowspan="2">도서관</td><td>가. 열람실과 해당복도</td><td>3,000</td></tr>
<tr><td>나. 서고</td><td>7,500</td></tr>
<tr><td rowspan="6">주차장</td><td rowspan="3">옥내 주차장</td><td>가. 총중량 30kN 이하 차량</td><td>3,000</td></tr>
<tr><td>나. 총중량 30kN 초과 90kN 이하 차량</td><td>6,000</td></tr>
<tr><td>다. 총중량 90kN 초과 180kN 이하 차량</td><td>12,000</td></tr>
<tr><td>옥내 차로와 경사로</td><td>가. 총중량 30kN 이하 차량</td><td>5,000</td></tr>
<tr><td rowspan="2">옥외</td><td>가. 총중량 30kN 이하 차량</td><td>5,000</td></tr>
<tr><td>나. 옥외차도와 차도양측보도</td><td>12,000</td></tr>
<tr><td colspan="2" rowspan="2">창고</td><td>가. 경량품 저장 창고</td><td>6,000</td></tr>
<tr><td>나. 중량품 저장 창고</td><td>12,000</td></tr>
<tr><td colspan="2" rowspan="2">공장</td><td>가. 경공업 공장</td><td>6,000</td></tr>
<tr><td>나. 중공업 공장</td><td>12,000</td></tr>
<tr><td colspan="2" rowspan="4">지붕</td><td>가. 점유·사용하지 않는 지붕</td><td>1,000</td></tr>
<tr><td>나. 산책로 용도</td><td>3,000</td></tr>
<tr><td>다. 정원 및 집회 용도</td><td>5,000</td></tr>
<tr><td>라. 헬리콥터 정착장(대형인 경우 제외)</td><td>5,000</td></tr>
<tr><td colspan="2">기계실</td><td>공조실, 전기실, 기계실 등</td><td>5,000</td></tr>
<tr><td colspan="2">광장</td><td>옥외 광장</td><td>12,000</td></tr>
</table>

표 A.5 지붕 경사도 계수(C_s)

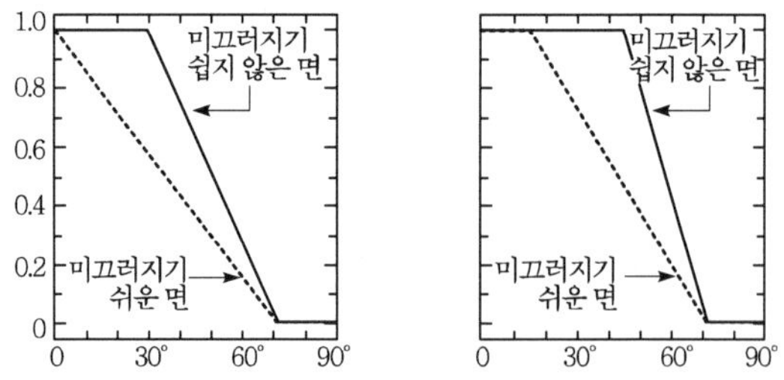

(a) 난방이 된 지붕 (b) 난방이 되지 않은 지붕

표 A.6 노출 계수(C_e)

주변환경	(C_e)
지형, 높은 구조물, 나무 등 주변환경에 의해 모든 면이 바람막이가 없이 노출된 지붕이 있는 거센바람 부는 지역	0.8
약간의 바람막이가 있는 거센바람 부는 지역	0.9
바람에 의한 눈의 제거가 지형, 높은 구조물, 또는 근처의 몇몇 나무들 때문에 지붕 하중의 감소를 기대할 수 없는 위치	1.0
바람의 영향이 많지 않은 지역 및 지형과 높은 구조물 또는 몇몇 나무들에 의하여 지붕에 바람막이가 있는 지역	1.1
바람의 영향이 거의 없는 조밀한 숲 지역으로서, 촘촘한 침엽수 사이에 위치한 지붕	1.2

표 A.7 온도계수(C_t)

난방상태	(C_t)
난방 구조물 (설하중 제어구조)	1.0
비난방 구조물 (설하중 비제어구조)	1.2

표 A.8 중요도계수(I_s)

중요도	중요도(특)	중요도(1)	중요도(2)	중요도(3)
건축물의 용도 및 규모	• 연면적이 1천 제곱미터 이상인 위험물 저장 및 처리시설, 연면적 1천제곱미터 이상인 국가 또는 지방자치단체의 청사·외국공관·소방서·발전소·방송국·전신전화국, 데이터센터, 종합병원, 수술시설이나 응급시설이 있는 병원 • 지진과 태풍 또는 다른 비상시의 긴급대피수용시설로 지정한 건축물 • 중요도(특)으로 분류된 건축물의 기능을 유지하는데 필요한 부속건축물 및 공작물	연면적 1천제곱미터 미만인 위험물저장 및 처리시설, 연면적 1천제곱미터 미만인 국가 또는 지방자치단체의 청사·외국공관·소방서·발전서·방송국·전신전화국, 데이터센터, 연면적이 5천 제곱미터 이상인 관람집회시설·운동시설·운수시설·전시시설·판매시설, 5층 이상인 숙박시설, 오피스텔, 기숙사·아파트·아동관련시설·노인복지설·사회복지시설·근로복지시설, 학교, 수술시설과 응급시설이 모두 없는 병원, 기타 연면적 1천제곱미터 이상인 의료시설로서 중요도(특)에 해당하지 않는 건축물	중요도 특 및 중요도 1, 2에 해당하지 않는 건축물	농업시설물, 소규모창고, 가설구조물
중요도 계수	1.2	1.1	1.0	0.8

(4) 풍하중

풍하중은 주골조설계용 수평풍하중, 지붕풍하중 및 외장재 설계용 풍하중으로 구분되며 각각의 산정은 다음의 공식을 따른다.

1) 주골조설계용 수평풍하중

① 주골조설계용 수평풍하중 다음 식에 따라 산정한다.

$$W_f = p_f A\,(\mathrm{N}) \tag{A.2}$$

여기서, p_f : 주골조 설계용 설계풍압($\mathrm{N/m^2}$)

A : 유효 수압면적($\mathrm{m^2}$)

② 밀폐형 및 부분개방형 건축구조물의 주골조설계용 설계풍압은 다음 식에 따라 산정한다.

$$p_f = G_D\, q_h\,(C_{pe1} - C_{pe2})\,(\mathrm{N/m^2}) : \text{주골조 설계용} \tag{A.3a}$$

$$p_f = G_D\, q_h\, (C_{pe} - C_{\pi})(\mathrm{N/m^2})$$: 풍상벽, 풍하벽, 측벽 (A.3b)

여기서, q_h : 기준높이 h에 대한 설계속도압($\mathrm{N/m^2}$)

G_D : 풍방향 가스트 영향계수

C_{pe1} : 풍상벽의 외압계수

C_{pe2} : 풍하벽의 외압계수

C_{pe} : 풍상벽, 풍하벽 또는 측벽의 외압계수

C_{pi} : 풍상벽, 풍하벽 또는 측벽의 내압계수

③ 개방형 건축구조물의 주골조 설계용 설계풍압은 다음 식에 따라 산정한다.

$$p_f = k_z\, q_h\, G_D\, C_D(\mathrm{N/m^2}) \tag{A.4}$$

여기서, k_z : 높이방향 압력분포계수

q_h : 기준높이 계수 h에 대한 설계속도압($\mathrm{N/m^2}$)

G_D : 풍방향 가스트영향계수

C_D : 풍력계수

표 A.9 지표면조도 구분

지표면조도 구분	주변지역의 지표면 상태
A	• 대도시 중심부에서 10층 이상의 대규모 고층건축물이 밀집해 있는 지역
B	• 높이 3.5m 정도의 주택과 같은 건축물이 밀집해 있는 지역 • 중층건물(4~9층)이 산재해 있는 지역
C	• 높이 1.5m~10m 정도의 장애물이 산재해 있는 지역 • 수목·저층건축물이 산재해 있는 지역
D	• 장애물이 거의 없고, 주변 장애물의 평균높이가 1.5m 이하인 지역 • 해안, 초원, 비행장

2) 주골조설계용 지붕풍하중

① 주골조설계용 지붕풍하중 W_r은 다음 식으로 산정한다.

$$W_r = p_r\, A\,(\mathrm{N}) \tag{A.5}$$

여기서, p_r : 지붕골조용 설계풍압($\mathrm{N/m^2}$)

A : 지붕보가 분담하는 부분의 유효수압면적(m^2)

② 밀폐형 건축물 및 부분개방형 건축구조물의 주골조설계용 지붕의 설계풍압 p_r은 다음 식으로 산정한다

$$p_r = q_H(G_{pe}C_{pe} - G_{pi}C_{pi})(\mathrm{N/m^2}) \quad \text{(A.6)}$$

여기서, q_H : 지붕면 평균높이 H에 대한 설계속도압($\mathrm{N/m^2}$)
G_{pe} : 지붕의 외압가스트영향계수
G_{pi} : 내압가스트영향계수
C_{pe} : 외압계수
C_{pi} : 내압계수

③ 독립지붕의 주골조설계용 지붕의 설계풍압은 다음 식으로 산정한다.

$$p_r = q_H G_{pe} C_N(\mathrm{N/m^2}) \quad \text{(A.7)}$$

여기서, q_H : 기준높이 H에 대한 설계속도압($\mathrm{N/m^2}$)
G_{pe} : 지붕의 외압가스트영향계수
C_N : 독립지붕의 순압력계수

3) 외장재설계용 풍하중

외장재설계용 풍하중 W_c은 다음 식에 따라 산정한다.

$$W_c = p_c A(\mathrm{N}) \quad \text{(A.8)}$$

여기서, p_c : 외장재설계용 설계풍압($\mathrm{N/m^2}$). 단, 500$\mathrm{N/m^2}$보다 작아서는 안 된다.
A : 외장재 등의 유효수압면적($\mathrm{m^2}$)

위 식에서 설계풍압은 지붕면의 높이에 따라 다음과 같이 산정한다.

① 기준높이가 20m 이상인 건축물의 외장재설계용 설계용압 p_c은 아래 2종류로 구분하여 산정한다

– 정압인 외벽

$$p_c = k_z q_H(GC_{pe} - GC_{pi})(\mathrm{N/m^2}) \quad \text{(A.9)}$$

– 부압인 외벽 및 지붕면

$$p_c = q_H(GC_{pe} - GC_{pi})(\mathrm{N/m^2}) \tag{A.10}$$

여기서, k_z : 높이방향 압력 분포계수

q_H : 기준높이 H에 대한 설계속도압$(\mathrm{N/m^2})$

GC_{pe} : 외장재설계용 피크외압계수

GC_{pi} : 외장재설계용 피크내압계수

② 기준높이가 20m 미만인 건축물의 외장재설계용 설계풍압은 벽, 지붕을 구분하지 않고 다음 식으로 산정한다. 단, 여기서 q_H는 지표면조도구분 C에서의 설계속도압을 적용한다.

$$p_c = q_H(GC_{pe} - GC_{pi})(\mathrm{N/m^2}) \tag{A.11}$$

여기서, q_H : 기준높이 H에 대한 설계속도압$(\mathrm{N/m^2})$

GC_{pe} : 외장재설계용 피크외압계수

GC_{pi} : 외장재설계용 피크내압계수

4) 설계속도압

① 설계높이에서의 설계속도압은 다음 식에 따른다.

$$q_H = \frac{1}{2}\rho V_H^{\,2} \tag{A.12}$$

여기서, q_H : 기준높이 H에 대한 설계속도압$(\mathrm{N/m^2})$

ρ : 공기밀도로써 균일하게 $1.22(\mathrm{kg/m^3})$ 적용

V_H : ②에서 정하는 설계풍속(m/s)

② 설계풍속은 다음 식에 의해 산정한다.

$$V_H = V_o K_D K_{zr} K_{zt} I_w \tag{A.13}$$

여기서, V_o : 기본풍속(m/s)

K_D : 풍향계수

K_{zr} : 풍속의 고도분포계수로 기준높이 H에서의 값

K_{zt} : 지형계수

I_w : 건축물의 중요도 계수

표 A.11에서 풍속의 고도분포는 지수분포로 하고, 고도분포지수는 대기 경계층의 시작 높이 및 기준경도 풍높이를 고려하여 노풍도 구분별로 다음에 따른다.

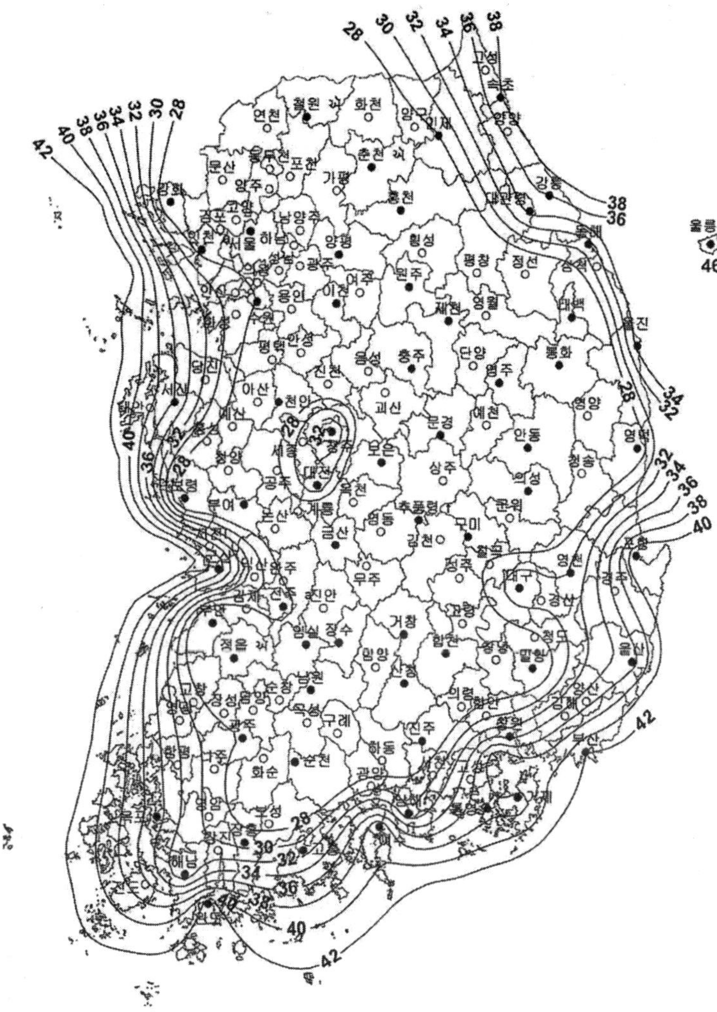

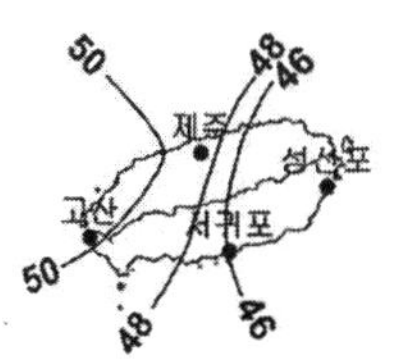

* 풍속자료는 지표면조도구분 C인 지상 10m 높이에서 10분간 평균풍속의 재현기간 500년에 대한 값임.

* 건설지점이 등풍속선 사이에 위치할 때는 인근 등풍속선 중 큰 값을 사용한다.

그림 A.1 지역별 기본풍속 V_0(m/s)

표 A.11 평단한 지역에 대한 풍속의 고도분포계수(K_{zr})

지표면으로부터의 높이Z(m)	지표면조도 구분			
	A	B	C	D
$z \le z_b$	0.58	0.81	1.0	1.13
$z_b < z \le z_g$	$0.22z^a$	$0.45z^a$	$0.71z^a$	$0.97z^a$
z_b(m)	20m	15m	10m	5.0m
Z_g(m)	550m	450m	350m	250m
α	0.33	0.22	0.15	0.10

주) z : 지표면에서의 높이(m), z_b : 대기경계층 시작높이(m), Z_g :기준경도풍높이(m),
α : 풍속고도분포지수

표 A.12 지형계수(K_{zt})의 적용 범위

지형구분	풍속할증 적용범위	적용범위	
		풍상측	풍하측
언덕, 산	수평거리(정점에서)	$1.5L_u$와 $1.6H$ 중 큰 값	
경사지	수평거리(정점에서)	$1.5L_u$와 $1.6H$ 중 큰 값	$3.5L_u$와 $4H$ 중 큰 값

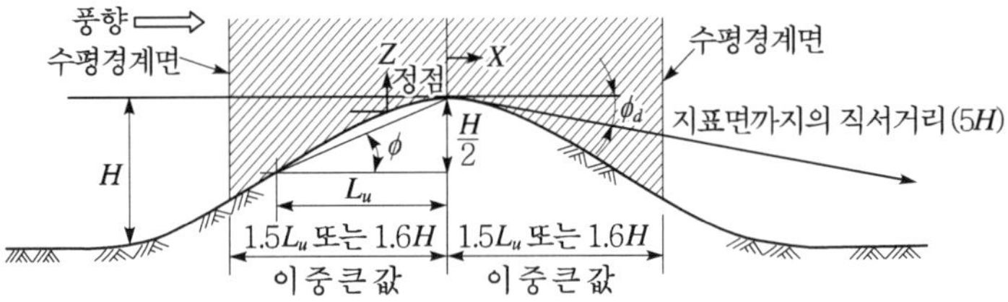

(a) 언덕, 산

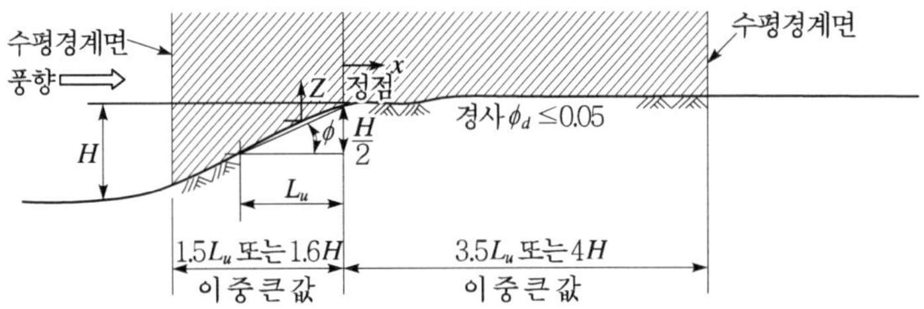

(b) 경사지

표 A.13 풍하중에 대한 건축물의 중요도 계수(I_w)

중요도	중요도(특)	중요도(1)	중요도(2)	중요도(3)
건축물의 용도 및 규모	• 연면적이 1천 제곱미터 이상인 위험물저장 및 처리시설, 연면적 1천제곱미터 이상인 국가 또는 지방자치단체의 청사·외국공관·소방서·발전소·방송국·전신전화국, 데이터센터, 종합병원, 수술시설이나 응급시설이 있는 병원 • 지진과 태풍 또는 다른 비상시의 긴급대피수용시설로 지정한 건축물 • 중요도(특)으로 분류된 건축물의 기능을 유지하는데 필요한 부속건축물 및 공작물	연면적 1천제곱미터 미만인 위험물저장 및 처리시설, 연면적 1천제곱미터 미만인 국가 또는 지방자치단체의 청사·외국공관·소방서·발전서·방송국·전신전화국, 데이터센터, 연면적이 5천 제곱미터 이상인 관람집회시설·운동시설·운수시설·전시시설·판매시설, 5층 이상인 숙박시설, 오피스텔, 기숙사·아파트·아동관련시설·노인복지설·사회복지시설·근로복지시설, 학교, 수술시설과 응급시설이 모두 없는 병원, 기타 연면적 1천제곱미터 이상인 의료시설로서 중요도(특)에 해당하지 않는 건축물	중요도 특 및 중요도 1, 2에 해당하지 않는 건축물	농업시설물, 소규모창고, 가설구조물
중요도 계수	1.00		0.95	0.90

주) 초고층건축구조물(50층 이상인 건축물 도는 200m 이상인 건축물) : I_w=1.05

5) 주골조설계용 풍방향 가스트영향계수

① 유연건축구조물 등의 주골조설계용

건축구조물의 풍방향고유진동수 n_D가 1 Hz를 이하인 경우, 바람에 의한 동적효과를 무시할 수 없는 세장한 구조물 및 기타 건축구조물인 경우의 주골조설계용 풍방향가스트영향계수 G_D는 식 (A.14)에 따라 산정한다. 단, 굴뚝과 같이 수직으로 세장한 건축구조물은 H/B의 값이 7 이하인 경우에는 강체건축구조물로 한다.

$$G_D = 1 + g_D \gamma_D \sqrt{B_D + \phi_D^2 R_D} \tag{A.14}$$

$$\text{단, } g_D = \sqrt{2\ln(600\nu_D) + 1.2} \tag{A.14.a}$$

$$\nu_D = n_D \sqrt{\frac{R_D}{B_D + R_D}} \tag{A.14.b}$$

$$\gamma_D = \left(\frac{3+3\alpha}{2+\alpha}\right) I_H \tag{A.14.c}$$

$$B_D = 1 - \left[\frac{1}{\left\{ 1 + 5.1 \left(\frac{L_H}{\sqrt{HB}} \right)^{1.3} \left(\frac{B}{H} \right)^k \right\}^{\frac{1}{3}}} \right] \tag{A.14.d}$$

$$k = \begin{cases} 0.33 & : H \geqq B \\ -0.33 & : H < B \end{cases}$$

$$L_H = \begin{cases} 100 \left(\frac{H}{30} \right)^{0.5} & , \ 30\text{m} < H \leq Z_g \\ 100 & , \ H \leq 30\text{m} \end{cases} \tag{A.14.e}$$

$$\phi_D = \frac{1}{2+\beta} \frac{M}{M^*} \lambda \tag{A.14.f}$$

$$M^* = \int_0^H m(z) \mu^2(z) dz \tag{A.14.g}$$

$$\mu(z) = \left(\frac{z}{H} \right)^\beta \tag{A.14.h}$$

$$\lambda = 1.0 - 0.4 \ln \beta \tag{A.14.i}$$

$\beta = 0.5$: 내력벽이 없고 외장재만으로 이루어진 모멘트저항골조

$\beta = 1.0$: 중앙에 코어가 있는 모멘트저항골조 또는 큰 기둥과 전단가새로 이루어진 건축구조물

$\beta = 1.5$: 세장한 캔틸레버형 건축구조물 및 중앙의 철근콘크리트 코어에 의해 지지되는 건축구조물

$\beta = 2.0$: 탑, 굴뚝

$$R_D = \frac{\pi}{4\zeta_D} S_D F_D \tag{A.14.j}$$

$$S_D = \frac{1}{\left(1 + 4.0 \frac{n_D B}{V_H} \right) \left(1 + 2.3 \frac{n_D H}{V_H} \right)} \tag{A.14.k}$$

$$F_D = \frac{4.0 \frac{n_D L_H}{V_H}}{\left\{ 1 + 71 \left(\frac{n_D L_H}{V_H} \right)^2 \right\}^{5/6}} \tag{A.14.l}$$

여기서, g_D : 풍방향피크팩터 (그림 A.2)

γ_D : 풍속변동계수

B_D : 비공진계수 (그림 A.3)

R_D : 공진계수

ν_D : 풍방향레벨크로싱수 (Hz)

α : 풍속고도분포지수 (표 A.11에 따른다)

I_H : 기준높이에서의 난류강도로 $I_u = 0.1\left(\dfrac{H}{Z_g}\right)^{-\alpha-0.05}$ 에서 z를 H로 대체하여 산정한 값

L_H : 기준높이에서의 난류스케일 (m)

B : 건축구조물의 폭 (m)

H : 건축구조물의 기준높이 (m)

ϕ_D : 풍방향진동모드보정계수 (그림 A.6)

β : 1차진동모드 $\mu_1 = (z/H)^{\beta}$의 연직분포형상지수, β는 건축구조물의 자유진동해석에서 구한 진동드형상으로부터 산정한다. 모드형상을 알 수 없는 경우에는 이 기준에서 제시한 β값을 사용할 수 있다.

$\dfrac{1}{2+\beta}\dfrac{M}{M^*}$: 풍방향 전도모멘트 및 일반화질량의 진동모드 차이에 따른 보정계수

M : 건축구조물의 지상부 총질량 (kg)

M^* : 건축구조물의 풍방향 1차진동일반화질량 (kg)

λ : 풍방향 일반화변동풍력의 진동모드 차이에 따른 보정계수

$m(z)$: 높이 z에서 단위높이당 질량 (kg/m)

$\mu(z)$: 건축구조물의 진동모드

ζ_D : 건축구조물의 풍방향1차감쇠비

S_D : 규모계수 (그림 A.4)

F_D : 풍방향풍력스펙트럼계수 (그림 A.5)

n_D : 건축구조물의 풍방향1차고유진동수 (Hz)

Z_g : 기준경도풍높이(m) (표 A.11에 따른다)

V_H : 설계풍속 (m/s)

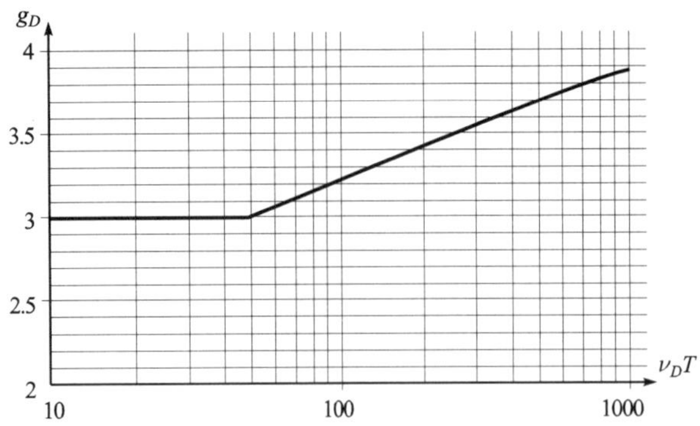

그림 A.2 피크팩터 g_D

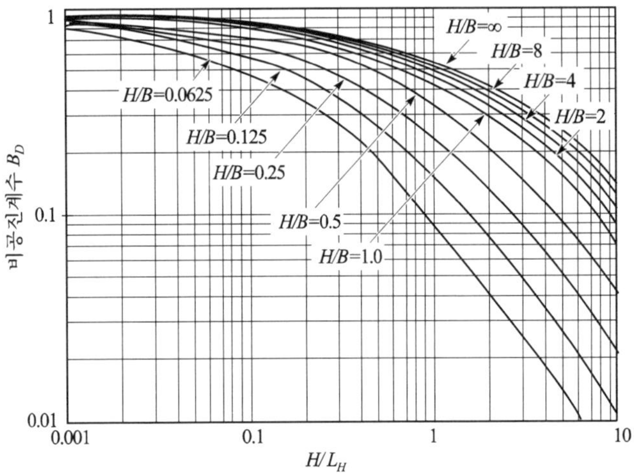

그림 A.3 비공진계수 B_D

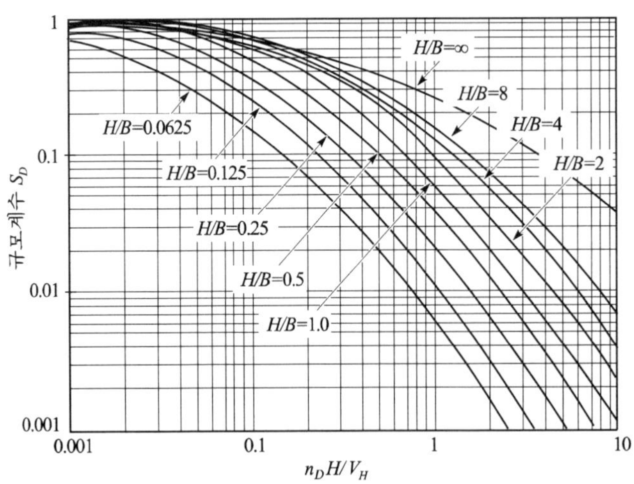

그림 A.4 규모계수 S_D

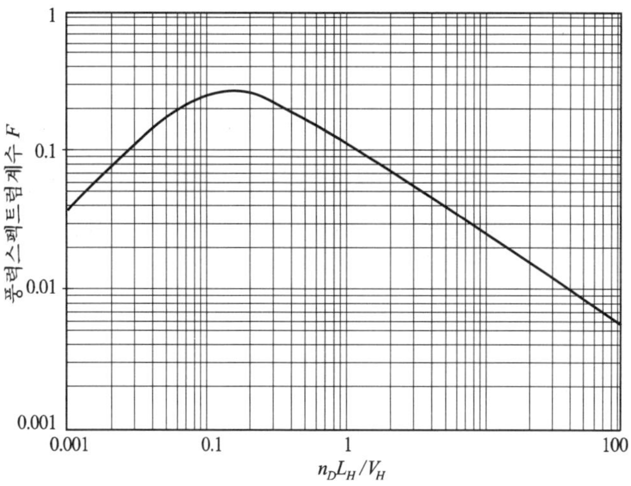

그림 A.5 풍력스펙트럼계수 F

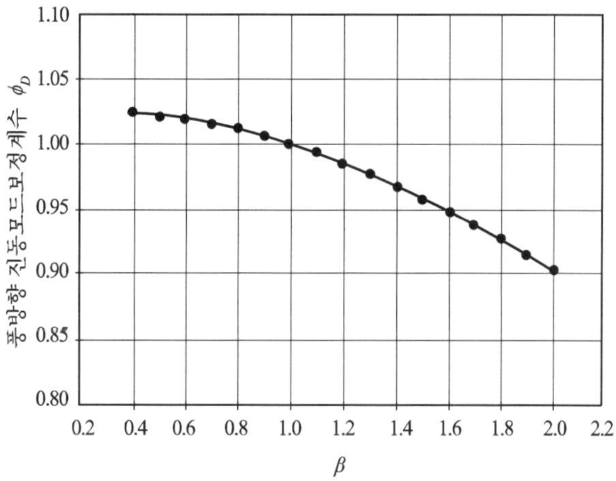

그림 A.6 풍방향 진동모드보정계수 ϕ_D

② 강체건축구조물 등의 주골조설계용

건축구조물의 풍방향고유진동수 n_D가 1 Hz를 초과하는 경우, 바람에 의한 동적 효과를 무시할 수 있는 강체건축 구조물 및 기타 구조물인 경우의 주골조설계용 풍방향가스트영향계수 G_D는 식 (A.15)에 따라 산정한다.

$$G_D = 1 + 4\,\gamma_D \sqrt{B_D} \tag{A.15}$$

여기서, γ_D : 풍속변동계수 (식 (A.14.c)에 따른다)

B_D : 비공진계수 그림 A.3 또는 식 (A.14.d)에 따른다.)

6) 주골조설계용 풍압계수, 풍력계수

① 외압계수

(1) 밀폐형건축구조물 : 사각형평면을 가진 밀폐형건축구조물에 대한 주골조설계용 외압계수 C_{pe}는 표 A.14에 따라 정한다. 외벽면의 외압계수는 아래의 a)항에 따르고, 지붕면 외압계수는 아래의 b)항에 따른다. 단, 형상비 $H/\sqrt{BD}$가 8 이하인 건축구조물에만 적용한다.

표 A.14 밀폐형 건축물의 외압계수(C_{pe})

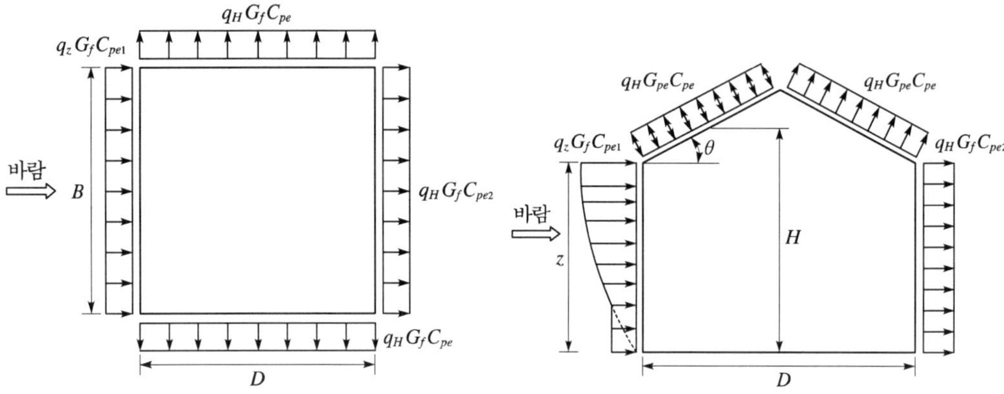

(a) 평면 (b) 단면

기호] B : 건물폭. 풍직각방향길이 (m), D : 건물깊이, 풍방향길이 (m), H : 지붕면평균높이 (m)
θ : 지붕경사각 (°)

a) 벽면

외압계수(C_{pe})

	D/B	풍상벽 끝단으로부터의 수평거리(x)	C_{pe}
풍상벽 C_{pe1}	≤ 1	–	$0.8k_z$
	>1	–	$0.8k_z+0.05$
풍하벽 C_{pe2}	≤ 1	–	-0.5
	>1	–	-0.35
측벽 C_{pe}	모든 값	$\leq H$	-0.7
	모든 값	$H\leq x<3H$	-0.5
	모든 값	$3H\leq x$	-0.3

주) k_z : 높이방향압력분포계수로 아래 표로 주어진다.

높이방향 압력분포계수 k_z

$H \leq z_b$	$z \leq z_b$	$z_b < z < 0.8H$	$z \geq 0.8H$
1.0	$(z_b/H)^{2\alpha}$	$(z/H)^{2\alpha}$	$0.8^{2\alpha}$

주) H : 건축구조물의 기준높이(m), z : 지표면에서의 높이 (m)

z_b : 대기경계층시작높이 (m)로 표 A.11에 의해 정함

α : 풍속고도분포지수로 표 A.11에 의해 정함

b) 지붕면

평지붕, θ<10°인 용마루직각방향 및 모든 경사각의 용마루방향의 지붕면 외압계수 C_{pe}

지붕 풍상 끝단으로부터의 수평거리	$H/D \leq 0.5$	$H/D \geq 1.0$
0~ 0.5H	−0.9, −0.4	−1.3k_a, −0.6
0.5H~1H	−0.9, −0.4	−0.7, −0.3
1H~2H	−0.5, 0.0*	(−0.7, −0.3)*
2H~3H	−0.3, 0.1	
> 3H	−0.2, 0.2	

$\theta \geq 10$°인 용마루직각방향의 풍상지붕면 외압계수 C_{pe}

H/D	지붕경사각 θ°						
	10	15	20	25	30	35	≥45
≤0.25	−0.7, −0.3	−0.5, 0.0*	0.3, 0.2	0.2, 0.3	−0.2, 0.4	0.0*, 0.5	0.0*, 0.8sinθ
0.5	−0.9, −0.4	−0.7, −0.3	−0.4, 0.0*	−0.3, 0.2	−0.2, 0.3	−0.2, 0.4	
≥1.0	−1.3, −0.6	−1.0, −0.5	−0.7, −0.3	−0.5, 0.0	−0.3, 0.2	−0.2, 0.3	

주 1) * 값은 보간을 목적으로 사용한다

2) k_a : 면적감소계수로 아래 표에 주어진 것처럼 면적에 따라 선형적으로 감소하고, 중간 값은 직선 보간하여 사용할 수 있다.

면적감소계수 k_a

유효수압면적(m^2)	면적감소계수
≤10	1.0
25	0.9
≥100	0.8

$\theta \geq 10°$인 용마루직각방향의 풍하지붕면 외압계수 C_{pe}

H/D	지붕경사각 $\theta°$				
	10	15	20	≥25	
≤ 0.25	−0.3	−0.5	−0.6	$B/D<3$	−0.6
0.5	−0.5	−0.5	−0.6	$3 \leq B/D \leq 8$	−0.06(7+B/D)
≥ 1.0	−0.7	−0.6	−0.6	$B/D>8$	−0.9

주 1) +기호는 표면을 향하는 정압, −기호는 표면에서 떨어져나가는 부압을 의미한다.
2) 표에서 주어진 D/B, H/D 및 θ의 중간값은 직선보간하여 사용할 수 있다. 직선보간은 동일한 부호를 가진 값일 때만 할 수 있다. 동일부호에서 값이 없을 때에는 직선보간 할 때 0.0으로 한다.
3) C_{pe} 값이 두 가지일 때는 풍상측지붕이 정압과 부압을 다 받으며, 지붕골조는 이 두 가지 조건을 고려하여 설계한다. 이 때 H/D 중간에 있는 값의 보간은 동일한 부호의 C_{pe} 값만 한다.
4) 편지붕일 때는 모든 지붕면이 풍상면 또는 풍하면이 된다.
5) 이중경사지붕일 때는 지붕정상수평면과 풍하경사면을 풍하면으로 본다.
6) 모멘트저항골조로 된 지붕에서 주골조를 제외하고, 수평전단력의 합은 지붕면에 작용하는 풍력을 무시하고 결정한 값보다 커야한다.

(2) 아치지붕 : 아치지붕의 주골조설계용 외압계수 C_{pe}는 표 A.15에 따른다.

표 A.15 아치지붕의 외압계수 C_{pe}

① 풍향 $\beta = 0°$

f/D	R_a부			R_b부			R_c부		
	h/D =0	h/D =0.3	h/D =0.7	h/D =0	h/D =0.3	h/D =0.7	h/D =0	h/D =0.3	h/D =0.7
0	−0.4	−1.0	−0.9	−0.4	−1.0	−0.9	−0.4	−0.6	−0.9
0.1	−0.5	−1.2	−1.5	−0.9	−1.0	−1.0	−0.5	−0.5	−0.5
0.3	−0.1	−0.4	−0.9	−1.2	−1.4	−1.5	−0.5	−0.5	−0.5
0.4	0.2	0	−0.5	−1.2	−1.3	−1.4	−0.5	−0.5	−0.5

주 1) 표에 주어진 f/D, h/D의 중간값에 대해서는 직선보간하여 사용한다.
2) +부호는 지붕의 윗 표면에 대해 압력이 아랫방향으로 작용하는 경우, −부호는 윗방향으로 작용하는 경우이다.

② 풍향 $\beta=90^\circ$

f/D	R_a부			R_b부			R_c부		
	h/D =0	h/D =0.3	h/D =0.7	h/D =0	h/D =0.3	h/D =0.7	h/D =0	h/D =0.3	h/D =0.7
0	−0.4	−0.9	−0.8	−0.4	−0.5	−0.4	−0.4	−0.3	−0.2
0.1	−1.2	−1.1	−1.1	−0.7	−0.5	−0.5	−0.4	−0.4	−0.4
0.3	−1.1	−1.1	−1.1	−0.6	−0.5	−0.5	−0.4	−0.4	−0.4
0.4	−1.1	−1.1	−1.1	−0.5	−0.5	−0.5	−0.4	−0.4	−0.4

주 1) 표에 주어진 f/B, h/B의 중간값에 대해서는 직선보간하여 사용한다.

2) +부호는 지붕의 윗 표면에 대해 압력이 아랫방향으로 작용하는 경우, −부호는 윗방향으로 작용하는 경우이다.

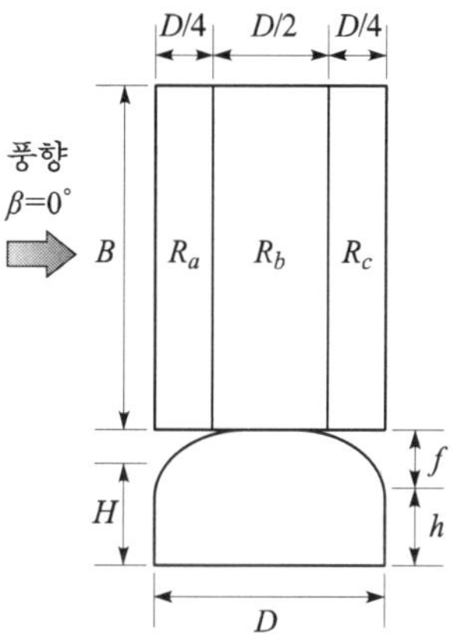

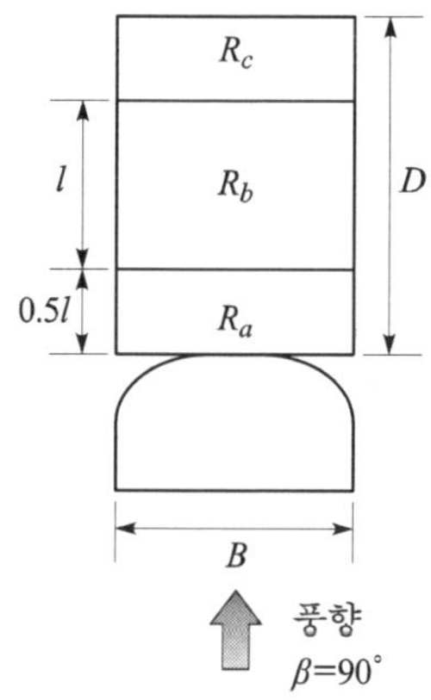

기호] B : 건축구조물의 폭(m)
D : 건축구조물의 깊이(m)
H : 지붕면 평균높이(m)
f : 아치높이(m)
h : 지표면에서 아치지붕 처마까지의 높이(m)
l : $4H$와 B 중 작은 값(m)

② 내압계수

외벽 및 지붕의 주골조설계용 내압계수 C_{pi} 는 개구부의 크기에 따라 표 A.16에 따라 정한다. 단, 벽 또는 지붕 각 표면에서의 개구부면적의 합이 그 표면면적의 30%를 초과할 경우에는 표 A.16에 주어진 값을 적용할 수 없다.

표 A.16 외벽 및 지붕의 주골조설계용 내압계수 C_{pi}

밀폐의 분류		C_{pi}
밀폐형건축구조물[1)]	한 벽면 틈새, 그 외 표면 밀폐	+0.70 또는 -0.40
	마주보는 두 벽면 틈새, 그 외 표면 밀폐	+0.20 또는 -0.40
	이웃하는 두 벽면 틈새, 그 외 표면 밀폐	+0.20 또는 -0.30
	이웃하는 세 벽면 틈새, 그 외 표면 밀폐 모든 표면(벽면 및 지붕) 틈새	0.00 또는 -0.60
	모든 벽면 틈새, 지붕 밀폐	0.00 또는 -0.40
	모든 표면(벽면 및 지붕) 밀폐	0.00 또는 -0.20
부분밀폐형 건축구조물	탁월한 개구부 1	+0.55 또는 -0.55
	탁월한 개구부 2	+0.70 또는 -0.70
	윗면이 개방된 사일로, 굴뚝	-0.60
개방형건축구조물		0.00

주 1) 밀폐형건축구조물은 정압 받는 벽에 있는 개구부의 총면적이 그 벽 면적의 1% 이하인 경우
2) 틈새는 공기가 누출되는 면적이 그 표면면적의 0.01%에서 0.1%일 때
3) 밀폐는 틈새의 면적이 그 표면면적의 0.01% 이하일 때
4) 탁월개구부 1은 탁월개구부가 있는 표면의 개구부면적이 그 외 표면 개구부면적의 2배
5) 탁월개구부 2는 탁월개구부가 있는 표면의 개구부면적이 그 외 표면 개구부면적의 3배 이상
6) 개방형건축구조물은 각 벽면이 80% 이상 개방되었을 때
7) 밀폐의 분류가 위 표 구분의 중간에 속할 경우에는 직선보간 한다.

A.2 이형철근의 정착 및 이음

A.2.1 인장 이형철근의 정착

(1) 슬래브의 인장 이형철근의 정착길이

f_y= 400Mpa일 경우

f_{ck} (Mpa)	식(6.9)에 의한 정착길이(cm)								식(6.8)
	D10		D13		D16		D19		D19 이하
	$\frac{l_d}{d_b}$	l_d	$\frac{l_d}{d_b}$	l_d	$\frac{l_d}{d_b}$	l_d	$\frac{l_d}{d_b}$	l_d	$\frac{l_d}{d_b}$
21	25.17	30	32.78	43	35.96	58	40.60	78	41.96
24	23.55	30	30.66	40	33.64	54	37.98	73	39.25
27	22.20	30	28.91	38	31.72	51	35.81	68	37.00
30	21.06	30	27.42	36	30.09	49	33.97	65	35.10
35	19.50	30	25.39	33	27.86	45	31.45	60	32.50
40	18.24	30	23.75	31	26.06	42	29.42	56	30.40
45	17.20	30	22.39	30	24.57	40	27.74	53	28.66
50	16.31	30	21.24	30	23.31	38	26.31	50	27.19

(2) 슬래브 이외의 부재에 대한 인장 이형철근의 정착길이

$f_y = 400$Mpa일 경우

f_{ck} (Mpa)	배근위치	D19 이하					D22 이상					
		$\frac{l_d}{d_b}$	l_d(cm)				$\frac{l_d}{d_b}$	l_d(cm)				
			D10	D13	D16	D19		D22	D25	D29	D32	D35
21	일반철근	41.96	42	55	68	80	52.44	116	132	153	168	184
	상부철근	54.55	55	71	88	104	68.17	150	171	198	219	239
24	일반철근	39.25	40	51	63	75	49.06	108	123	143	157	172
	상부철근	51.03	51	67	82	97	63.78	141	160	185	205	224
27	일반철근	37.00	37	49	60	71	46.25	102	116	135	148	162
	상부철근	48.10	49	63	77	92	60.13	133	151	175	193	211
30	일반철근	35.10	36	46	57	67	43.88	97	110	128	141	154
	상부철근	45.63	46	60	73	87	57.04	126	143	166	183	200
35	일반철근	32.50	33	43	52	62	40.62	90	102	118	130	143
	상부철근	42.25	43	55	68	81	52.81	117	132	154	169	185
40	일반철근	30.40	31	40	49	58	38.00	84	95	111	122	133
	상부철근	39.52	40	52	64	76	49.40	109	124	144	159	173
45	일반철근	28.66	30	38	46	55	35.83	79	90	104	115	126
	상부철근	37.18	38	49	60	71	46.58	103	117	136	150	163
50	일반철근	27.19	30	36	44	52	33.99	75	85	99	109	119
	상부철근	35.35	36	46	57	68	44.19	98	111	129	142	155

상부철근은 정착길이 또는 이음부 아래 30cm를 초과되게 콘크리트를 친 수평철근이다.

A.2.2 압축 이형철근의 정착

(1) 압축 이형철근의 기본 정착길이

f_y= 400Mpa일 경우

f_{ck} (Mpa)	$\frac{l_d}{d_b}$	l_{db}(cm)								
		D10	D13	D16	D19	D22	D25	D29	D32	D35
21	22.08	23	29	36	42	49	56	64	71	78
24	20.66	21	27	34	40	46	52	60	67	73
27	19.47	20	26	30	37	43	49	57	63	69
30	18.48	20	24	30	36	41	46	541	60	65
35	17.10	20	23	28	33	38	43	50	55	60
40	16.00	20	21	26	31	36	40	47	52	56
45	16.00	20	21	26	31	36	40	47	52	56
50	16.00	20	21	26	31	36	40	47	52	56

(2) 압축에 대한 보정계수

지름이 6mm 이상이고, 나선간격이 10cm 이하인 나선철근	0.75
띠철근 배근간격이 10cm 이하이고 D13 띠철근으로 둘러싸인 압축이형철근	

A.2.3 인장 이형철근의 이음

(1) 슬래브의 A급 이음($1.0l_d$)

f_y= 400Mpa일 경우

f_{ck} (Mpa)	식(6.9)에 의한 정착길이(cm)								식(6.8)
	D10		D13		D16		D19		D19이하
	$\frac{l_d}{d_b}$	l_d	$\frac{l_d}{d_b}$	l_d	$\frac{l_d}{d_b}$	l_d	$\frac{l_d}{d_b}$	l_d	$\frac{l_d}{d_b}$
21	25.17	30	32.78	43	35.96	58	40.60	78	41.96
24	23.55	30	30.66	40	33.64	54	37.98	73	39.25
27	22.20	30	28.91	38	31.72	51	35.81	68	37.00
30	21.06	30	27.42	36	30.09	49	33.97	65	35.10
35	19.50	30	25.39	33	27.86	45	31.45	60	32.50
40	18.24	30	23.75	31	26.06	42	29.42	56	30.40
45	17.20	30	22.39	30	24.57	40	27.74	53	28.66
50	16.31	30	21.24	30	23.31	38	26.31	50	27.19

(2) 슬래브 이외의 부재에 대한 A급 이음

$f_y = 400$ Mpa일 경우

f_{ck} (Mpa)	배근위치	D19 이하					D22 이상					
		$\frac{l_d}{d_b}$	l_d(cm)				$\frac{l_d}{d_b}$	l_d(cm)				
			D10	D13	D16	D19		D22	D25	D29	D32	D35
21	일반철근	41.96	42	55	68	80	52.44	116	132	153	168	184
	상부철근	54.55	55	71	88	104	68.17	150	171	198	219	239
24	일반철근	39.25	40	51	63	75	49.06	108	123	143	157	172
	상부철근	51.03	51	67	82	97	63.78	141	160	185	205	224
27	일반철근	37.00	37	49	60	71	46.25	102	116	135	148	162
	상부철근	48.10	49	63	77	92	60.13	133	151	175	193	211
30	일반철근	35.10	36	46	57	67	43.88	97	110	128	141	154
	상부철근	45.63	46	60	73	87	57.04	126	143	166	183	200
35	일반철근	32.50	33	43	52	62	40.62	90	102	118	130	143
	상부철근	42.25	43	55	68	81	52.81	117	132	154	169	185
40	일반철근	30.40	31	40	49	58	38.00	84	95	111	122	133
	상부철근	39.52	40	52	64	76	49.40	109	124	144	159	173
45	일반철근	28.66	30	38	46	55	35.83	79	90	104	115	126
	상부철근	37.18	38	49	60	71	46.58	103	117	136	150	163
50	일반철근	27.19	30	36	44	52	33.99	75	85	99	109	119
	상부철근	35.35	36	46	57	68	44.19	98	111	129	142	155

상부철근은 정착길이 또는 이음부 아래 30cm를 초과되게 콘크리트를 친 수평철근이다.

(3) 슬래브의 B급 이음(1.3l_d)

f_y= 400Mpa일 경우

f_{ck} (Mpa)	식(6.9)에 의한 정착길이(cm)								식(6.8)
	D10		D13		D16		D19		D19이하
	$\frac{l_d}{d_b}$	l_d	$\frac{l_d}{d_b}$	l_d	$\frac{l_d}{d_b}$	l_d	$\frac{l_d}{d_b}$	l_d	$\frac{l_d}{d_b}$
21	32.72	39	42.61	56	46.75	75	52.78	101	54.55
24	30.62	39	39.86	52	43.73	70	49.37	94	51.03
27	28.86	39	37.58	49	41.24	66	46.55	89	48.10
30	27.38	39	35.65	47	39.12	63	44.16	84	45.63
35	25.35	39	33.01	43	36.22	58	40.89	78	42.25
40	23.35	39	30.88	41	33.88	55	38.25	73	39.52
45	22.36	39	29.11	39	31.94	52	36.06	69	37.26
50	21.20	39	27.61	39	30.30	49	34.20	65	35.35

(4) 슬래브 이외의 부재에 대한 B급 이음

f_y= 400Mpa일 경우

f_{ck} (Mpa)	배근위치	D19 이하					D22 이상					
		$\frac{l_d}{d_b}$	l_d(cm)				$\frac{l_d}{d_b}$	l_d(cm)				
			D10	D13	D16	D19		D22	D25	D29	D32	D35
21	일반철근	54.55	55	71	88	104	68.17	150	171	198	219	239
	상부철근	70.92	71	93	114	135	88.62	195	222	257	284	311
24	일반철근	51.03	51	67	82	97	63.78	141	160	185	205	224
	상부철근	66.34	67	87	107	126	82.91	183	208	241	265	291
27	일반철근	48.10	49	63	77	92	60.13	133	151	175	193	211
	상부철근	62.53	63	82	100	119	78.17	172	196	227	251	274
30	일반철근	45.63	46	60	73	87	57.04	126	143	166	183	200
	상부철근	59.32	60	78	95	113	74.15	164	186	215	238	260
35	일반철근	42.25	43	55	68	81	52.81	117	132	153	169	185
	상부철근	54.93	55	72	88	105	68.65	151	172	200	220	241
40	일반철근	39.52	40	52	64	76	49.40	109	124	144	159	173
	상부철근	52.38	52	67	83	98	61.22	142	161	187	206	225
45	일반철근	37.18	39	49	60	71	46.58	103	117	136	153	163
	상부철근	48.33	49	63	78	92	60.55	134	152	176	194	212
50	일반철근	35.35	39	46	57	68	44.19	98	111	129	142	155
	상부철근	45.96	46	60	74	88	57.45	127	144	167	184	202

상부철근은 정착길이 또는 이음부 아래 30cm를 초과되게 콘크리트를 친 수평철근이다.

A.2.4 압축 이형철근의 이음

$f_y = 400$Mpa일 경우

f_{ck} (Mpa)	$\frac{l_d}{d_b}$	l_d(cm)								
		D10	D13	D16	D19	D22	D25	D29	D32	D35
21 24 27 30 35 40 45 50	28.80	30	38	47	55	64	72	84	93	101

A.3 기둥의 상관곡선도

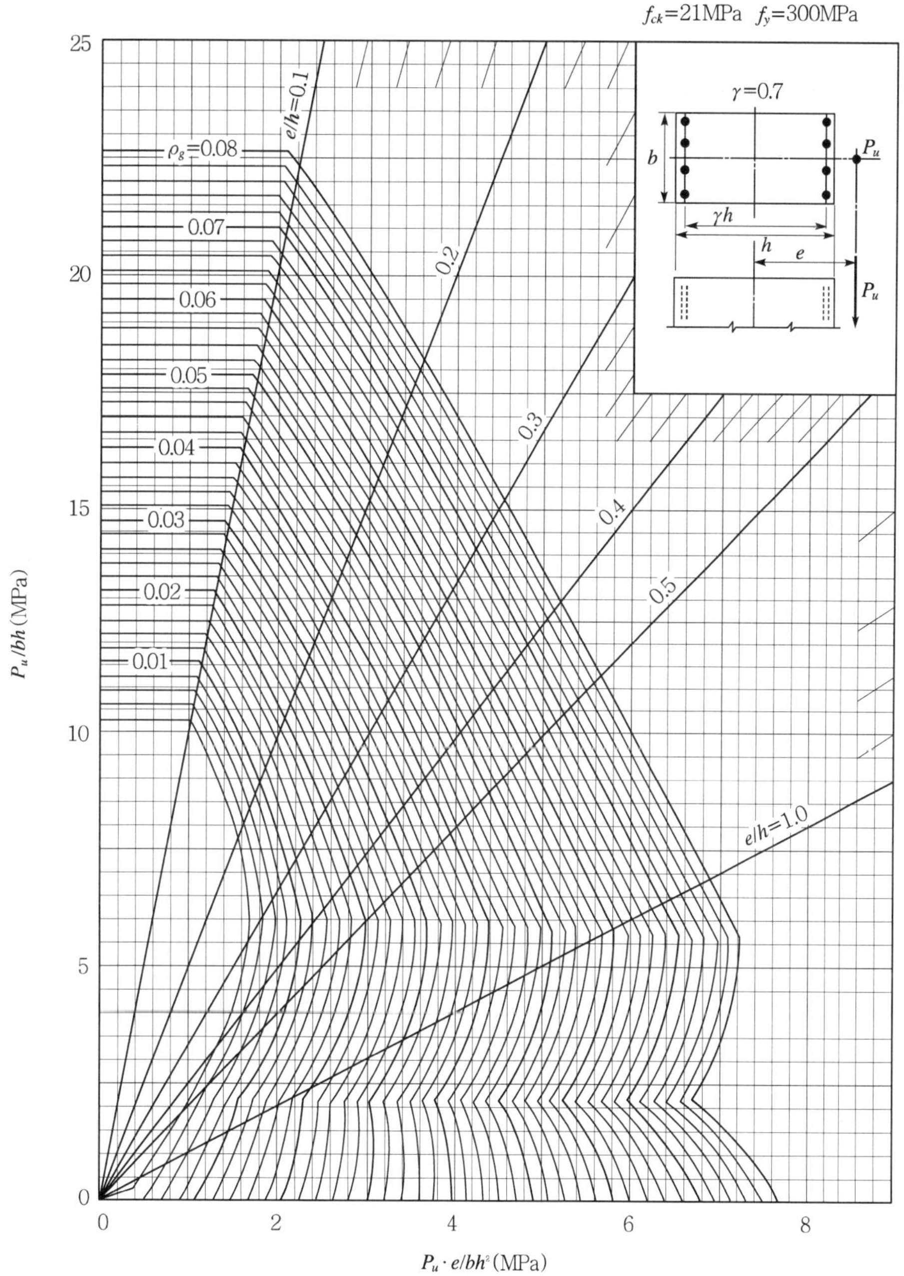

그림 A.1 장방형 기둥의 강도 상관곡선

$f_{ck} = 210\,MPa,\ f_y = 300\,\text{MPa},\ \gamma = 0.7$

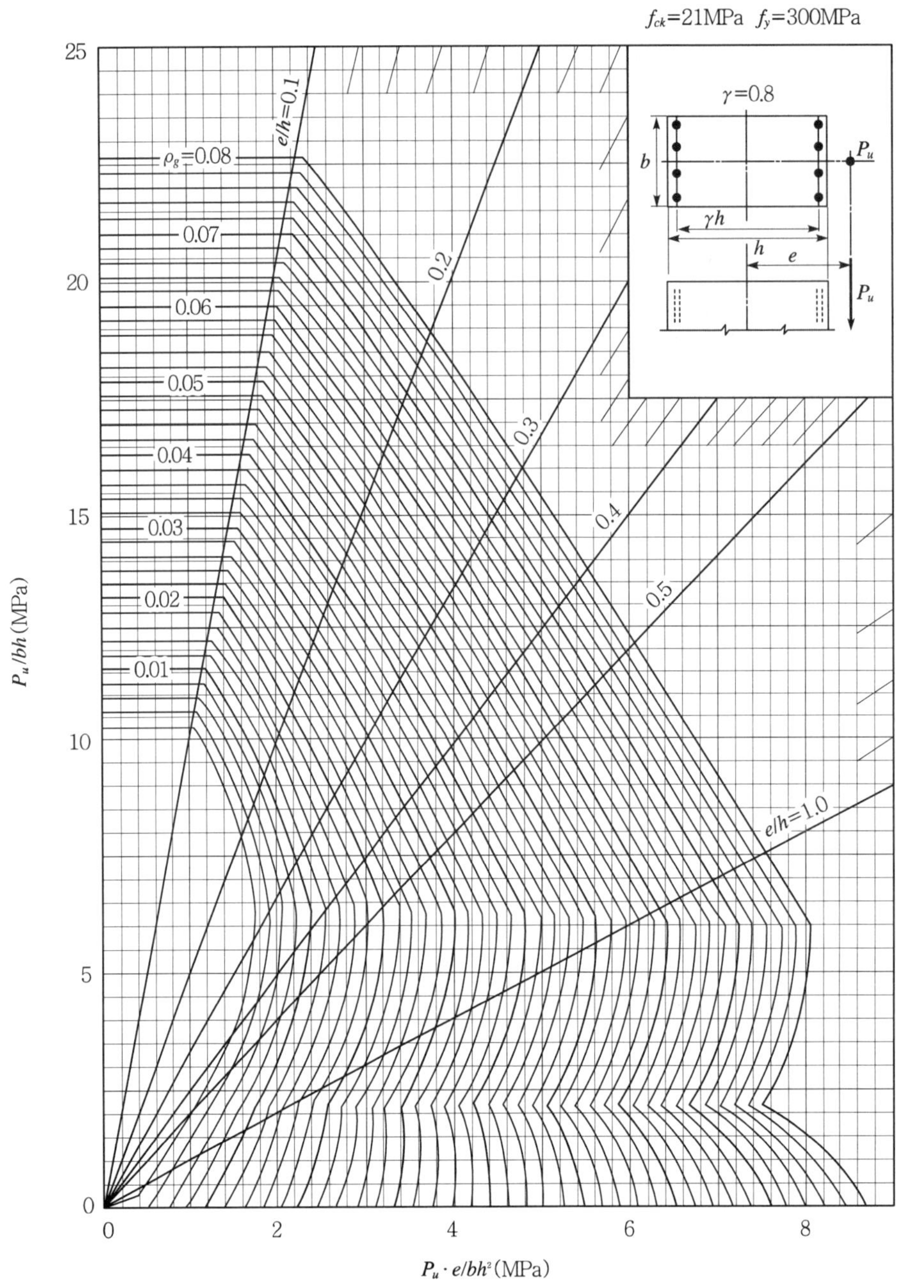

그림 A.2 장방형 기둥의 강도 상관곡선

$f_{ck}=21\text{MPa},\ f_y=300\text{MPa},\ \gamma=0.8$

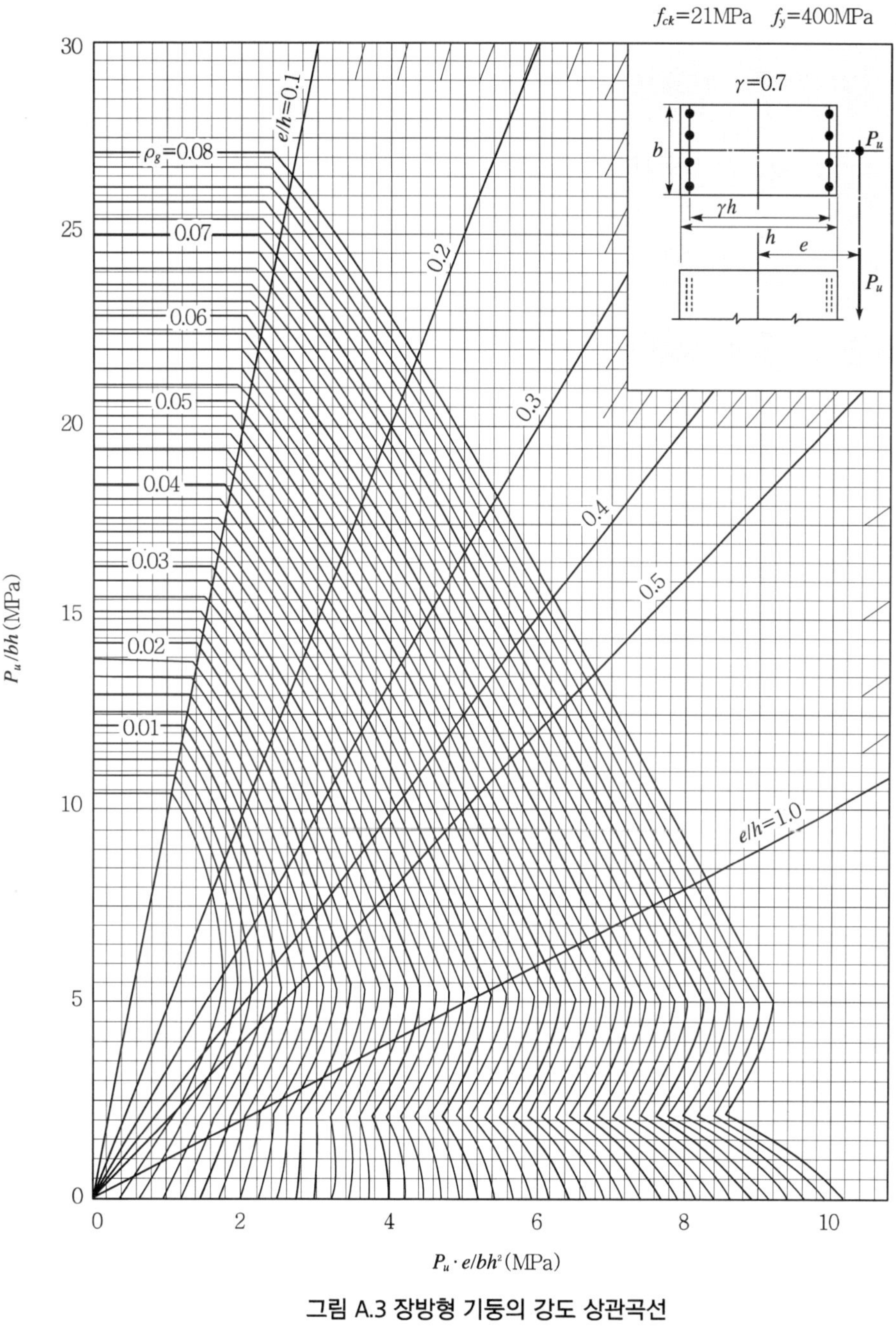

그림 A.3 장방형 기둥의 강도 상관곡선

f_{ck}= 21 MPa, f_y= 400 MPa, γ= 0.7

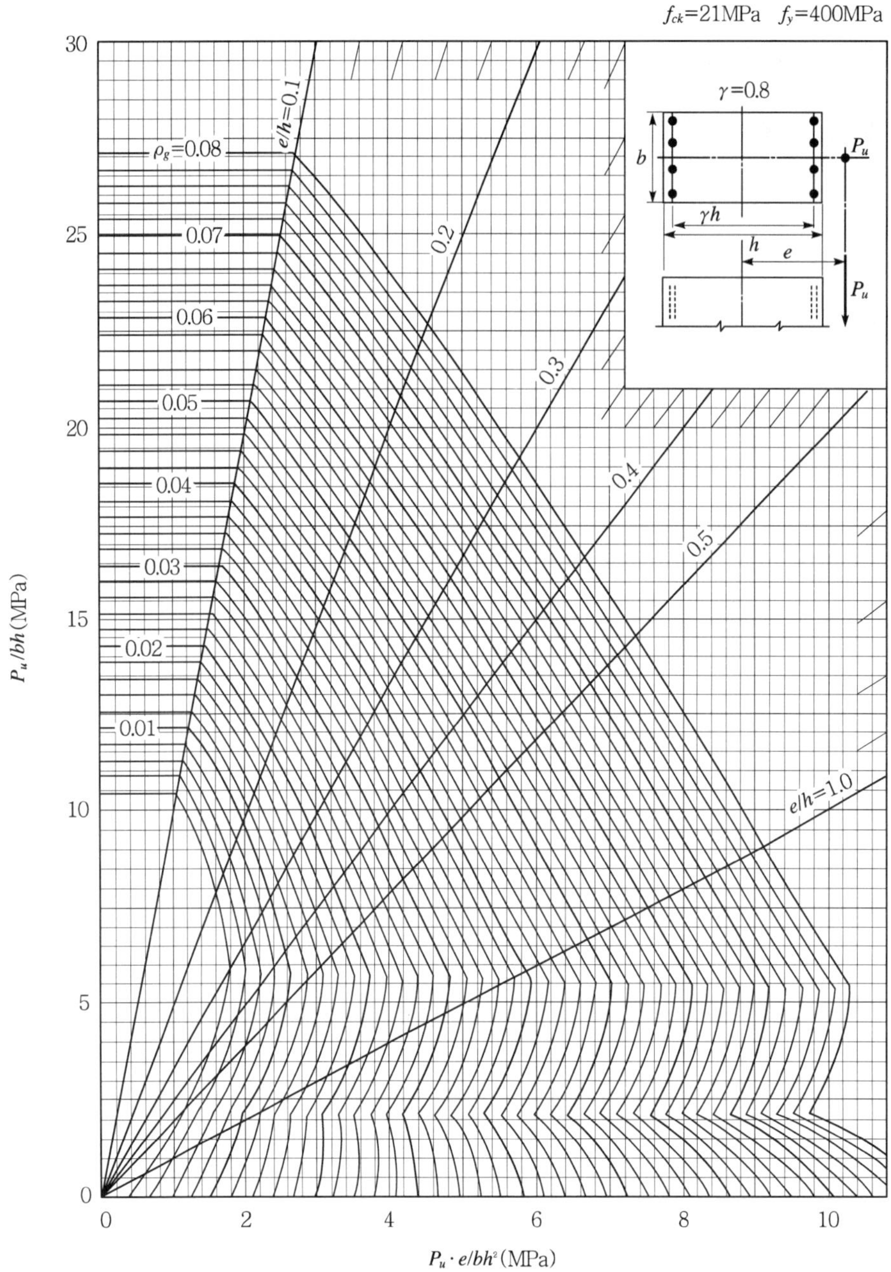

그림 A.4 장방형 기둥의 강도 상관곡선

$f_{ck} = 21\,\text{MPa}$, $f_y = 400\,\text{MPa}$, $\gamma = 0.8$

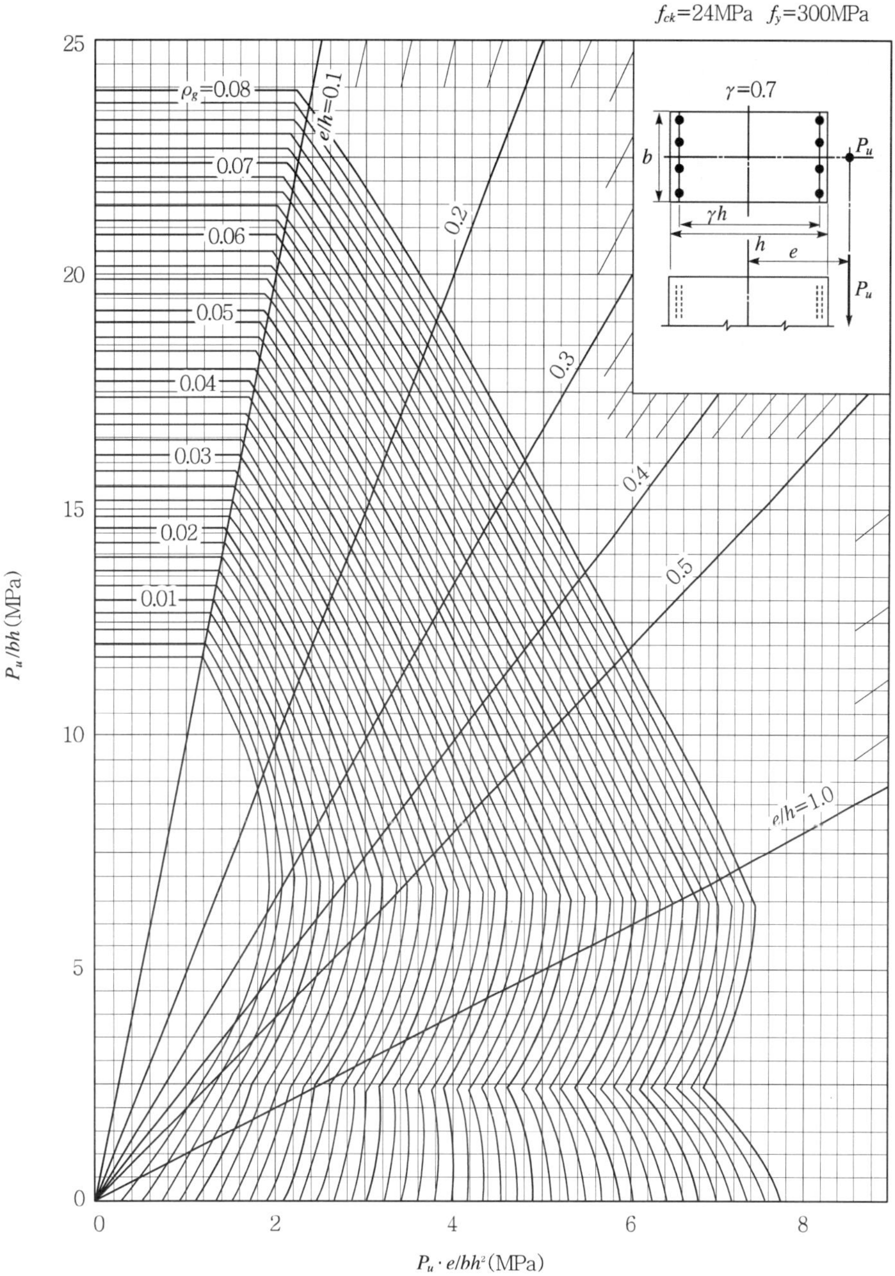

그림 A.5 장방형 기둥의 강도 상관곡선

$f_{ck} = 24\,\text{MPa},\ f_y = 300\,\text{MPa},\ \gamma = 0.7$

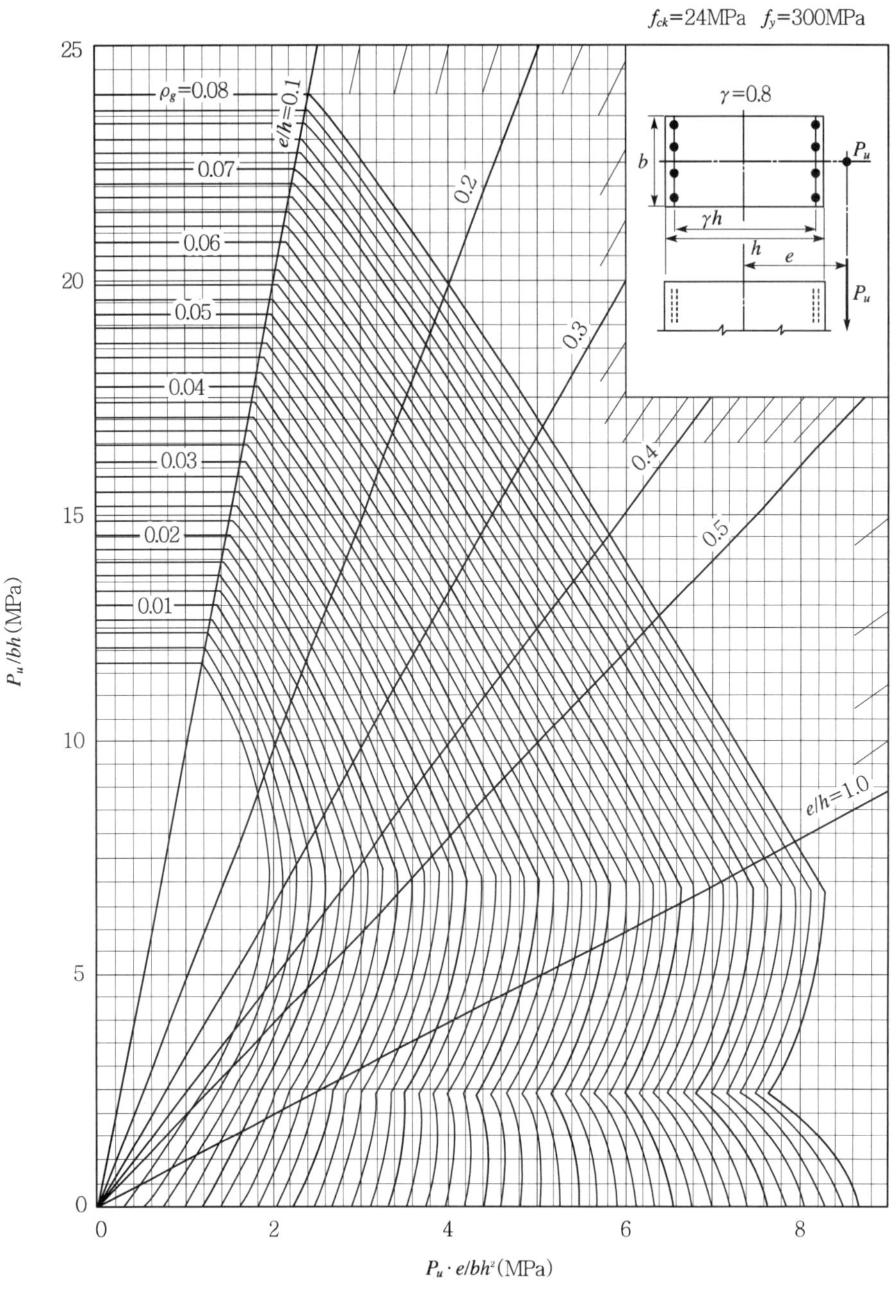

그림 A.6 장방형 기둥의 강도 상관곡선

$f_{ck} = 24\,\text{MPa}$, $f_y = 300\,\text{MPa}$, $\gamma = 0.8$

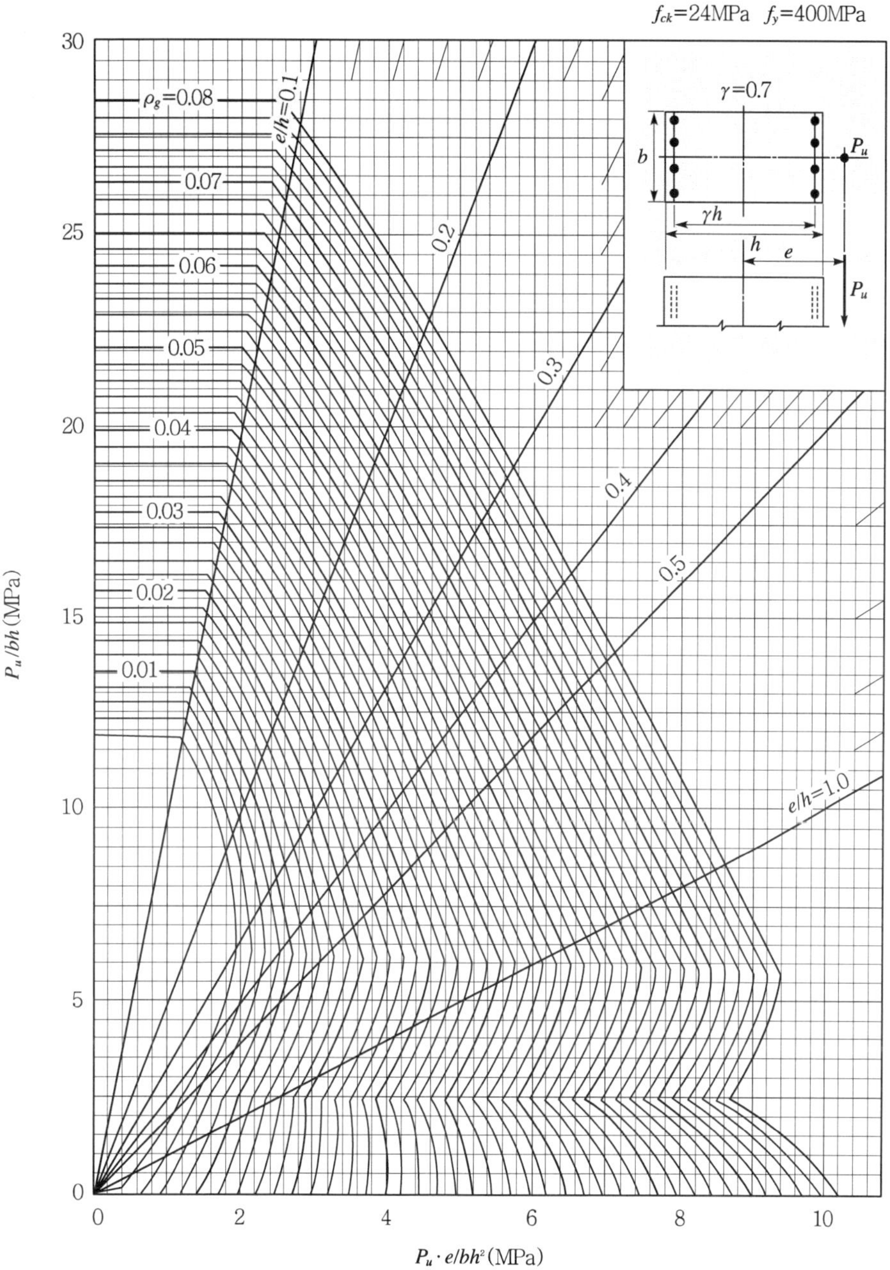

그림 A.7 장방형 기둥의 강도 상관곡선

$f_{ck} = 24\,\text{MPa},\ f_y = 400\,\text{MPa},\ \gamma = 0.7$

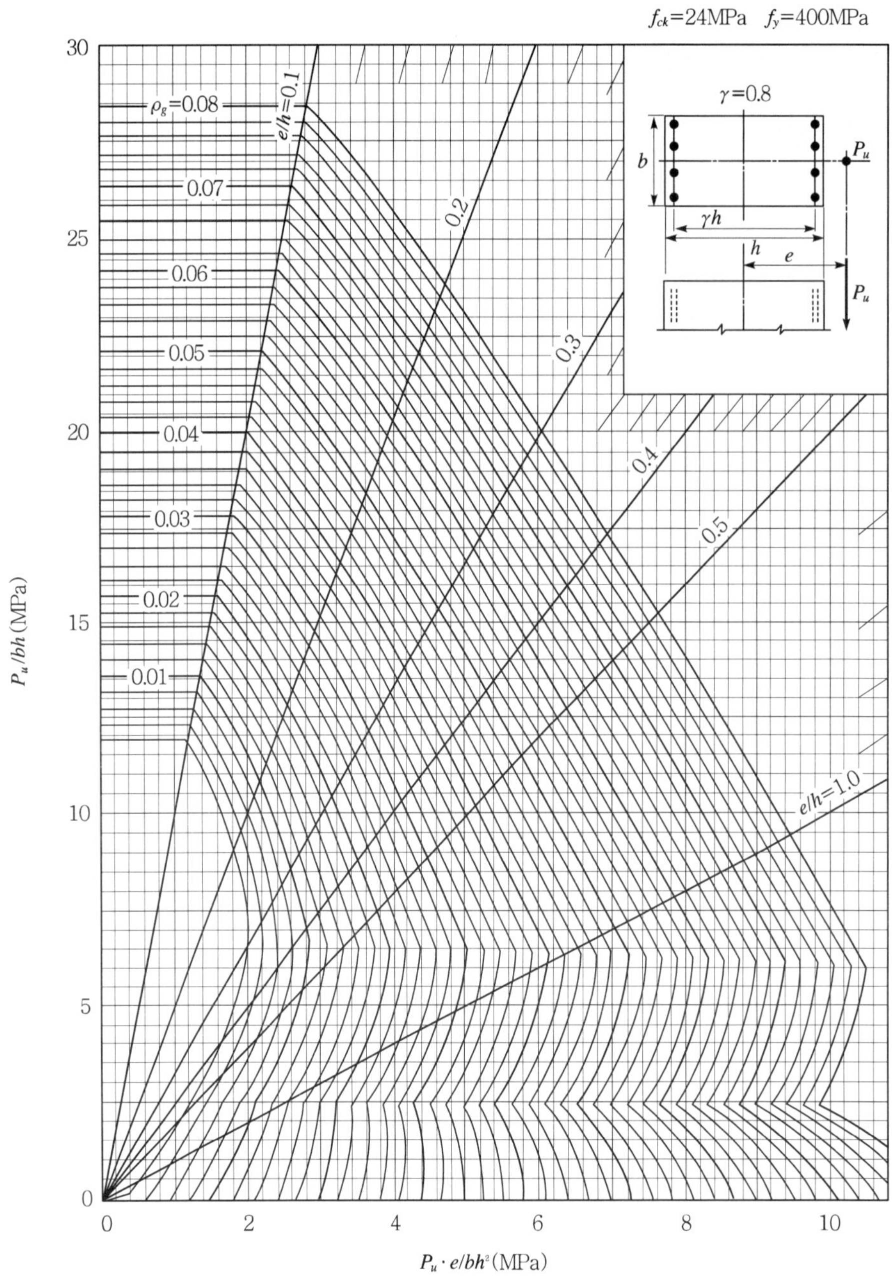

그림 A.8 장방형 기둥의 강도 상관곡선

$f_{ck}=24\,\text{MPa}$, $f_y=400\,\text{MPa}$, $\gamma=0.8$

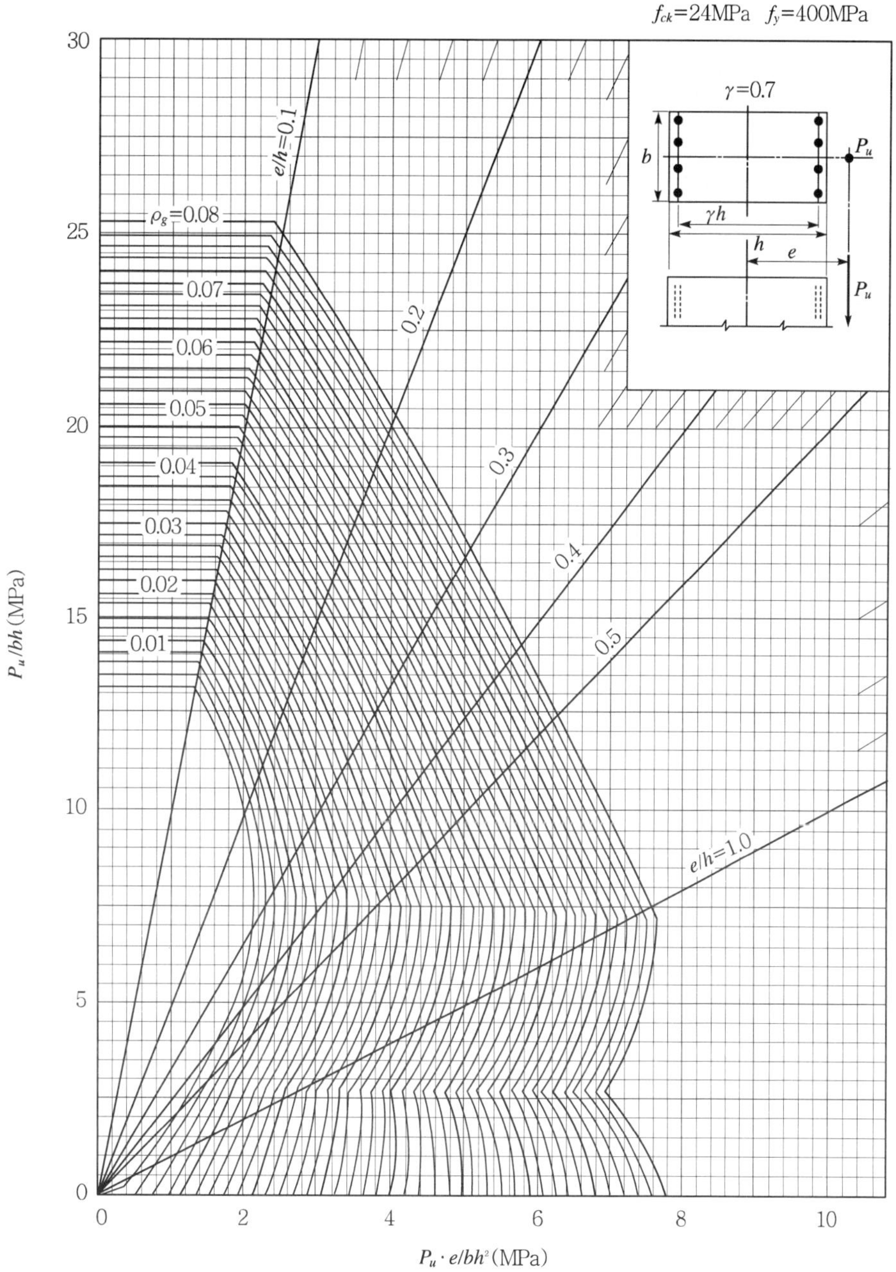

그림 A.9 장방형 기둥의 강도 상관곡선

f_{ck} = 27 MPa, f_y = 300 MPa, γ = 0.7

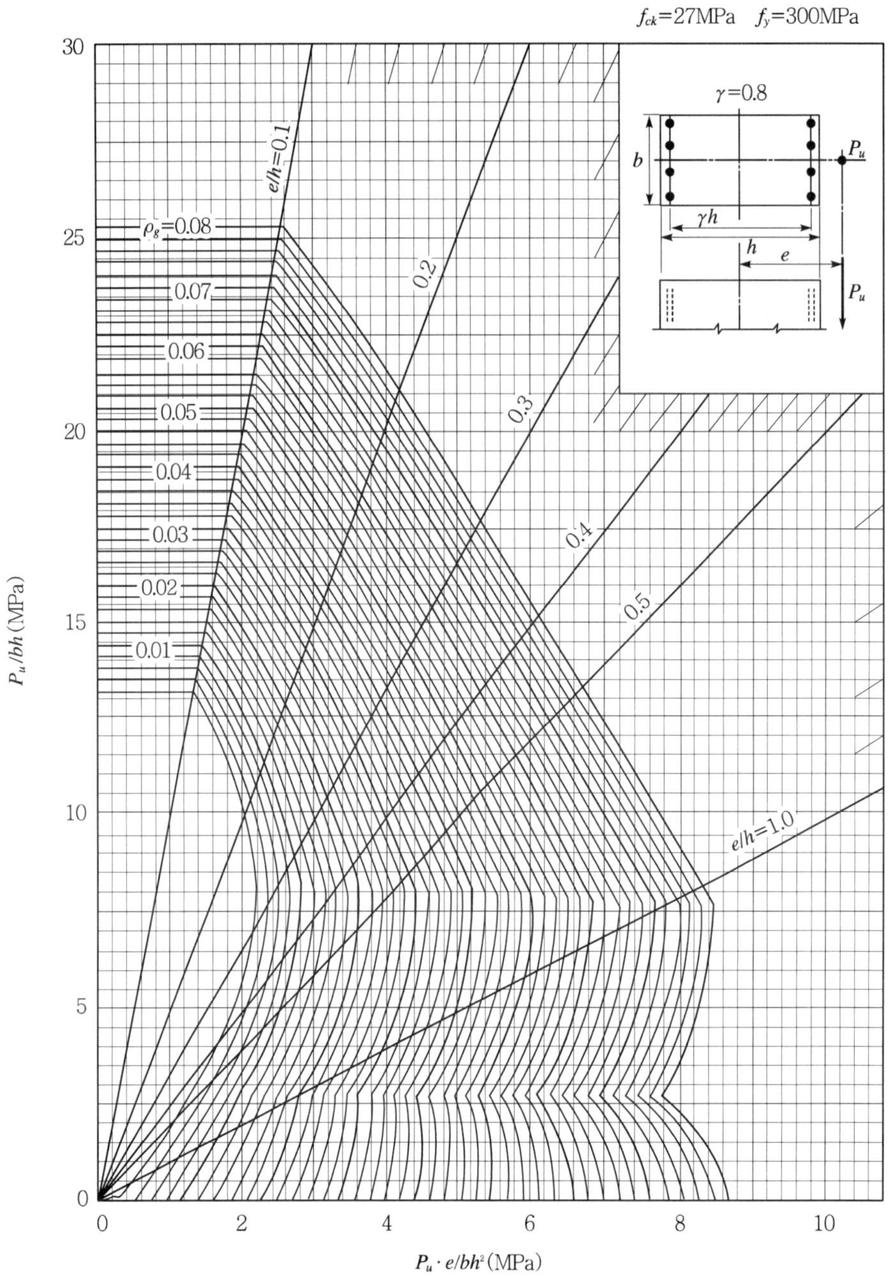

그림 A.10 장방형 기둥의 강도 상관곡선

f_{ck} = 27 MPa, f_y = 300 MPa, γ = 0.8

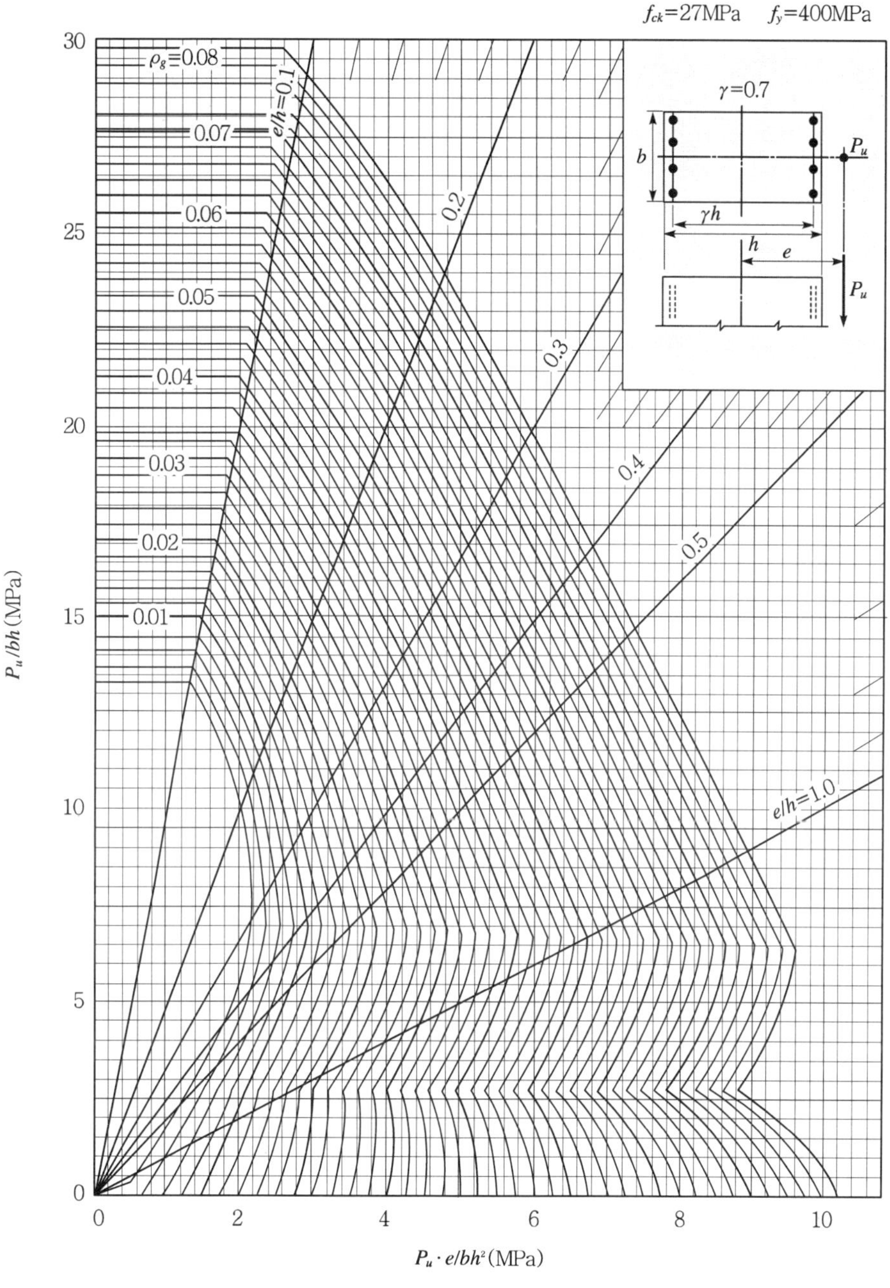

그림 A.11 장방형 기둥의 강도 상관곡선

$f_{ck} = 27\,\text{MPa}$, $f_y = 400\,\text{MPa}$, $\gamma = 0.7$

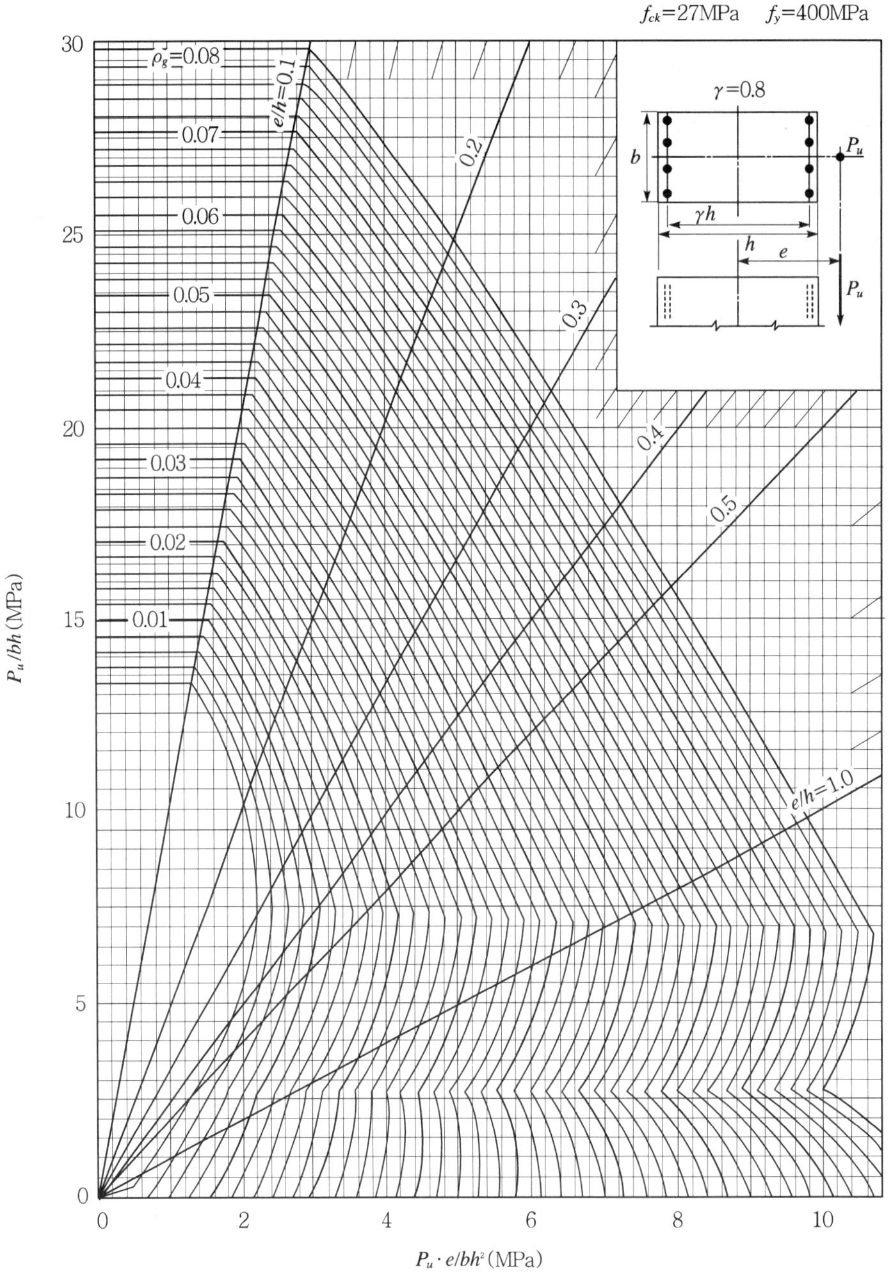

그림 A.12 장방형 기둥의 강도 상관곡선

f_{ck}= 27 MPa, f_y= 400 MPa, γ= 0.8

A.4 보지지 2방향 슬래브의 휨모멘트 및 전단력, 반력 계수

(1) 슬래브의 부(-)모멘트에 대한 계수

w_u는 등분포 고정하중과 활하중에 하중계수를 곱한 값(w_u = 1.2D + 1.6L)

Ratio $m = l_1/l_2$		Case1	Case2	Case3	Case4	Case5	Case6	Case7	Case8	Case9
1.00	C_A neg		0.045		0.050	0.075	0.071		0.033	0.061
	C_B neg		0.045	0.076	0.050			0.071	0.061	0.033
0.95	C_A neg		0.050		0.055	0.079	0.075		0.038	0.065
	C_B neg		0.041	0.072	0.045			0.067	0.056	0.029
0.90	C_A neg		0.055		0.060	0.080	0.079		0.043	0.068
	C_B neg		0.037	0.070	0.040			0.062	0.052	0.025
0.85	C_A neg		0.060		0.066	0.082	0.083		0.049	0.072
	C_B neg		0.031	0.065	0.034			0.057	0.046	0.021
0.80	C_A neg		0.065		0.071	0.083	0.086		0.055	0.075
	C_B neg		0.027	0.061	0.029			0.051	0.041	0.017
0.75	C_A neg		0.069		0.076	0.085	0.088		0.061	0.078
	C_B neg		0.022	0.056	0.024			0.044	0.036	0.014
0.70	C_A neg		0.074		0.081	0.086	0.091		0.068	0.081
	C_B neg		0.017	0.050	0.019			0.038	0.029	0.011
0.65	C_A neg		0.077		0.085	0.087	0.093		0.074	0.083
	C_B neg		0.014	0.043	0.015			0.031	0.024	0.008
0.60	C_A neg		0.081		0.089	0.088	0.096		0.080	0.085
	C_B neg		0.010	0.035	0.011			0.024	0.018	0.006
0.55	C_A neg		0.084		0.092	0.089	0.096		0.085	0.086
	C_B neg		0.007	0.028	0.008			0.019	0.014	0.005
0.50	C_A neg		0.086		0.094	0.090	0.097		0.089	0.088
	C_B neg		0.006	0.022	0.006			0.014	0.010	0.003

* 실선으로 된 연단은 그 슬래브가 받침점을 지나서 연속되었거나 받침점에서 고정된 것을 가리킨다. 점선으로 된 연단은 비틀림 저항을 무시할 수 있는 받침점을 가리킨다.

* C_A, C_B는 각각 짧은 경간 및 긴 경간 구속 단부에서 부모멘트 계수이다.(구속이 1변에만 이루어진 경우는 구속 단부에서 부모멘트 계수이다.)

(2) 슬래브의 고정하중에 의한 정(+)모멘트에 대한 계수

w_u는 등분포 고정하중에 하중계수를 곱한 값(w_u = 1.2D)

Ratio $m = l_1/l_2$		Case1	Case2	Case3	Case4	Case5	Case6	Case7	Case8	Case9
1.00	C_A DL	0.036	0.018	0.018	0.027	0.027	0.033	0.027	0.020	0.023
	C_B DL	0.036	0.018	0.027	0.027	0.018	0.027	0.033	0.023	0.020
0.95	C_A DL	0.040	0.020	0.021	0.030	0.028	0.036	0.031	0.022	0.024
	C_B DL	0.033	0.016	0.025	0.024	0.015	0.024	0.031	0.021	0.017
0.90	C_A DL	0.045	0.022	0.025	0.033	0.029	0.039	0.025	0.025	0.026
	C_B DL	0.029	0.014	0.024	0.022	0.013	0.021	0.028	0.019	0.015
0.85	C_A DL	0.050	0.024	0.029	0.036	0.031	0.042	0.040	0.029	0.028
	C_B DL	0.026	0.012	0.022	0.019	0.011	0.017	0.025	0.017	0.013
0.80	C_A DL	0.056	0.026	0.034	0.039	0.032	0.045	0.045	0.032	0.029
	C_B DL	0.023	0.011	0.020	0.016	0.009	0.015	0.022	0.015	0.010
0.75	C_A DL	0.061	0.028	0.040	0.043	0.033	0.048	0.051	0.036	0.031
	C_B DL	0.019	0.009	0.018	0.013	0.007	0.012	0.020	0.013	0.007
0.70	C_A DL	0.068	0.030	0.046	0.046	0.035	0.051	0.058	0.040	0.033
	C_B DL	0.016	0.007	0.016	0.011	0.005	0.009	0.017	0.011	0.006
0.65	C_A DL	0.074	0.032	0.054	0.050	0.036	0.054	0.065	0.044	0.034
	C_B DL	0.013	0.004	0.014	0.009	0.004	0.007	0.014	0.009	0.005
0.60	C_A DL	0.081	0.034	0.062	0.053	0.037	0.056	0.073	0.048	0.036
	C_B DL	0.010	0.004	0.011	0.007	0.003	0.006	0.012	0.007	0.004
0.55	C_A DL	0.088	0.035	0.071	0.056	0.038	0.058	0.081	0.052	0.037
	C_B DL	0.008	0.003	0.009	0.005	0.002	0.004	0.009	0.005	0.003
0.50	C_A DL	0.095	0.037	0.080	0.059	0.039	0.061	0.089	0.056	0.038
	C_B DL	0.006	0.002	0.007	0.004	0.001	0.003	0.007	0.004	0.002

* 실선으로 된 연단은 그 슬래브가 받침점을 지나서 연속되었거나 받침점에서 고정된 것을 가리킨다. 점선으로 된 연단은 비틀림 저항을 무시할 수 있는 받침점을 가리킨다.

* C_A, C_B는 각각 짧은 경간 및 긴 경간 중앙부에서 정모멘트 계수이다.

(3) 슬래브의 활하중에 의한 정(+)모멘트에 대한 계수

w_u는 등분포 활하중에 하중계수를 곱한 값(w_u = 1.6L)

Ratio $m=l_1/l_2$		Case1	Case2	Case3	Case4	Case5	Case6	Case7	Case8	Case9
1.00	C_A LL	0.036	0.027	0.027	0.032	0.032	0.035	0.032	0.028	0.030
	C_B LL	0.036	0.027	0.032	0.032	0.027	0.032	0.035	0.030	0.028
0.95	C_A LL	0.040	0.030	0.031	0.035	0.034	0.038	0.036	0.031	0.032
	C_B LL	0.033	0.025	0.029	0.029	0.024	0.029	0.032	0.027	0.025
0.90	C_A LL	0.045	0.034	0.035	0.039	0.037	0.042	0.040	0.035	0.036
	C_B LL	0.029	0.022	0.027	0.026	0.021	0.025	0.029	0.024	0.022
0.85	C_A LL	0.050	0.037	0.040	0.043	0.041	0.046	0.045	0.040	0.039
	C_B LL	0.026	0.019	0.024	0.023	0.019	0.022	0.026	0.022	0.020
0.80	C_A LL	0.056	0.041	0.045	0.048	0.044	0.051	0.051	0.044	0.042
	C_B LL	0.023	0.017	0.022	0.020	0.016	0.019	0.023	0.019	0.017
0.75	C_A LL	0.061	0.045	0.051	0.052	0.047	0.055	0.056	0.049	0.046
	C_B LL	0.019	0.014	0.019	0.016	0.013	0.016	0.020	0.016	0.013
0.70	C_A LL	0.068	0.049	0.057	0.057	0.051	0.063	0.063	0.054	0.050
	C_B LL	0.016	0.012	0.016	0.014	0.011	0.013	0.017	0.014	0.011
0.65	C_A LL	0.074	0.053	0.064	0.062	0.055	0.064	0.070	0.059	0.054
	C_B LL	0.013	0.010	0.014	0.011	0.009	0.010	0.014	0.011	0.009
0.60	C_A LL	0.081	0.058	0.071	0.067	0.059	0.068	0.077	0.065	0.059
	C_B LL	0.010	0.007	0.011	0.009	0.007	0.008	0.011	0.009	0.007
0.55	C_A LL	0.088	0.062	0.080	0.072	0.063	0.073	0.085	0.070	0.063
	C_B LL	0.008	0.006	0.009	0.007	0.005	0.006	0.009	0.007	0.006
0.50	C_A LL	0.095	0.066	0.088	0.077	0.067	0.078	0.092	0.076	0.067
	C_B LL	0.006	0.004	0.007	0.005	0.004	0.005	0.007	0.005	0.004

* 실선으로 된 연단은 그 슬래브가 받침점을 지나서 연속되었거나 받침점에서 고정된 것을 가리킨다. 점선으로 된 연단은 비틀림 저항을 무시할 수 있는 받침점을 가리킨다.

* C_A, C_B는 각각 짧은 경간 및 긴 경간 중앙부에서 정모멘트 계수이다.

(4) 슬래브의 전단력과 지점하중을 위한 w_u의 l_1과 l_2방향에 의한 분포비

Ratio $m = l_1/l_2$		Case1	Case2	Case3	Case4	Case5	Case6	Case7	Case8	Case9
1.00	W_A	0.50	0.50	0.17	0.50	0.83	0.71	0.29	0.33	0.67
	W_B	0.50	0.50	0.83	0.50	0.17	0.29	0.71	0.67	0.33
0.95	W_A	0.55	0.55	0.20	0.55	0.86	0.75	0.33	0.38	0.71
	W_B	0.45	0.45	0.80	0.45	0.14	0.25	0.67	0.62	0.29
0.90	W_A	0.60	0.60	0.23	0.60	0.88	0.79	0.38	0.43	0.75
	W_B	0.40	0.40	0.77	0.40	0.12	0.21	0.62	0.57	0.25
0.85	W_A	0.66	0.66	0.28	0.66	0.90	0.83	0.43	0.49	0.79
	W_B	0.34	0.34	0.72	0.34	0.10	0.17	0.57	0.51	0.21
0.80	W_A	0.71	0.71	0.33	0.71	0.92	0.86	0.49	0.55	0.83
	W_B	0.29	0.29	0.67	0.29	0.08	0.14	0.51	0.45	0.17
0.75	W_A	0.76	0.76	0.39	0.76	0.94	0.88	0.56	0.61	0.86
	W_B	0.24	0.24	0.61	0.24	0.06	0.12	0.44	0.39	0.14
0.70	W_A	0.81	0.81	0.45	0.81	0.95	0.91	0.62	0.68	0.89
	W_B	0.19	0.19	0.55	0.19	0.05	0.09	0.38	0.32	0.11
0.65	W_A	0.85	0.85	0.53	0.85	0.96	0.93	0.69	0.74	0.92
	W_B	0.15	0.15	0.47	0.15	0.04	0.07	0.31	0.26	0.08
0.60	W_A	0.89	0.89	0.61	0.89	0.97	0.95	0.76	0.80	0.94
	W_B	0.11	0.11	0.39	0.11	0.03	0.05	0.24	0.20	0.06
0.55	W_A	0.92	0.92	0.69	0.92	0.98	0.96	0.81	0.85	0.95
	W_B	0.08	0.08	0.31	0.08	0.02	0.04	0.19	0.15	0.05
0.50	W_A	0.94	0.94	0.76	0.94	0.99	0.97	0.86	0.89	0.97
	W_B	0.06	0.06	0.24	0.06	0.01	0.03	0.14	0.11	0.03

* 실선으로 된 연단은 그 슬래브가 받침점을 지나서 연속되었거나 받침점에서 고정된 것을 가리킨다. 점선으로 된 연단은 비틀림 저항을 무시할 수 있는 받침점을 가리킨다.

* W_A, W_B는 각각 짧은 경간 및 긴 경간 단부에서 전단력 계수이다.

A.5 이형철근의 단면적 및 주장(굵은자는 단면적 cm^2, 가는자는 주장 cm)

호칭	중량 (kg/m)	1	2	3	4	5	6	7	8	9	10
D10	0.560	**0.71** 3.0	**1.43** 6.0	**2.14** 9.0	**2.85** 12.0	**3.57** 15.0	**4.28** 18.0	**4.99** 21.0	**5.70** 24.0	**6.42** 27.0	**7.13** 30.0
D13	0.995	**1.27** 4.0	**2.54** 8.0	**3.81** 12.0	**5.08** 16.0	**6.35** 20.0	**7.62** 24.0	**8.89** 28.0	**10.16** 32.0	**11.43** 36.0	**12.70** 40.0
D16	1.56	**1.99** 5.0	**3.98** 10.0	**5.97** 15.0	**7.96** 20.0	**9.95** 25.0	**11.94** 30.0	**13.93** 35.0	**15.92** 40.0	**17.91** 45.0	**19.90** 50.0
D19	2.55	**2.87** 6.0	**5.74** 12.0	**8.61** 18.0	**11.48** 24.0	**14.35** 30.0	**17.22** 36.0	**20.09** 42.0	**22.96** 48.0	**25.83** 54.0	**28.70** 60.0
D22	3.04	**3.87** 7.0	**7.74** 14.0	**11.61** 21.0	**15.48** 28.0	**19.35** 35.0	**23.22** 42.0	**27.09** 49.0	**30.96** 56.0	**34.83** 63.0	**38.70** 70.0
D25	3.98	**5.07** 8.0	**10.14** 16.0	**15.21** 24.0	**20.28** 32.0	**25.35** 40.0	**30.42** 48.0	**35.49** 56.0	**40.56** 64.0	**45.63** 72.0	**50.70** 80.0
D29	5.04	**6.42** 9.0	**12.84** 18.0	**19.26** 27.0	**25.68** 36.0	**32.10** 45.0	**38.52** 54.0	**44.94** 63.0	**51.36** 72.0	**57.78** 81.0	**64.20** 90.0
D32	6.23	**7.97** 10.0	**15.88** 20.0	**23.82** 30.0	**31.76** 40.0	**39.70** 50.0	**47.64** 60.0	**55.58** 70.0	**63.52** 80.0	**71.64** 90.0	**79.40** 100.0
D35	7.51	**9.57** 11.0	**19.14** 22.0	**28.71** 33.0	**38.29** 44.0	**47.85** 55.0	**57.42** 66.0	**66.99** 77.0	**76.56** 88.0	**86.13** 99.0	**95.70** 111.0
D38	8.95	**11.40** 12.0	**22.80** 24.0	**34.20** 36.0	**45.80** 48.0	**57.00** 60.0	**68.40** 72.0	**79.80** 84.0	**91.20** 96.0	**102.60** 108.0	**114.00** 120.0
D41	10.5	**13.40** 13.0	**26.80** 26.0	**40.20** 39.0	**53.60** 52.0	**67.00** 65.0	**80.40** 78.0	**93.80** 91.0	**107.20** 104.0	**120.60** 117.0	**134.00** 130.0

참고문헌

1. 국토교통부, kds 14 20 01 2022 콘크리트구조설계(강도설계법)일반사항.
2. 국토교통부, kds 14 20 10 2021 콘크리트구조 해석과 설계원칙.
3. 국토교통부, kds 14 20 20 2022 콘크리트구조 휨 및 압축 설계기준.
4. 국토교통부, kds 14 20 22 2022 콘크리트구조 전단 및 비틀림 설계기준.
5. 국토교통부, kds 14 20 30 2021 콘크리트구조 사용성 설계기준.
6. 국토교통부, kds 14 20 40 2022 콘크리트구조 내구성 설계기준.
7. 국토교통부, kds 14 20 50 2022 콘크리트구조 철근상세 설계기준.
8. 국토교통부, kds 14 20 52 2021 콘크리트구조 정착 및 이음 설계기준.
9. 국토교통부, kds 14 20 70 2021 콘크리트 슬래브와 기초판 설계기준.
10. 국토교통부, kds 14 20 72 2021 콘크리트 벽체 설계기준.
11. 국토교통부, kds 14 20 80 2021 콘크리트 내진설계기준.
12. 국토교통부, kds 41 12 00 2022 건축물 설계하중.
13. 김상식, 철근콘크리트구조설계, 문운당, 2005.
14. 대한건축학회, 통합설계법에 의한 콘크리트 구조설계기준 및 건축구조물 설계예제집, 기문당, 2000.
15. 김근덕 외 4인, 철근콘크리트 강도설계 및 허용응력설계, 기문당, 1998.
16. 정일영, 강도설계법의 철근콘크리트 설계, 도서출판 엔지니어즈, 1995.
17. 조준현, 건축재료학, 기문당, 2003.
18. 대한건축학회, 건축재료, 기문당, 1998.
19. 정상진 외 10인, 건축재료학, 보성각, 2006.
20. 신현식 외 6인, 건축시공학, 문운당, 2006.
21. 윤재환, 포틀랜드시멘트 및 콘크리트, 도서출판 세진사, 1994.
22. E.G. 나위, 허명재, 철근콘크리트, 도서출판 남양문화, 1997.
23. 대한건축학회, 건축물 하중기준 및 해설, 태림문화사, 2000.
24. 신종순, 한국규준에 따른 철근콘크리트 설계, 청문각, 1991.
25. 김상식, "콘크리트 건축구조물의 안전진단 및 평가," 콘크리트 구조물의 비파괴검사 및 안전진

단, 한국콘크리트학회 기술강좌, 1993.

26. 박승범, "콘크리트 구조물의 유지관리 및 보수, 보강공법," 콘크리트 구조물의 비파괴검사 및 안전진단, 한국콘크리트학회 기술강좌, 1993.
27. 정재동, "콘크리트 내구성 향상방법 및 관련 시험방법," 콘크리트 구조물의 비파괴검사 및 안전진단, 한국콘크리트학회 기술강좌, 1993.
28. 구태서, 철근콘크리트조의 균열대책 지침안 및 동해설, 탐구문화사, 1992.
29. 편집부, 콘크리트건물의 균열, 탐구문화사, 1995.
30. 변근주, "고성능 콘크리트의 연구동향 및 전망," 콘크리트학회지, 제6권 1호, 1994. 2, pp. 2~8.
31. Neville, A. M., "Portland Cement," Properties of Concrete, Pitman Publishing Inc., 1981.
32. Nilson, A. H., Winter, G., Design of Concrete Structures, McGraw-Hill, Inc., 1991.
33. Park, R. and Pauley, T., Reinforced Concrete Structures, John Wiley & Sons Inc., 1975.
34. Emmons, P. H., Concrete Repair and Maintenance Illustrated, R.S. Means Company, Inc., 1994.
35. ACI Committee 315, ACI Detailing Manual-1994, American Concrete Institute, 1994.
36. Pfrang, E. O., Siess, C. P. and Sozen, M. A., "Load - Moment - Curvature Characteristic of Reinforced Concrete Cross Sections," Journal of ACI, Vol. 61, No. 7, July 1964, pp. 763-778.
37. 건축(산업)기사 과년도 문제 : http://www.j2archi.com/archi/

찾아보기

ㅊ

ㅋ

ㅌ

ㅍ

제4판 철근콘크리트구조설계 정가 22,000원

저자 : 고만영

발행인 : 임해진
발행처 : 도서출판 구미서관

발행 : 2002년 1월 14일 제1판
2009년 1월 20일 제2판
2014년 2월 25일 제3판
2024년 1월 12일 제4판

등록 : 1979년 6월 29일 No.9-6호
주소 : 서울시 마포구 신촌로 2길 5-15 구미빌딩
전화 : 02-333-1101
팩스 : 02-335-2201
http://www.goomibook.com

ISBN 979-11-6257-267-2 (93540)